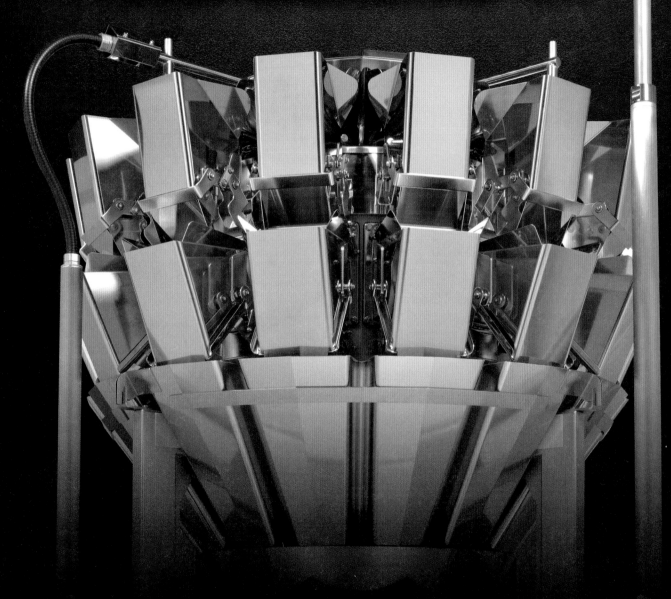

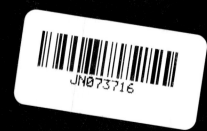

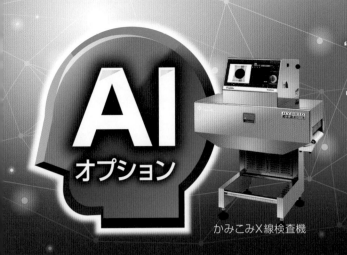

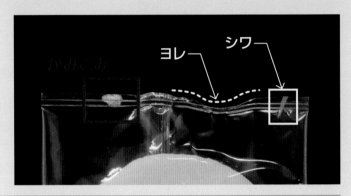

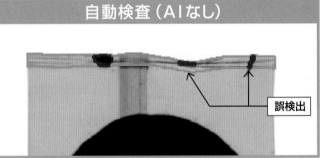

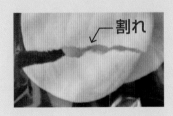

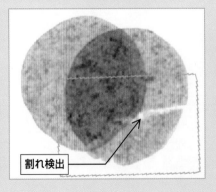

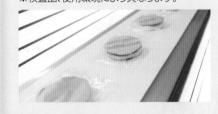

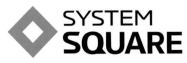

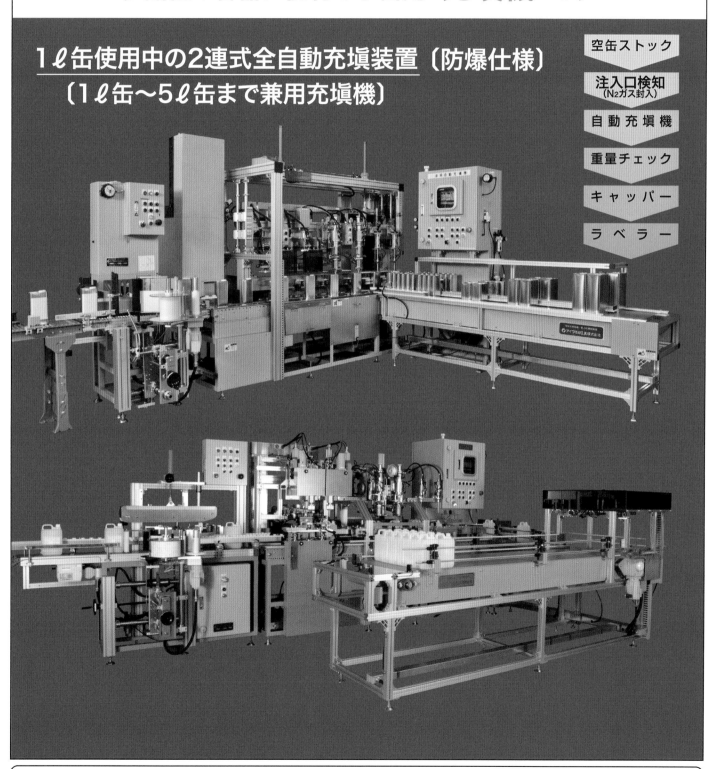

# 包装関連機器カタログ集

Packaging & Converting Machinery Catalogue

# 総目次

# 分類別索引

（掲載順）

## 個装関連機器

## 印字・表示・ラベル関連機器

### ラベル関連機器



### 印字・表示機器



## 外装関連機器

### バンド・ひも掛機



### 製函機



### 封かん機



### ケーサー



### その他外装機器

## その他関連機器

### 荷役・運搬機器



### チェッカー及び検査機



### その他関連機器



## プラスチック加工関連機器

### フィルム・シート成型・加工機



### 製袋機

## 紙器・段ボール関連機器

### 段ボール成型・加工機

# 五十音順索引

# 個装関連機器

製袋充填機
計量・計数機
容器（成型）充填機・その他充填機
上包機
収縮包装機
シール機
袋結束包装機
真空包装機
小箱詰機
包装システムライン・その他関連機器

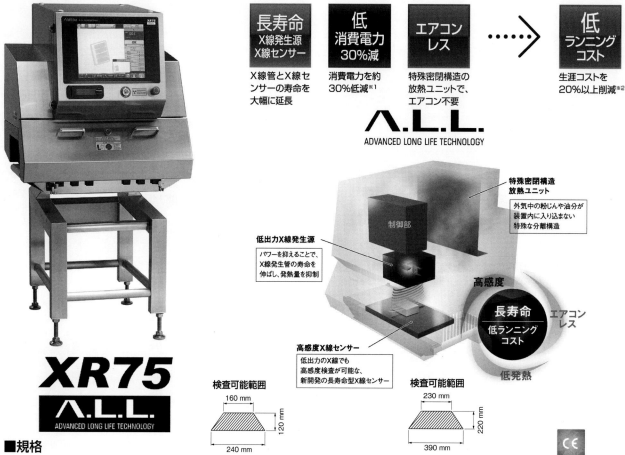

# X線検査機　XR75シリーズ

## 一般包装品から大袋やシュリンク包装品までの異物検査に最適!

X線発生源とX線センサーの長寿命化、消費電力の約30%低減、特殊密閉構造の放熱ユニットによるエアコンレスの3点により生涯コストの約20%以上が削減可能です。

XR75
A.L.L.
ADVANCED LONG LIFE TECHNOLOGY

**長寿命** X線発生源 X線センサー
X線管とX線センサーの寿命を大幅に延長

**低** 消費電力 30%減
消費電力を約30%低減※1

**エアコンレス**
特殊密閉構造の放熱ユニットで、エアコン不要

**低** ランニングコスト
生涯コストを20%以上削減※2

A.L.L.
ADVANCED LONG LIFE TECHNOLOGY

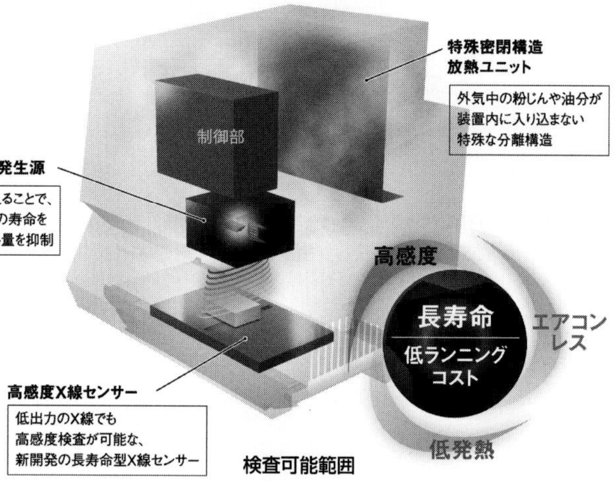


検査可能範囲

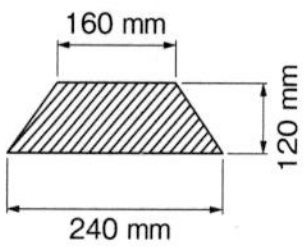


検査可能範囲

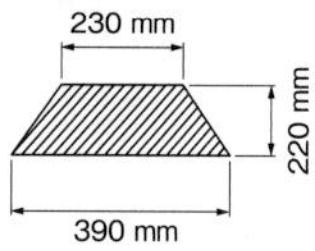


### ■規格

| 形名 | KXS7522AWCLE | KXS7522AVCLE | KXS7534AWCLE | KXS7534AVCLE |
|---|---|---|---|---|
| X線出力 | 管電圧 25～80 kV、管電流 0.4～3.3 mA、出力 12～100 W | | | |
| 安全性 | 1.0 μSv/h以下 安全装置によるX線漏洩防止 | | | |
| 表示方式 | 15インチカラーTFT液晶 | | | |
| 操作方式 | タッチパネル(タッチブザー付) | | | |
| 検査可能範囲[注1・注2] | 最大幅240 mm　最大高さ120 mm(上図) | | 最大幅390 mm　最大高さ220 mm(上図) | |
| ベルト幅 | 270 mm | | 420 mm | |
| 品種数 | 200品種 | | | |
| ベルト速度[注3]/搬送能力[注4] | 10～60 m/min　最大5 kg | | 10～60 m/min　最大5 kg | |
| | 60～90 m/min　最大2 kg | | ―― | |
| | 10～40 m/min　最大10 kg(オプション) | | 10～40 m/min　最大10 kg(オプション) | |
| 電源/消費電力[注5] | 100 VAC～240 VAC、単相、47Hz～63Hz、700 VA以下(標準) | | | |
| 質量[注6] | 245 kg | 250 kg | 300 kg | 305 kg |
| 使用環境[注7・注8] | 0℃～35℃　相対湿度30%～85%、ただし結露しないこと | | | |
| 保護等級 | コンベア部:IP66準拠<br>コンベア以外:IP40準拠 | 全面IP66準拠 | コンベア部:IP66準拠<br>コンベア以外:IP40準拠 | 全面IP66準拠 |
| 外装 | ステンレススチール(SUS304) | | | |

注1) 被検査品寸法は、検査可能範囲を下回るようにしてください。
注2) 被検査品の長さにより、入口、出口部分にカバーが必要になる場合があります。
注3) 品種ごとに速度設定が可能です。
注4) コンベア上の被検査品の総質量。
注5) 許容電圧変動範囲は±10%以内です。
注6) オプションなしの状態の質量。
注7) 30℃～35℃ではベルト速度/搬送能力が制約されます。(KXS7522AWCLE,KXS7522AVCLEのみ)
注8) オプションのエアコン搭載時は0℃～40℃。(AWCLEのみ)

開発・製造・販売
**アンリツ株式会社　インフィビスカンパニー**
ANRITSU CORPORATION
本社　〒243-8555　神奈川県厚木市恩名5-1-1
5-1-1.Onna.Atsugi-shi,kanagawa.243-8555, JAPAN
●北海道営業部 (011) 231-6201　●東北営業部 (022) 772-6685　●関東営業部・さいたま営業チーム (048) 649-4045
●広域営業部・東京オフィス (03) 6715-8789　●中部営業部 (052)774-7440　●関西営業部 (06) 6391-5202
●九州営業部 (092) 471-7666
●Iブランディング部 広告宣伝チーム (046) 296-6728
URL : https://www.anritsu.com/infivis

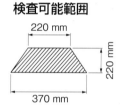

# デュアルエナジーセンサ搭載X線検査機　HRタイプ

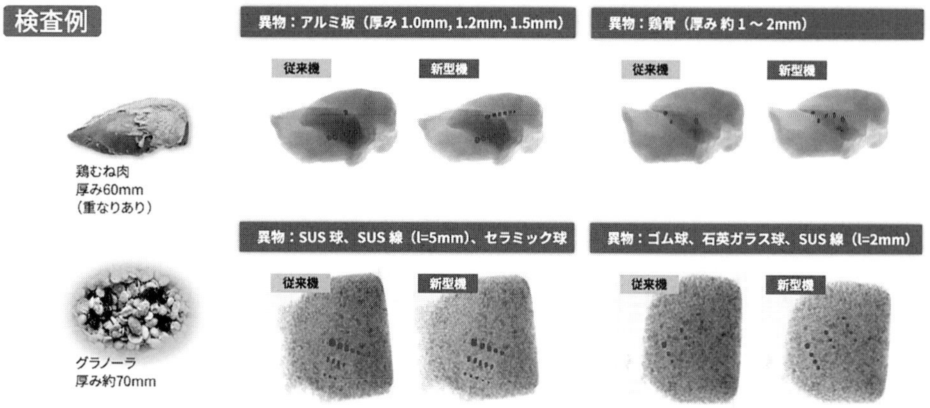


## 小骨や微小金属の検出感動が向上

新型のデュアルエナジーセンサを搭載。
X線画像の解像度を高めることにより、微細な異物の検出感度を向上しました。

## 製品の凹凸や厚みがあっても高い検出感度を実現

高画質のX線透過画像に、デュアルエナジー検査方式と新開発の検出アルゴリズムを適用することにより、凹凸や厚みに強く、さまざまな検査品に対応できます。

**検査可能範囲**

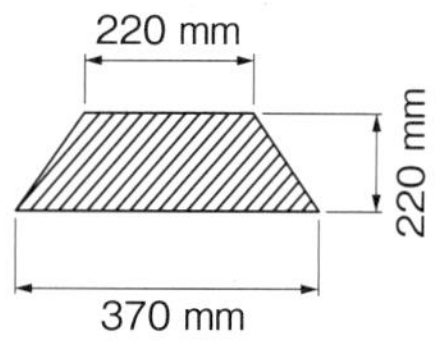


## ■規格

| | |
|---|---|
| 形名 | KXH7534ASGCD |
| X 線出力 | 管電圧 30～80 kV、管電流 0.4～10.0 mA、最大出力 300W |
| 安全性 | 安全性 1.0μSv/h 以下 安全装置による X 線漏洩防止 |
| 表示方式 | 15 インチカラーTFT 液晶 |
| 操作方式 | タッチパネル（タッチブザー付） |
| 検査可能範囲 注1・注2 | 最大幅 370 mm、最大高さ 220 mm（上図） |
| ベルト幅 | 420mm |
| 品種数 | 200 品種 |
| ベルト速度 注3／搬送能力 注4 | 10～45 m/min　最大 5kg |
| 電源／消費電力 注5 | 200VAC～240VAC、単相、47/63 Hz、1800VA以下 |
| 質量 | 350kg |
| 使用環境 | 0℃～35℃　相対湿度 30%～85%、ただし結露しないこと |
| 保護等級 | 保護等級 IP66準拠（エアコン：IP54準拠） |
| 外装 | ステンレススチール（SUS304） |

注1）被検査品寸法は、検査可能範囲を下回るようにしてください。
注2）被検査品の長さにより、入口、出口部分にカバーが必要になる場合があります。
注3）品種ごとに速度設定が可能です。
注4）コンベア上の被検査品の総質量。
注5）許容電圧変動範囲は±10%以内です。

開発・製造・販売
アンリツ株式会社　インフィビスカンパニー
ANRITSU CORPORATION
本社　〒243-8555　神奈川県厚木市恩名5-1-1
5-1-1.Onna.Atsugi-shi,kanagawa.243-8555, JAPAN
●北海道営業部 (011)231-6201　●東北営業部(022)772-6685　●関東営業部・さいたま営業チーム (048)649-4045
●広域営業部・東京オフィス (03)6715-8789　●中部営業部 (052)774-7440　●関西営業部 (06)6391-5202
●九州営業部 (092)471-7666
●Iブランディング部 広告宣伝チーム (046)296-6728
URL：https://www.anritsu.com/infivis

# X線かみこみ検査機 XR75シリーズ

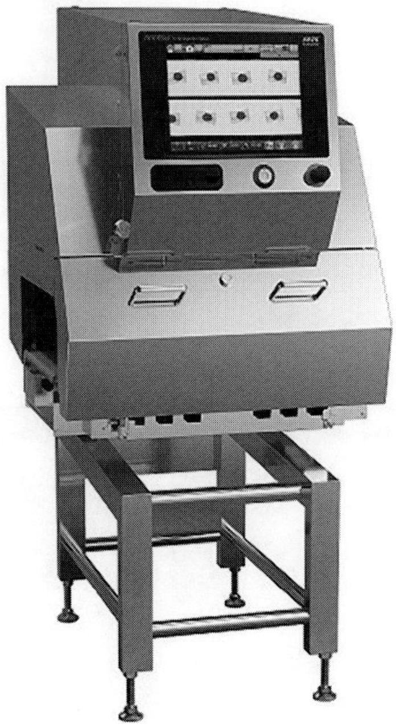

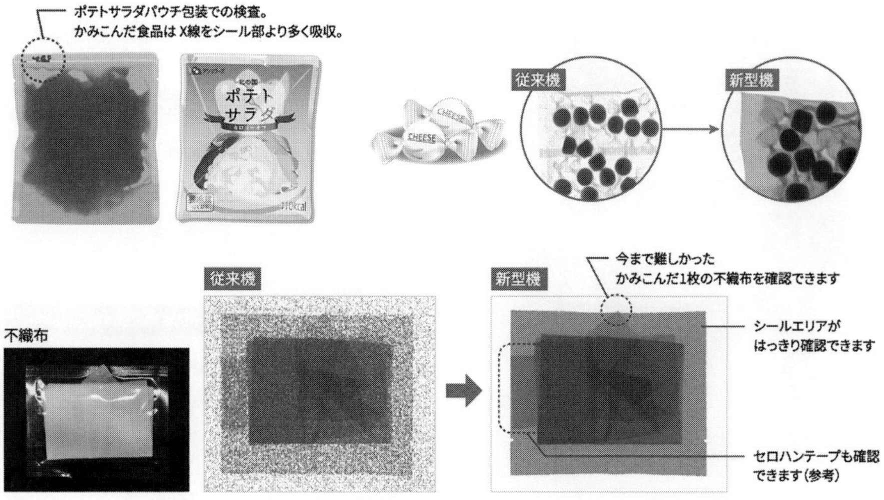


## 高精度を可能にする、新開発のX線ユニット搭載

幅広い包材に対しシール部分を正確に捉えることができ、目視検査では発見しにくい細かいかみこみも逃さず排除し、高い品質管理をサポートします。

## 光学系では検査できない色つき包材も検査可能

X線検査は、幅広い包装形態の商品に対し、高精度なかみこみ検査が可能です。
半透明のフィルム包装や色つき包材、アルミ包装まで、さまざまな包装形態に対応できます。

### ■規格

| | |
|---|---|
| 形名 | KXE7530DGEKE |
| 安全性 | 1.0 μSv/h以下 安全装置によるX線漏洩防止 |
| 表示方式 | 15インチカラーTFT液晶 |
| 操作方式 | タッチパネル(タッチブザー付) |
| 検査可能範囲 注1・注2 | 最大幅350 mm　最大高さ50 mm |
| ベルト幅 | 350 mm |
| 標準パスライン高さ | 800±50 mm |
| 品種数 | 200品種 |
| ベルト速度 注3 ／搬送能力 注4 | 10～90 m/min　最大2 kg |
| 電源 注5 | 100 ～240 VAC、単相、50/60 Hz |
| 消費電力 | 1.0 kVA |
| 質量 注6 | 300 kg |
| 使用環境 | 0℃～35℃、相対湿度30%～85%<br>ただし結露しないこと |
| 保護等級 | IP40 準拠 |
| 外装 | ステンレススチール(SUS304) |

注 1)被検査品寸法は、検査可能範囲を下回るようにしてください。 注 2)被検査品の長さにより、入口、出口部分にカバーが必要になる場合があります。 注 3)品種ごとに速度設定が可能です。 注)コンベア上の被検査品の総質量。
注 5)許容電圧変動範囲は ±10 パーセント以内です。 注 6)オプションなしの状態の質量。

### ■外観図

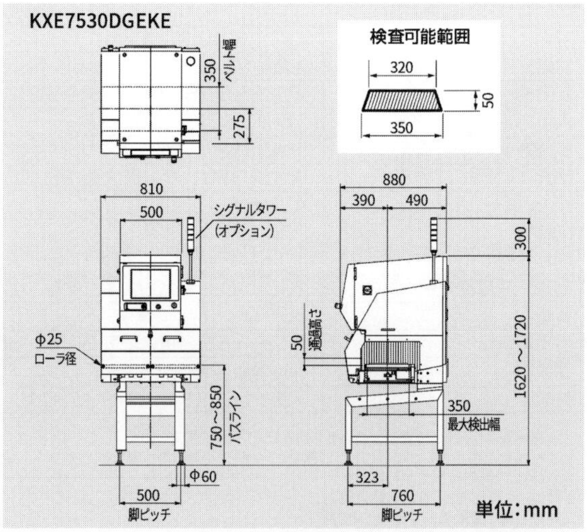


開発・製造・販売
**アンリツ株式会社　インフィビスカンパニー**
本社　〒243-8555　神奈川県厚木市恩名5-1-1
●北海道営業部 (011) 231-6201 ●東北営業部 (022) 772-6685 ●関東営業部・さいたま営業チーム (048) 649-4045
●広域営業部・東京オフィス (03) 6715-8789 ●中部営業部 (052)774-7440 ●関西営業部 (06) 6391-5202
●九州営業部 (092) 471-7666
●Iブランディング部 広告宣伝チーム (046) 296-6728

ANRITSU CORPORATION
5-1-1.Onna.Atsugi-shi,kanagawa.243-8555, JAPAN

URL：https://www.anritsu.com/infivis

# M6-hシリーズ 落下型金属検出機

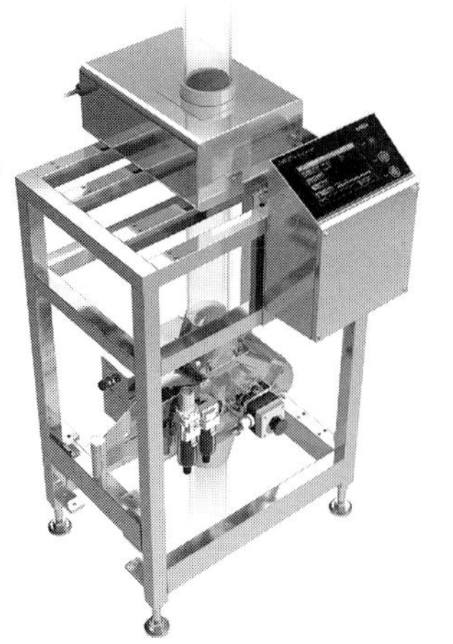

## 包材の影響を受けない検査が可能

アルミ包材などの影響を受けずに高感度検査が可能。
また下流への異物の拡散や流出リスクの低減、製品廃棄量の削減などのメリットがあります。

## 業界最高ランク*の高感度検査を実現

自由落下の検査向けに最適化したM6-hヘッドを搭載。
振動や周辺機器からのノイズへ高い耐性を発揮します。
*当社調べによる

## 独立ユニットで柔軟な組込みが可能

検出ヘッド、指示器、選別機を、独立したコンパクトなユニットで提供。

### 生産ラインへの設置例

● 計量機、包装機との接続例

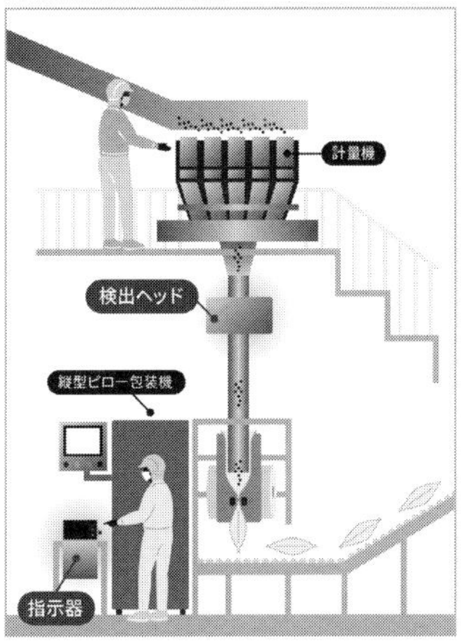


● 原料タンク、包装機との接続例

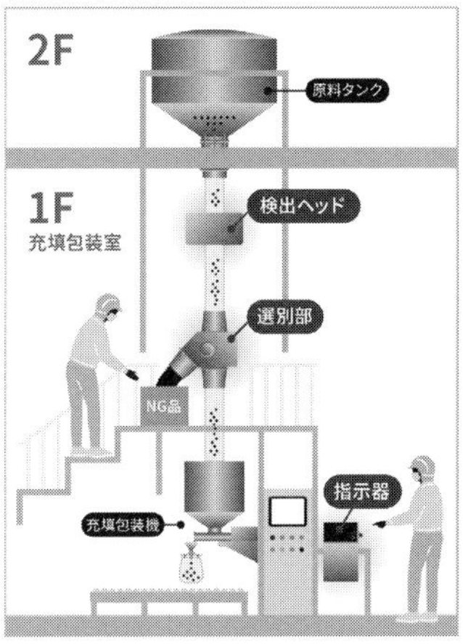


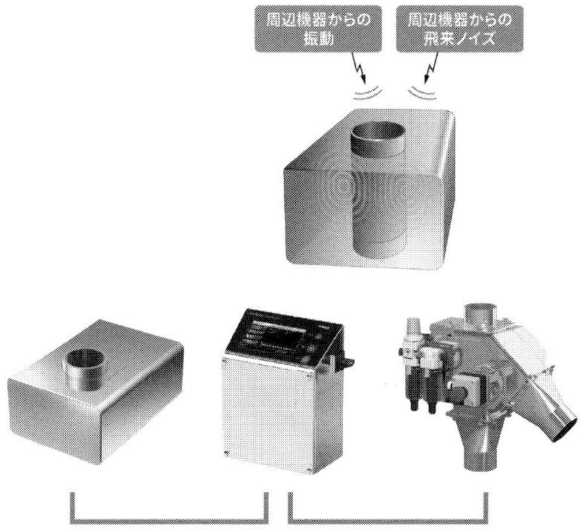


## ■規格

| 形名 | | KDS0010VFW | KDS0015VFW | KDS0020VFW |
|---|---|---|---|---|
| 開口内径 | | φ100mm | φ150mm | φ200mm |
| 検出感度 注1 | Fe球 | φ0.4mm | φ0.5mm | φ0.6mm |
| | SUS304球 | φ0.5mm | φ0.6mm | φ0.7mm |
| 表示方法 | | 7インチワイド　カラーTFT液晶 | | |
| 操作方法 | | タッチパネル(運転/停止/ホームボタンのみダイレクトキー) | | |
| 品種数 | | 最大200品種 | | |
| 被検査品 | | ドライ品 | | |
| 搬送能力 注2 | | 21,000ℓ/h | 47,000ℓ/h | 84,000ℓ/h |
| 金属検出時の処理方法 | | NG信号出力および警報(選別部オプション付きの場合は選別) | | |
| 選別部エアー源(オプション)注3 | | KRA9610CW<br>0.5MPa〜0.9MPa,<br>0.4ℓ/cycle〔A.N.R.〕 | KRA9615CW<br>0.5MPa〜0.9MPa,<br>0.6ℓ/cycle〔A.N.R.〕 | KRA9620CW<br>0.5MPa〜0.9MPa,<br>0.6ℓ/cycle〔A.N.R.〕 |
| 選別部エアー供給口(オプション)注3 | | チューブ外径φ6mm用ワンタッチ継手 | | |
| 電源 | | AC100V〜120V+10%−15%またはAC200V〜240V+10%−15%、単相、50/60Hz | | |
| 消費電力 | | 60 VA、突入電流50A(typ)(20ms以下) | | |
| 質量 | 検出ヘッド | 26kg | 33kg | 39kg |
| | 指示器 | 13kg | | |
| | 選別部(オプション)注3 | 20kg | 26kg | 28kg |
| 使用環境 | | 通常モード:0%〜40%(温度変化は±15℃以内のこと)、高感度モード:0%〜30℃(温度変化は±5℃以内のこと)、<br>相対湿度:30%〜85%、ただし結露しないこと | | |
| 保護等級 | | IP66準拠 | | |
| 外装 | | ステンレススチール(SUS304)(一部を除く) | | |
| データ出力 | | USBポート、イーサネットインターフェース(10BASE-T/100BASE-TX) | | |

注1) 検査領域内の最大検出感度です。実際に使用する場合の検出感度は、異物の種類、被検査品の物性(品温・内容物・形状など)や使用環境により異なります。
注2) 参考値になります。被検査品の大きさ、物性、使用環境等により異なります。
注3) 選別部はオプションになります。選別部オプション付きの場合、エアー供給が必要になります。
注) KRA9610CW の選別動作中の騒音レベルは 70dB(A)を超えません。KRA9615CW、KRA9620CW の選別動作中の騒音レベルは 71dB(A)以下です。

開発・製造・販売
**アンリツ株式会社　インフィビスカンパニー**
ANRITSU CORPORATION
本社　〒243-8555　神奈川県厚木市恩名5-1-1
5-1-1.Onna.Atsugi-shi,kanagawa.243-8555, JAPAN
●北海道営業部 (011)231-6201 ●東北営業部(022)772-6685 ●関東営業部・さいたま営業チーム (048)649-4045
●広域営業部・東京オフィス (03)6715-8789 ●中部営業部(052)774-7440 ●関西営業部 (06)6391-5202
●九州営業部 (092)471-7666
●Iブランディング部 広告宣伝チーム (046)296-6728
URL:https://www.anritsu.com/infivis

# M6-hシリーズ金属検出機

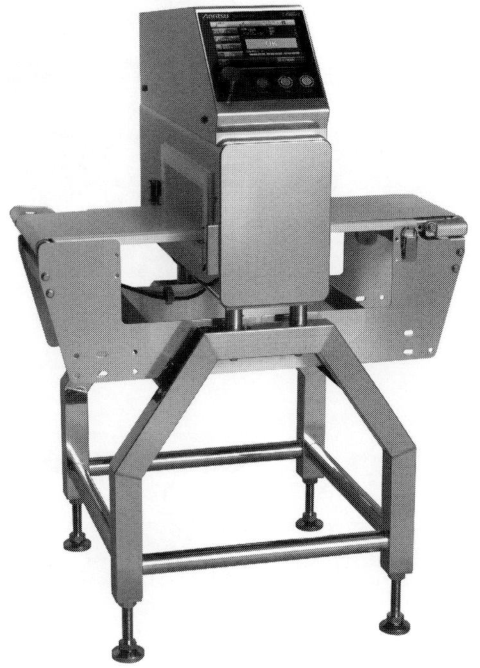

## 高い「実用感度」。
## 実際の生産時でも、安定的に高い検出感度を維持。
## アンリツは、生産ラインの課題に真摯に向き合う。

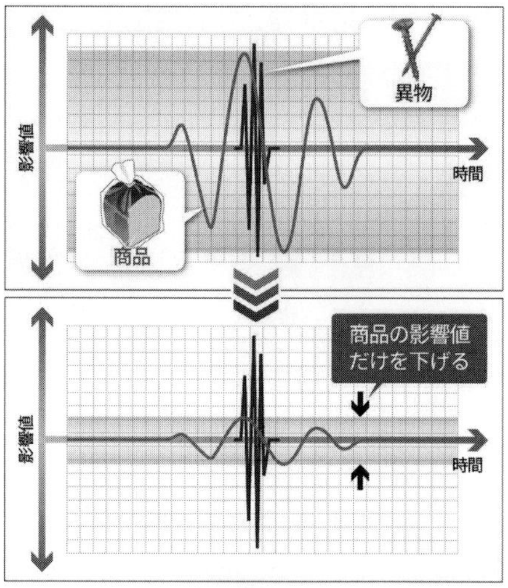


### 特　長

●検査品（商品）と金属異物の影響値を分離し、商品の影響値だけを下げるデジタル信号処理（特許申請済）により、金属の影響だけをクリアに検出することに成功しました

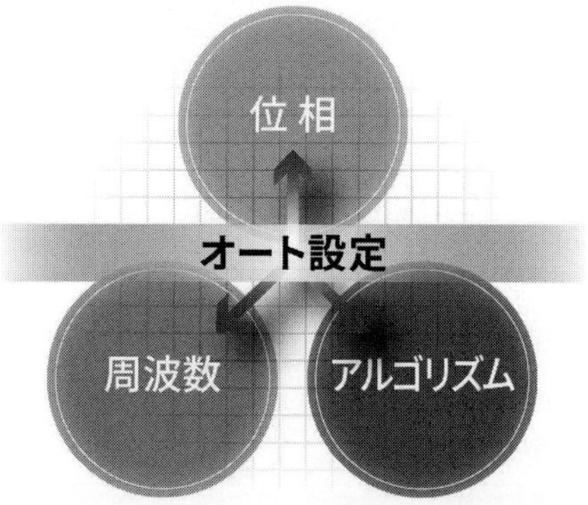


●過去の膨大な納品実績に基づいた信号処理技術により、検査品（商品）を複数回流すオート設定を行うだけで、商品に最適な位相・周波数・アルゴリズムのすべてが一度に自動設定されます。
誰が操作しても常にベストな高感度設定がされるので、オート設定後、マニュアル調整を行う必要がありません。

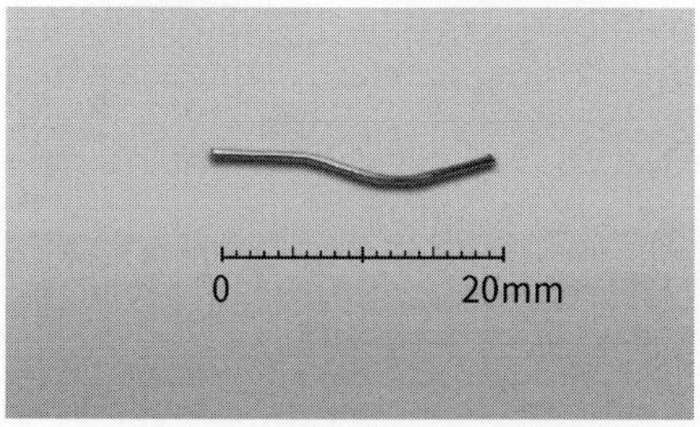


●生産ラインで混入する恐れがある金属異物は、針状や板状などさまざまな形状をしています。"FOCUS設定"はこのような、球状のテストピースとは違う、特有な形状の金属異物の検出感度をより高める機能です。
＊異物によってはオート設定での検出感度と変わらない場合があります。


**開発・製造・販売**

**アンリツ株式会社　インフィビスカンパニー**

ANRITSU CORPORATION

本社　〒243-8555　神奈川県厚木市恩名5-1-1

5-1-1.Onna.Atsugi-shi,kanagawa.243-8555, JAPAN

●北海道営業部 (011)231-6201 ●東北営業部(022)772-6685 ●関東営業部・さいたま営業チーム (048)649-4045
●広域営業部・東京オフィス (03)6715-8789 ●中部営業部(052)774-7440 ●関西営業部 (06)6391-5202
●九州営業部 (092)471-7666
●I ブランディング部 広告宣伝チーム (046)296-6728

URL：https://www.anritsu.com/infivis

# アンリツの金属検出機ラインナップ

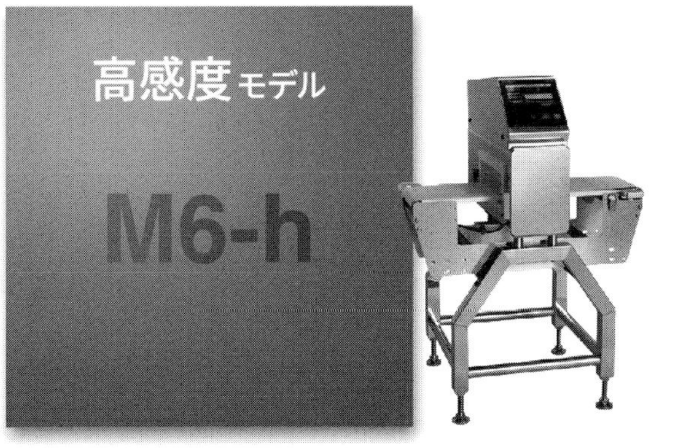


## M6-hシリーズ M6h

商品と金属異物の影響値を分離する独自のアルゴリズムと、同時2周波磁界検出方式の組み合わせで安定した高感度検出を実現します。

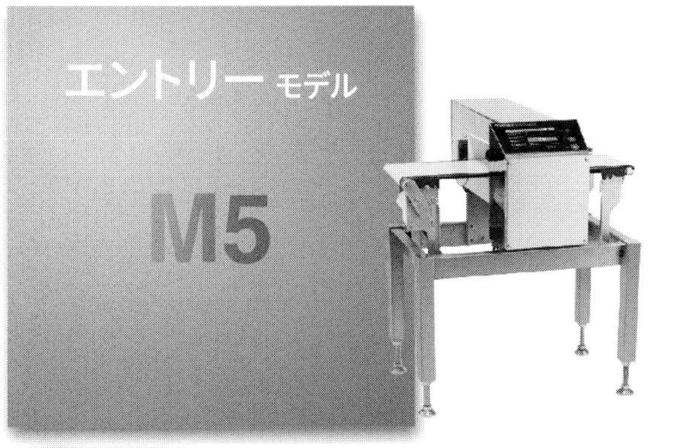


## M5シリーズ M5

使用頻度の高い操作画面を、ワンステップで表示。
品種登録やトラブル時の対処方法をイラストでわかりやすく解説します。

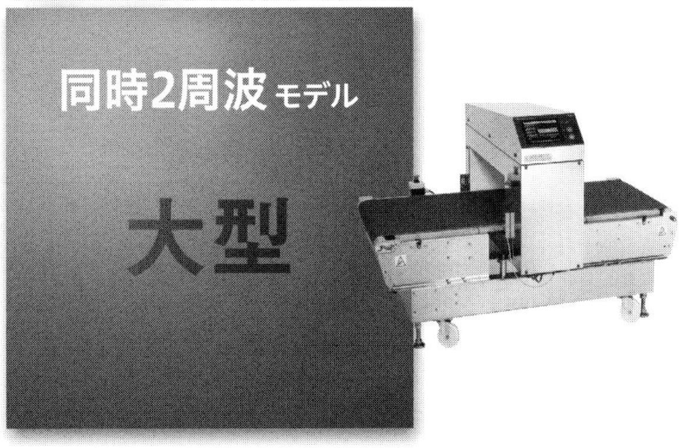


## M6-hシリーズ 大型

バラ物や大袋・大箱に詰めた商品に適した、幅広構造の検出機です。実用感度を高めるさまざまなテクノロジーで原料品、最終梱包後の製品に対しても高感度な遺物検査を実現します。

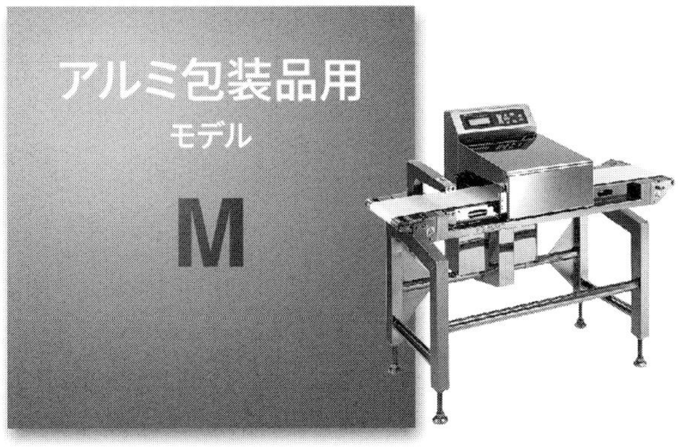


## アルミ包装品用モデル M

混入異物（金属）を磁化させることで検出する磁気射方式を採用。アルミ包装品でも、パッケージの影響を受けずに磁化可能な金属異物を高感度に検出できます。

**開発・製造・販売**

**アンリツ株式会社　インフィビスカンパニー**

本社　〒243-8555　神奈川県厚木市恩名5-1-1

●北海道営業部 (011) 231-6201　●東北営業部 (022) 772-6685　●関東営業部・さいたま営業チーム (048) 649-4045
●広域営業部・東京オフィス (03) 6715-8789　●中部営業部 (052) 774-7440　●関西営業部 (06) 6391-5202
●九州営業部 (092) 471-7666
●Iブランディング部 広告宣伝チーム (046) 296-6728

ANRITSU CORPORATION

5-1-1.Onna.Atsugi-shi,kanagawa.243-8555, JAPAN

URL : https://www.anritsu.com/infivis

# アンリツのオートチェッカSSVシリーズ

**特　長**

●高精度計量を可能にする最小目量0.001gの新型フォースバランスを搭載。室温変化と外乱ノイズに対し安定性を実現させることで、測定誤差によるNG判定の発生率が低下。再検査の負担や包装材のムダが低減され、生産効率がアップします。
●日常の運用・点検作業をサポートする操作ガイダンス機能を標準搭載。使い慣れていない作業者も安心して、操作することが可能です。
●8.5インチ液晶カラータッチパネルディスプレーを標準採用し、操作性が大幅に向上。

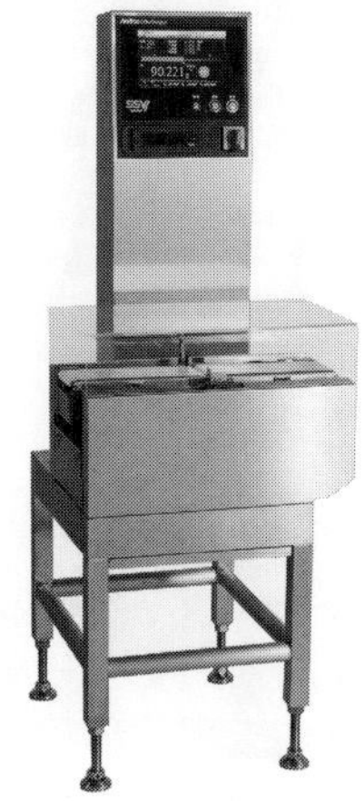

## KWS6003BP03 オートチェッカ　高精度モデル

・計量範囲:0.4～100g
・最高選別精度(3σ):+/- 0.01g
・最高選別能力:310個/min
(注)最高選別能力、最高選別精度は、計量品や選別部によって変わります。

## KWS5366BW3G オートチェッカ　防水モデル

・計量範囲:12～1200g
・最高選別精度(3σ):+/-0.2g
・最高選別能力:220 個/min
(注)最高選別能力、最高選別精度は、計量品や選別部によって変わります。

## KWS5625BF25 オートチェッカ　汎用モデル

・計量範囲:60～15000g
・最高選別精度(3σ):+/-2g
・最高選別能力:85個/min
(注)最高選別能力、最高選別精度は、計量品や選別部によって変わります。

開発・製造・販売
**アンリツ株式会社　インフィビスカンパニー**
本社　〒243-8555　神奈川県厚木市恩名5-1-1
●北海道営業部 (011)231-6201 ●東北営業部(022)772-6685 ●関東営業部・さいたま営業チーム (048)649-4045
●広域営業部・東京オフィス (03)6715-8789 ●中部営業部(052)774-7440 ●関西営業部 (06)6391-5202
●九州営業部 (092)471-7666
●Iブランディング部 広告宣伝チーム (046)296-6728

ANRITSU CORPORATION
5-1-1.Onna.Atsugi-shi,kanagawa.243-8555, JAPAN

URL:https://www.anritsu.com/infivis

# 2連オートチェッカ

## 特　長

●2連オートチェッカはチューブ・パウチ・ピローなどの高速充填包装機から2連で生産される商品の質量検査に最適です。

●1台の指示部で2連をコントロールでき、ライン別の運転・停止も可能になりました。生産状況に応じてライン数(1または2)の変更ができます。

●計量品の平均値やばらつきなどの統計値は、ライン別に確認し、質量変化の傾向を把握できます。作業者が上流の充填機の調性をする時に役立ちます。

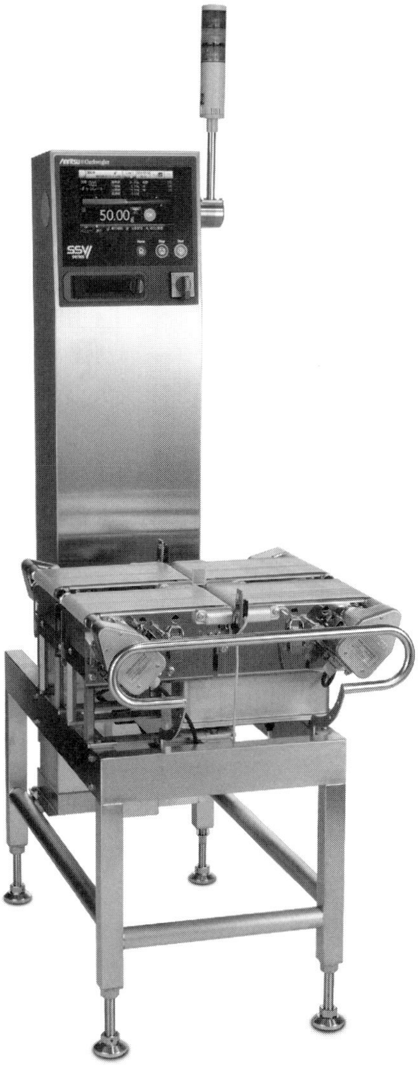


**KWS5265GW02**

・計量範囲:6～600g
・最高選別精度(3σ):+/- 0.2g
・最高選別能力:330個/min(1連あたり)
(注)最高選別能力、最高選別精度は、計量品や選別部によって変わります。

開発・製造・販売
**アンリツ株式会社　インフィビスカンパニー**
本社　〒243-8555　神奈川県厚木市恩名5-1-1
●北海道営業部 (011) 231-6201　●東北営業部 (022) 772-6685　●関東営業部・さいたま営業チーム (048) 649-4045
●広域営業部・東京オフィス (03) 6715-8789　●中部営業部 (052)774-7440　●関西営業部 (06) 6391-5202
●九州営業部 (092) 471-7666
●I ブランディング部 広告宣伝チーム (046) 296-6728

ANRITSU CORPORATION
5-1-1.Onna.Atsugi-shi,kanagawa.243-8555, JAPAN

URL : https://www.anritsu.com/infivis

# クリーンカップスケールシリーズ

## “すりきり式シャッタ”が高付着性食品の計量に威力を発揮します。

### 特　長

- ●ワンタッチ着脱方式のカップ ＆ シャッタを使用。清掃時間が大幅に短縮。
- ●カップ&シャッタは特殊樹脂製。金網を使用していないので、異物混入や製品の切りキズを付けることなく安全性が向上。

### 対象品目

漬物、スライスハム、カット野菜、ボイル肉、調理めん、惣菜、佃煮、レトルト

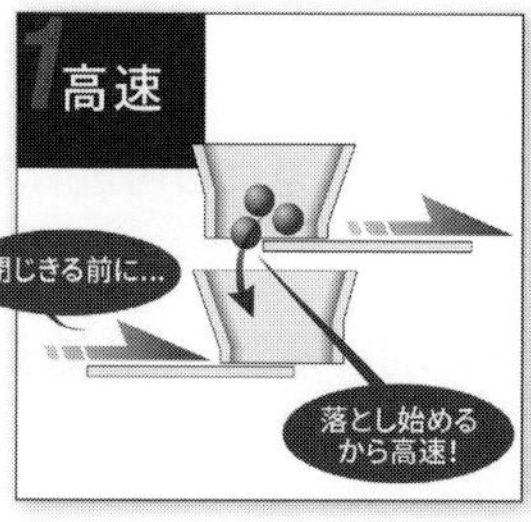

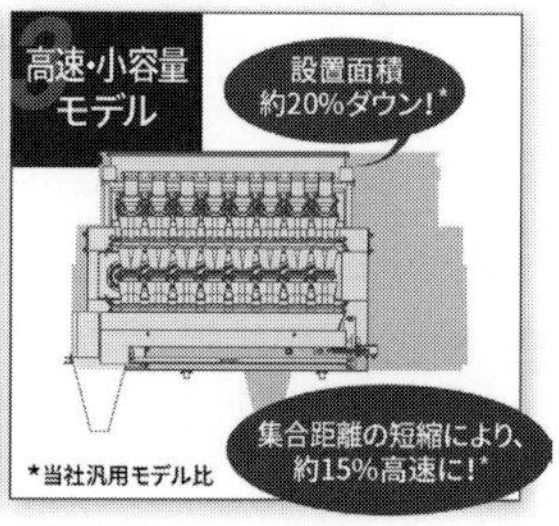

高速・小容量モデル

KE7410EWB/EWF　　IP66

規格

| | |
|---|---|
| 形　名 | KE7410EWB/EWF |
| 計量方式 | 直列配列10ヘッド組合せ計量方式 |
| 計量範囲 | 5 g ～500 g |
| 計量容積 | 600 mℓ |
| 計量精度(X̄) * | 0.5 g ～3.0 g |
| 最高計量能力* | 80回/min |

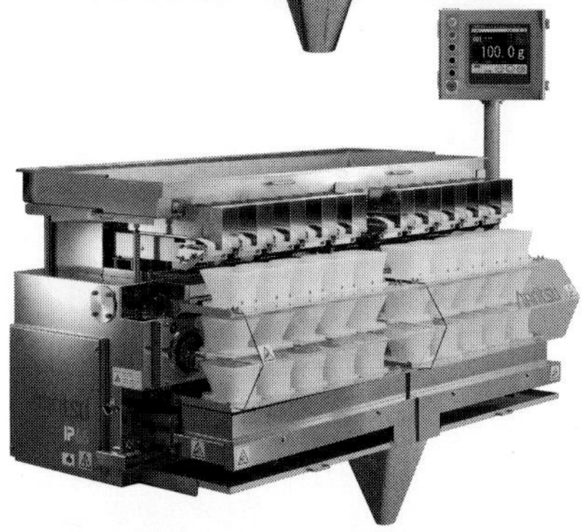

汎用モデル

KE7410DWB/DWF　　IP66

規格

| | |
|---|---|
| 形　名 | KE7410DWB/DWF |
| 計量方式 | 直列配列10ヘッド組合せ計量方式 |
| 計量範囲 | 5～1000g |
| 最大計量容器容積 | 1000mℓ |
| 計量精度(X̄) * | 0.5 g ～3.0 g |
| 最高計量能力* | 70回/min |

### 歩留まりを向上させる特許技術VM（バーティカルメモリ）方式採用

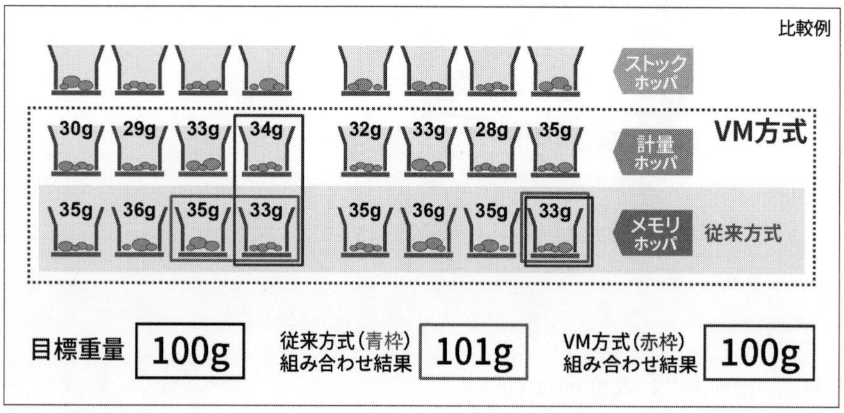


従来はメモリホッパだけで組み合わせを行っていましたが、アンリツのVM方式では計量ホッパも組み合わせに加えることで、大幅に組み合わせ数を増加させました。生産能力の向上、原材料費の削減に貢献します。

8ヘッドの場合の組み合わせ数

従来方式：255通り

VM方式：　6,560通り

開発・製造・販売

**アンリツ株式会社　インフィビスカンパニー**

ANRITSU CORPORATION

本社　〒243-8555　神奈川県厚木市恩名5-1-1

5-1-1.Onna.Atsugi-shi,kanagawa.243-8555, JAPAN

●北海道営業部 (011) 231-6201　●東北営業部 (022) 772-6685　●関東営業部・さいたま営業チーム (048) 649-4045

●広域営業部・東京オフィス (03) 6715-8789　●中部営業部 (052)774-7440　●関西営業部 (06) 6391-5202

●九州営業部 (092) 471-7666

●I ブランディング部 広告宣伝チーム (046) 296-6728

URL：https://www.anritsu.com/infivis

# 複連用オートチェッカ

## コンパクト設計と高精度を実現し、<br>充填包装ラインでの高いコストパフォーマンスを発揮します。

### 特　長

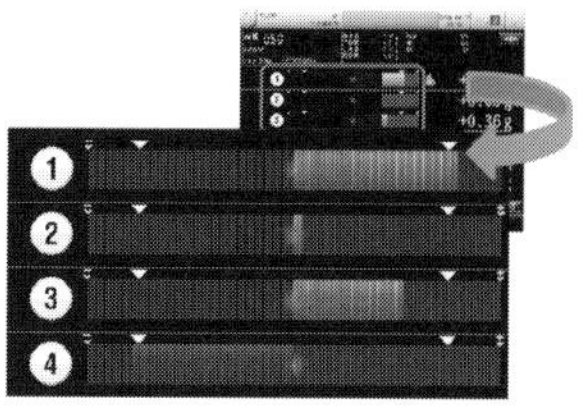

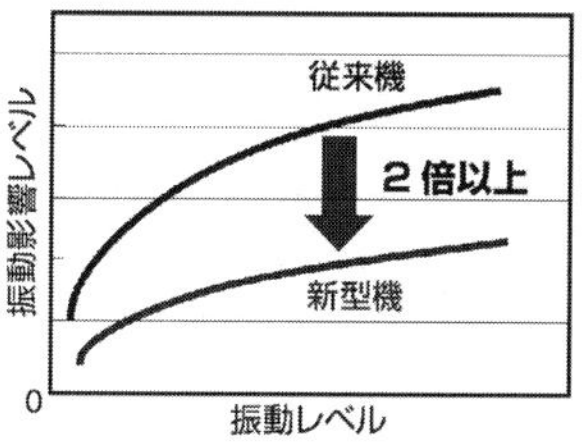


●複数のラインを1つの操作部でコントロールすることができ、効率的に作業できます。お客様の生産ラインに合わせて、操作部を本体から分離させ、充填包装機の近傍に据付けも可能。充填調整が容易になります。

●2連から最大12連まで幅広くラインナップしており、IP65準拠の防水モデルも選択頂けます。近年増加している液状商品のスティック包装や未包装品にも安心してお使いいただけます。

●15インチの大画面で視覚的に見やすく、調整しやすいカラーバーが特徴です。基準値からのずれた差分の重量が相対値としてカラーバーで表示され、より直感的に充填調整が行えます。

●充填包装機へのフィードバック制御は各連ごと行え、歩留まり改善が期待できます。ラインピッチは最小50mmピッチまで対応でき、充填包装機のピッチに合わせることで商品姿勢を乱すことなく、安定搬送が可能です。データ出力はCC-Link（オプション）などの多様な通信にも対応し充填包装機との接続が簡単です。
CC-Linkは、CC-Link協会（CC-Link Partner Association: CLPA）の登録商標です。

●アンリツ独自の高剛性構造により、床振動など設置環境が厳しい場所でも安定した高精度検査が実現できる新型秤を開発。耐振動性が強化されたため、誤動作を抑制し、排出ロスを低減します。
（*当社従来機比）

### ■規格

| 形名 | | | KWS6233FP06 | KWS6233FW06 |
|---|---|---|---|---|
| 対応連数 | | | 6 | |
| 計量範囲 | | | 1.2～600 g | |
| 表示目量 | | | 0.01 g | |
| 最高選別能力 注1 | | | 200個/min（1連あたり） | |
| 最高選別精度(3σ) 注1 | | | ± 0.020 g | |
| 表示方式 | | | 15インチワイドカラーTFT液晶 | |
| 操作方式 | | | タッチパネル（運転/停止/ホームボタンのみダイレクトキー） | |
| 最大表示値 | | | 600.9 g | |
| 品種数 | | | 最大50品種 | |
| 選別段階 | | | 2（オプションで3） | |
| 計量品 注2 | 幅 | W | 10～40 mm | |
| | 長さ | L | 46～230 mm | |
| | 高さ | H | 5～60 mm | |
| ベルト速度 | | | 15～60 m/min | |
| 電源・消費電力 | | | AC100 V～120 V +10% −15%またはAC200 V～240 V +10% −15%、単相、50/60 Hz、550 VA、突入電流30 A(typ)（130 ms以下） | |
| エアー源（専用選別部付の場合） | | | 0.4 MPa～0.9 MPa、0.2ℓ〔A.N.R.〕（1連当りの選別動作1回当りの最大容量） | |
| 質量 | | | 200 kg | |
| 使用環境 | | | 0℃～40℃（選別精度を維持するためには5℃/h以下の変動のこと）相対湿度30%～85% ただし結露なきこと | |
| 保護等級 | | | IP30準拠 | IP65準拠 |
| 外装 | | | ステンレススチール(SUS304) | |
| データ出力 | | | USBポート(USB2.0)、イーサネットインタフェース(10BASE-T、100BASE-TX)は標準装備 | |

注1） 最高選別精度、最高選別能力は、計量品、選別部や設定条件によって変わります。（全連1200個/min）
注2） 半透明および透明なものは、ご相談ください。
注） 選別部は自立架台になる場合があります。
注） 本機の騒音レベルは、70 dB(A)を超えません。
注） 上記以外の計量範囲や計量精度、選別能力にも対応します。詳細はお問い合わせください。
注） 6連以外（2連/3連/4連/5連/8連/10連/12連）の機種については、当社営業員までお問い合わせください。

### ■外観図

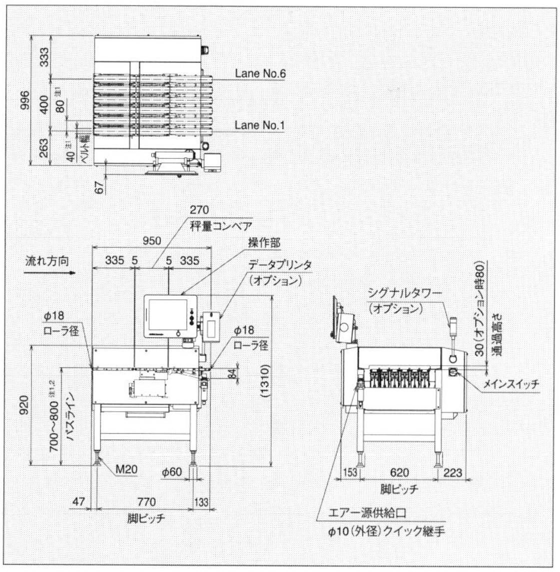


開発・製造・販売
**アンリツ株式会社　インフィビスカンパニー**
ANRITSU CORPORATION
本社　〒243-8555　神奈川県厚木市恩名5-1-1
5-1-1.Onna.Atsugi-shi,kanagawa.243-8555, JAPAN
●北海道営業部 (011)231-6201 ●東北営業部 (022)772-6685 ●関東営業部・さいたま営業チーム (048)649-4045
●広域営業部・東京オフィス (03)6715-8789 ●中部営業部 (052)774-7440 ●関西営業部 (06)6391-5202
●九州営業部 (092)471-7666
●Iブランディング部 広告宣伝チーム (046)296-6728
URL：https://www.anritsu.com/infivis

QUICCA
総合品質管理・制御システム
生産ラインを、手のひらに。
生産データの最大活用により
新たな改善が見えてくる

## 見える化による情報の共有が生産工場のポテンシャルを引き出します

QUICCAは、ネットワーク接続した検査機のデータを活用し、生産状況の見える化や、
生産分析、品質分析などの多彩な機能を簡単・低コストで実現します。
さらにQUICCAは、日常の動作確認記録を確実なものにし、CCP管理に貢献します。

### 過去と現在。 生産状況のポイントを表示

コンベア On/Off、製品カウント、NG 数などを一覧で表示。生産管理情報を、工場内のあらゆる場所で同時に確認できます。

### テストピースによる点検情報を一元把握

品種毎の金属検査後の不良数、点検者、テストピース種類、点検時間を簡単に確認できます。記録の記入漏れや改ざんなどを防ぐことにより、日報の信憑性が向上します。

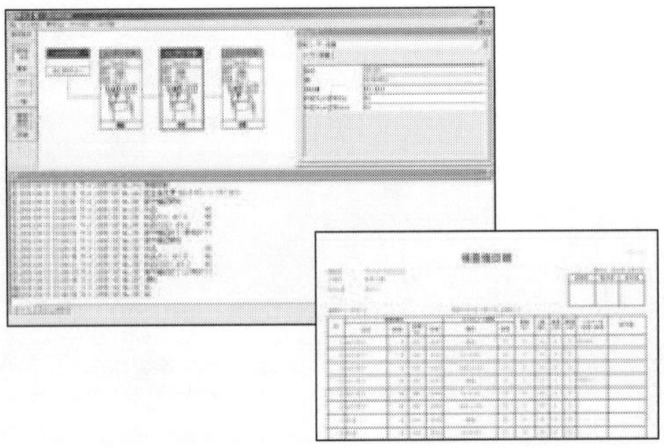

### 生産状況のレポートをデータ出力

期間、検査機、ロットNo.、品名から検索し、生産状況を簡単にレポートとしてファイル出力することで、ペーパーレス化が実現できます。

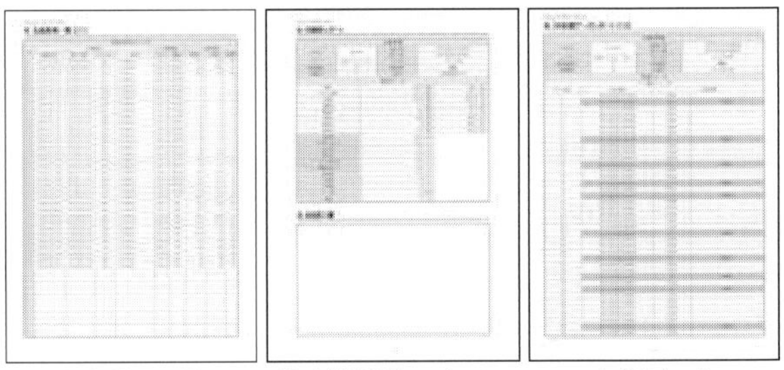

生産結果一覧　検査機統計レポート　各個データ

### 検査レポートの発行

CCP 管理手法によって正しく運用された検査機器で検査した生産品であることを示す、検査レポートを発行します。書式はカスタマイズが可能ですが、検査機器の記録は変更不可能になっています。
自社の品質管理体制の PR に役立ち、取引先からの信頼度向上に貢献します。
※弊社が検査内容を保証するものではありません。

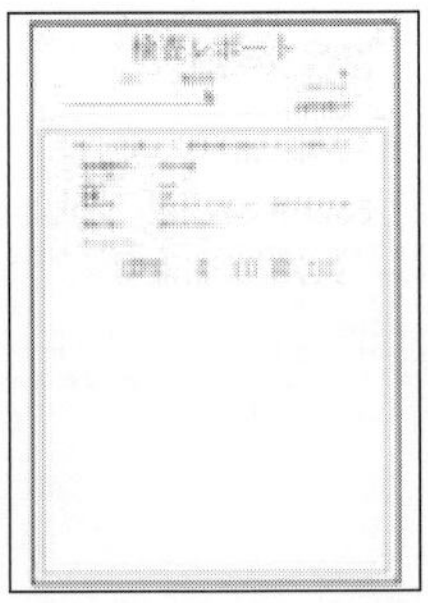

**開発・製造・販売**

**アンリツ株式会社　インフィビスカンパニー**

本社　〒243-8555　神奈川県厚木市恩名5-1-1
●北海道営業部 (011) 231-6201　●東北営業部 (022) 772-6685　●関東営業部・さいたま営業チーム (048) 649-4045
●広域営業部・東京オフィス (03) 6715-8789　●中部営業部 (052) 774-7440　●関西営業部 (06) 6391-5202
●九州営業部 (092) 471-7666
●Iブランディング部 広告宣伝チーム (046) 296-6728

ANRITSU CORPORATION

5-1-1.Onna.Atsugi-shi,kanagawa.243-8555, JAPAN

URL : https://www.anritsu.com/infivis

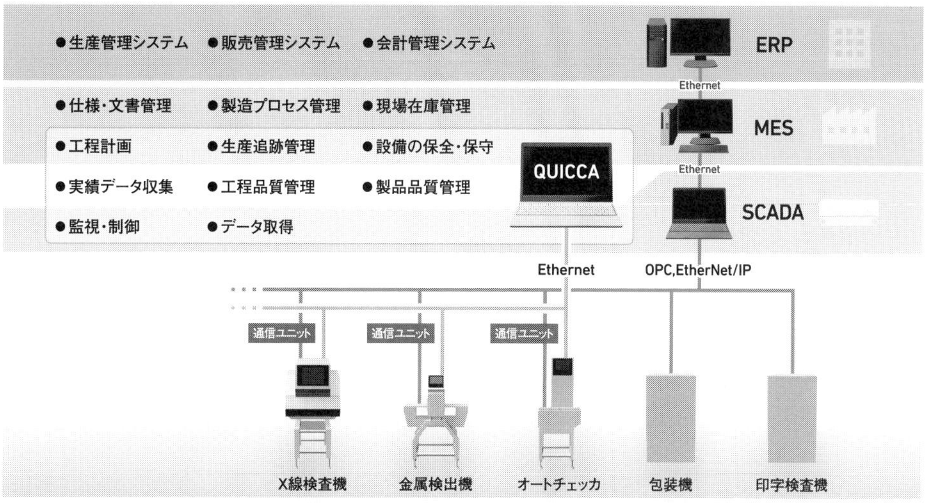


## ■規格

### ■ QUICCA

| | |
|---|---|
| 最大接続台数※ | 99台<br>最大収録能力の範囲内で接続可能。 |
| 最大収録能力※ | 3,000個/min(全ライン合計)<br>1,500個/min(X線検査機のみ接続し透過画像収録する場合)<br>X線検査機と接続し透過画像を収録する場合は、X線検査機の収録能力を2倍した値で計算する。 |
| 最大収録個数 | コンピューターの空きディスク容量による。<br>100万～400万データ/1GB(各個データ、統計データ、来歴データ)<br>1万～3万データ/1GB(画像データ)<br>X線の透過画像は、ネットワークHDD(NAS)等、複数の外部HDDへの保存可能。 |

※ 接続機種や機器のソフトウェアバージョンにより、一部機能が制限される場合があります。
※ 最大収録データ数は、ディスク容量、接続機種、収録するデータ等により異なります。
※ 画像収録データ数は、被検査品の大きさ、画像形式等により異なります。
※ 過去の収録データは自動的に削除されません。日時を範囲指定して手動で削除するか、データの保持期限を設定することで自動的に過去の収録データを削除します。

### ■コンピューターの動作環境

サーバー

| | |
|---|---|
| OS | Windows Server 2012/R2 (Standard/Datacenter/Essentials/Foundation)<br>Windows 10 (Pro/Enterprise) (64bit)<br>Windows 11 (Pro/Enterprise) (64bit)<br>Windows Server 2016 (Standard/Datacenter/Essentials)<br>Windows Server 2019 (Standard/Datacenter/Essentials)<br>Windows Server 2022 (Standard/Datacenter/Essentials) |
| CPU | インテル® Core i3 プロセッサ 2.80 GHz以上 |
| メモリ | 8 GB以上 |
| HDD | データ保存の容量以外に、インストール用として1 GB 以上の空き容量<br>外部HDDをX線の透過画像保存用として使用する場合、USB3.0接続のHDD推奨 |
| ディスプレイ | 1024 × 768 以上 |
| LAN | イーサネット(100BASE-TX、1000BASE-T)<br>カテゴリ5e以上を推奨 |
| 必須ブラウザ | Google Chrome または Microsoft Edge |

※ X線検査機の全数画像を表示収録する場合、OSにより画像収録の処理能力が異なります。
1台のPCにX線検査機を4台以上接続する場合、サーバーOSが必須となります。
最新のOS対応状況については、ご相談下さい。

クライアント

| | |
|---|---|
| OS | Windows 10 (Pro/Enterprise) (32bit/64bit)<br>Windows 11 (Pro/Enterprise) (64bit)<br>※ ビューアーを動作させる環境であるため、サーバーOSは対象外。 |
| CPU | インテル® Core i3 プロセッサ 2.80 GHz以上 |
| メモリ | 4 GB以上 |
| HDD | 使用する機能による。インストール用として100 MB以上の空き容量 |
| ディスプレイ | 1024×768 以上 |
| LAN | イーサネット(100BASE-TX、1000BASE-T)または無線LAN接続 |
| 必須ブラウザ | Google Chrome または Microsoft Edge |

※ サーバーPCがPC動作環境を満たす場合、クライアントPCの接続を3台まで保証します。



開発・製造・販売
**アンリツ株式会社　インフィビスカンパニー**
ANRITSU CORPORATION
本社　〒243-8555　神奈川県厚木市恩名5-1-1
5-1-1.Onna.Atsugi-shi,kanagawa.243-8555, JAPAN
●北海道営業部 (011) 231-6201　●東北営業部 (022) 772-6685　●関東営業部・さいたま営業チーム (048) 649-4045
●広域営業部・東京オフィス (03) 6715-8789　●中部営業部 (052)774-7440　●関西営業部 (06) 6391-5202
●九州営業部 (092) 471-7666
●Iブランディング部 広告宣伝チーム (046) 296-6728
URL : https://www.anritsu.com/infivis

# 組み合わせ計量機
## CCW-AS-214W

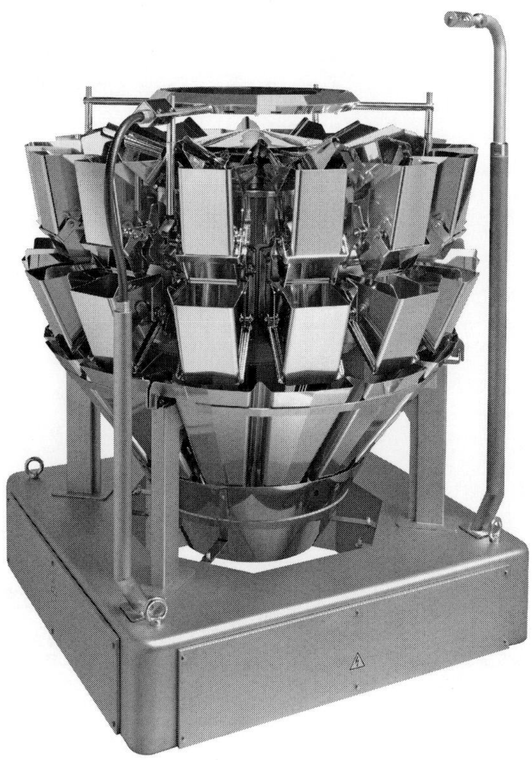

●フルモデルチェンジを行い、商品供給機能・通信機能の強化をすることでさらなる生産性向上に貢献します。
●14ヘッドで210回/分※の計量を実現する超高速、高精度計量機です。
●自動設定機能を搭載し、目標値など最低限の項目を入力すれば機械が自動で最適な設定を行います。
●オールステンレス構造で高圧放水に耐える防水性を実現しています。

■標準仕様

| 型　式 | CCW-AS-214W-1S/15･20･30 |
|---|---|
| 計量範囲※ | 15～500g/45～1000g |
| 最小表示 | 0.1g/0.2g |
| 計量容積(MAX)※ | S/15　2500cc<br>S/20　3000cc<br>S/30　4500cc |
| 計量能力(MAX)※ | S/15･20　210回/分<br>S/30　180回/分 |
| 計量精度※ | 0.5～1.0g(400gひょう量時)/1.0～2.0g(800gひょう量時) |

※　1回計量の範囲です
また、被計量物の形状、条件等により異なります

# マッチング計量機
## GCW-V-216

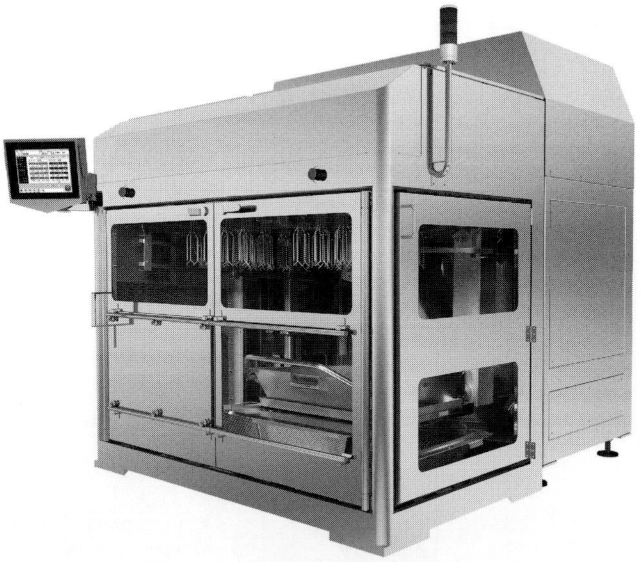

●従来の計量機では計量が難しかった商品の高速・高精度な自動計量を実現します。
●ハンドを換えれば、スパゲティ、焼きそば、ビーフン、佃煮昆布、金平ごぼうなどさまざまな商品・品種への対応が1台で可能です。
●予約設定は5項目を入力するだけで、誰でもかんたんに操作可能です。
●ハンドの自動洗浄機能などによる清掃時間短縮により、作業者の負担を軽減します。

■標準仕様

| 型　式 | GCW-V-216 |
|---|---|
| 計量範囲※ | 20～500g |
| 最小表示 | 0.2g |
| 計量能力(MAX)※ | 50回/分 |
| 計量精度(σ)※ | 0.5～5.0g |

※　1回計量の範囲です
また、被計量物の形状、条件等により異なります

# 縦ピロー包装機 INSPIRA

●MAX160袋/分※1の高速動作を実現する縦ピロー包装機です。
●商品をかたまりにして充填し、商品の舞い上がりやばらつき、余分な空気を入れないオプションCTCが追加。かみこみリスクを低減させ、生産性向上とフィルム使用量を削減します。
●自動でフィルム交換を行うオートスプライス機能により、スプライスにかかる時間と手間を削減、作業負担を軽減します

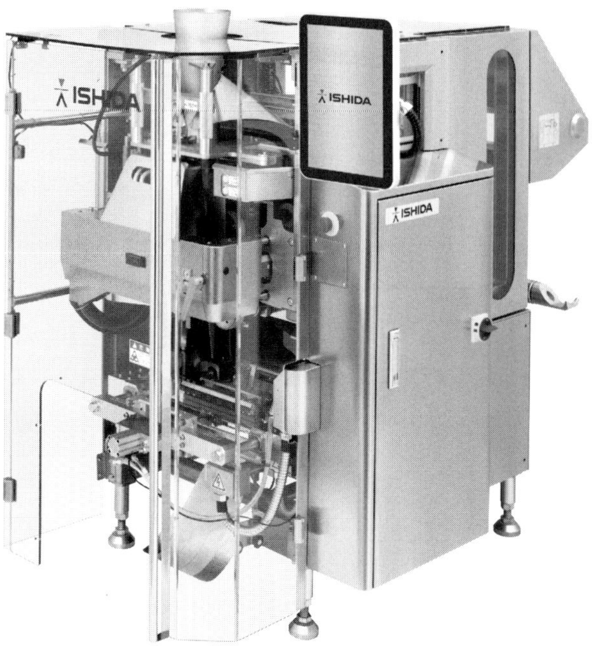

■標準仕様

| 型　式 | | INSPIRA-B-CS25 | INSPIRA-B-CS33 |
|---|---|---|---|
| タイプ | | ボックス機・ナロー | ボックス機・ワイド |
| 包装能力(MAX)※1 | | 160袋/分 | 150袋/分 |
| 袋サイズ | 幅※2 | 70〜250mm | 70〜330mm |
| | 長さ | ピンチシール式:50〜300mm※3 | ピンチシール式:50〜300mm※3 |
| | | スチールベルト式:75〜533mm | スチールベルト式:75〜711mm |
| フィルムサイズ | | ロール径(MAX):500mm | ロール径(MAX):500mm |
| | | フィルム幅(MAX):530mm※4 | フィルム幅(MAX):690mm※4 |
| | | コア内径:75mm | コア内径:75mm |

※1　被包装物の形状、条件および包材により能力は異なります
※2　オプションにて袋幅50mmから対応可能
※3　300mmを超える場合は、2回送りによる能力制限があります
※4　50kg以下、且つ袋幅50mmまで対応可能

# 直接変換型X線検査装置
## IX-PD-36A2

●微小異物と軟質異物の両方を高精度に検出できるハイエンドモデルです。
●異物検査だけでなく、欠品検査や形状検査等も可能です。
●ガイダンス表示付ディスプレイでオペレータにやさしい操作性です。
トレーサビリティを意識した豊富なデータ管理機能を装備しています。
●オールステンレス本体で検査室は防水構造です。清掃性の向上に貢献します。
●各種インターロック機構を搭載し、人にも食品にも高い安全性を確保しました。

■標準仕様

| 型　式 | IX-PD-36A2 |
|---|---|
| 検査可能範囲(MAX) | W360mm※1　H150mm |
| ベルトスピード※2 | 10〜60m/分 |
| 検査物の長さ(個装品モードのみ) | 20〜450mm |
| 搬送質量※3 | 5kg |

※1　ベルト面での数値
※2　1m/分間隔で設定可能
※3　コンベヤ全長上

ISHIDA
株式会社イシダ　www.ishida.co.jp

東京支社　〒173-0004　東京都板橋区板橋1-52-1
TEL.(03)3962-4300(直)
大阪支店　〒601-4843　大阪府吹田市江の木町26-20
TEL.(06)6310-9282(直)

イシダグループ
国内拠点はこちら

# ウェイトチェッカー
## DACS-ASシリーズ

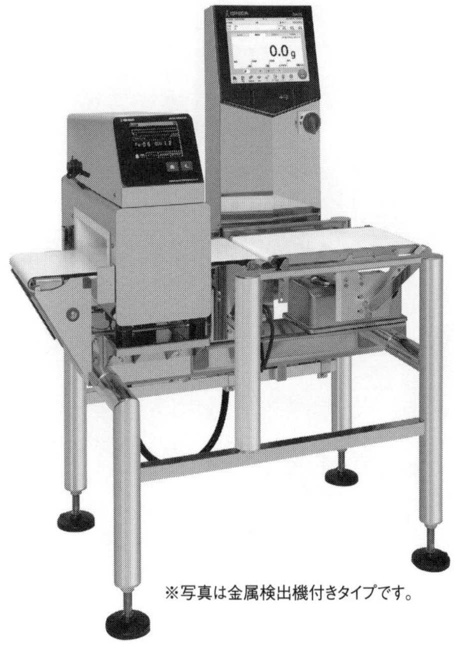


※写真は金属検出機付きタイプです。

●新型駆動計量部により計量精度を大幅に向上させ、現場の歩溜まりを改善します。
●現場の外乱にあわせて、ノイズを軽減することができるフィルタオートセットを搭載しました。
●標準機DACS-ASのほか、型式承認機DACS-AXも加わり機種ラインナップが拡充。用途にあわせて多様なひょう量/最小表示のラインナップから最適なモデルを選択可能です。

**小型**

| 計量センサ | フォースバランス | | ロードセル | |
|---|---|---|---|---|
| 型式 | DACS-AS-F003 | DACS-AS-F015 | DACS-AS-S003 | DACS-AS-S015 |
| ひょう量 | 300g | 600/1500g | 300g | 600/1500g |
| 最小表示 | 0.005g | 0.01/0.02g | 0.02g | 0.05g/0.1g |

**中型**

| 計量センサ | フォースバランス | ロードセル |
|---|---|---|
| 型式 | DACS-AS-F030 | DACS-AS-S060 |
| ひょう量 | 3000g | 6000g |
| 最小表示 | 0.05g | 0.1g |

**大型**

| 計量センサ | ロードセル |
|---|---|
| 型式 | DACS-AS-S150/S300/S600 |
| ひょう量 | 15000g/30000g/60000g |
| 最小表示 | 1g/2g/5g |

# 製封函一体型オートケーサー
## ACP-702/722

●製函・箱詰め・封函を1台で実現するオートケーサーです。
●段取り替えはボタン1つ、所要時間最短90秒※で完了。作業者を選ばず、生産時のタイムロスを削減します。
●1台で様々なサイズの袋・箱、詰め方に対応し、幅広い商品とニーズに合わせた箱詰めを実現します。

※　イシダ社内検証による

■標準仕様

| 型　式 | | ACP-702-1179-TT | ACP-702-1398-TT | ACP-722-0798-TT | |
|---|---|---|---|---|---|
| モデル | | 小箱 | 標準箱 | 標準箱 | 最小箱 |
| ※1 対象品サイズ | 袋幅 | 108～330mm | | | |
| | 袋長さ※2 | 120～375mm | | | |
| | 袋厚み | 22.5～120mm | | | |
| | 袋質量 | 20～1000g | | | |
| ※1 対応箱 | 箱幅 | 250～350mm | 275～415mm | 275～415mm | 140～275mm |
| | 箱長さ | 350～600mm | 375～620mm | 375～620mm | 300～415mm |
| | 箱高さ | 125～375mm | 125～381mm | 160～381mm | 160～381mm |
| 箱詰めパターン | | スタンドアップ（メジャー・マイナー）　サイドパック（メジャー・マイナー）※3 | | | |
| 箱詰め能力（MAX）※4 | | 150袋/分 | | | |
| 製函能力（MAX）※4 | | 10箱/分 | | 10箱/分 | 20箱/分 |

※1　条件は能力、箱サイズ、箱詰めパターン、袋質量、内容物の種類/ 量、袋幅、袋長、袋厚みにより異なる
※2　オプションのサイドパック時は120～400mm
※3　オプション対応
※4　袋・箱サイズ、シート強度、シート寸法のばらつき量、フィルム材質、箱詰めパターン、プリンタ、ターニングテーブル有無により異なる

ISHIDA

株式会社イシダ　www.ishida.co.jp

東京支社　〒173-0004　東京都板橋区板橋1-52-1
TEL.（03）3962-4300（直）

大阪支店　〒601-4843　大阪府吹田市江の木町26-20
TEL.（06）6310-9282（直）

イシダグループ
国内拠点はこちら

# トレーシーラー
## QX-500

- コンパクトながら最大25サイクル/分※3の高能力を実現するフルオートトレーシーラーです。
- シール圧の自動校正・トレーを持ち上げての搬送により、品質の安定化や稼働率向上に貢献します。
- 工具レスかつ軽量化されたシールユニットにより、部品着脱時のダウンタイム短縮と作業負荷を低減させます。

■標準仕様

| 型 式 | | QX-500 |
|---|---|---|
| 対応トレー | 最小サイズ | 60×85mm |
| | 最大サイズ | 470×300mm |
| | 最大高さ※1 | 120mm |
| トレー取り数※2 | | 1～4個取り |
| シール能力※3 | | 17～25サイクル/分 |
| 対応フィルム | 最大径 | 350mm |
| | 最大幅 | 380mm |
| フィルムカット方式 | | インサイド/アウトサイドカット |
| 電源※4 | | 三相 AC200V 6000W 30A |
| エアー消費量 | | 70Nℓ/分 0.6～0.8MPa |
| 本体質量※5 | | 約1000kg |
| シールユニット質量 | | 約50kg |

※1）持ち上げ式グリッパーの場合 110 mm　※2）1 サイクルあたり
※3）被包装物の形状・条件および包材により能力は異なります
※4）電圧変動 ±10% 以下　※5）シールユニット含まない
製造会社：Ishida Europe Ltd.　販売会社：株式会社イシダ

# イシダIoTシステム
## Cloud Owl

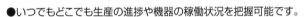

- いつでもどこでも生産の進捗や機器の稼働状況を把握可能です。
- インターネットに接続していればPCでもスマートフォン、タブレットでも端末を選ばずかんたんに情報確認を行えます。
- お客さまで手書き作成されている日々の生産管理帳票も各機器のデータから自動作成できます。

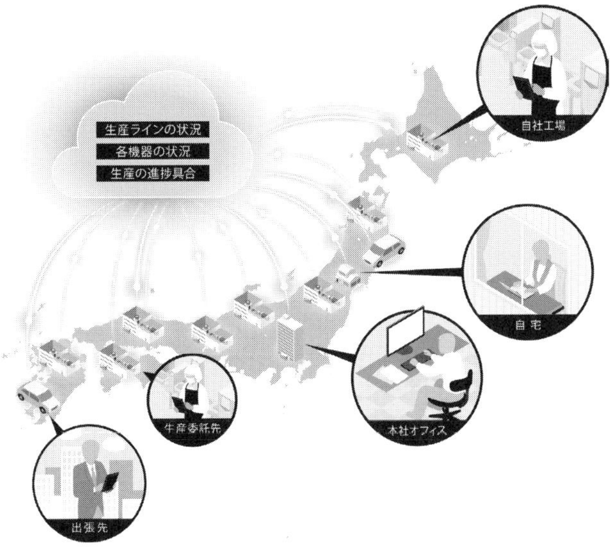


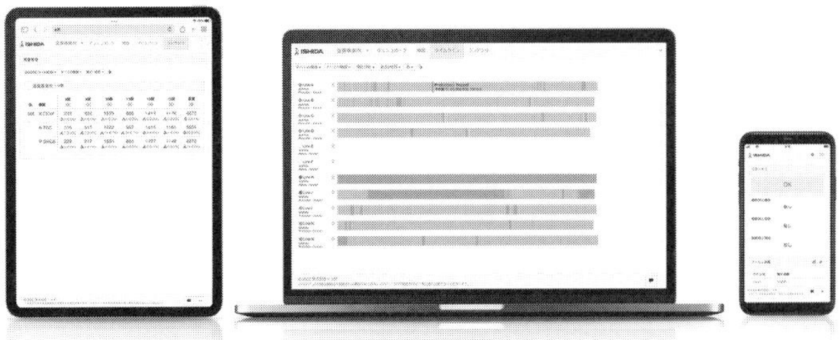



※記載の内容は2023年7月28日時点のものです。※記載されている会社名および商品名は各社の商標または登録商標です。
※商品写真は実際の色とは異なる場合がありますので予めご了承ください。※外観・仕様は改善のため予告なしに変更することがあります。

# 卓上小型真空ガス包装機

## TM-HⅢG

●真空ポンプを内蔵した、コンパクトタイプです。
●小型、少量生産向きで店頭、学校、研究所等で使用されています。
●電源は100Vで使用できます。
●マイコン制御により、9品目までのデータ設定を可能としました。
●真空開始から1サイクル終了までの一連の工程をデジタル表示します。
●上蓋に採用した透明アクリル板を通して目視を行いながら、好みの真空状態になる様、設定が可能です。
●真空保持機能の追加で様々な真空含浸に利用できるようになりました。

〈主な使用例〉肉類、ハム、ソーセージ、魚、チーズ、コーヒー、工業製品など

| | |
|---|---|
| 能力 | 1～2ショット/分 |
| シール下寸法 | 385㎜ |
| シール寸法 | 幅3㎜(半丸)×2、長さ420㎜ |
| 機械寸法 | 幅558㎜×奥行585㎜×高さ460㎜ |

# 自動真空包装機

## FVSⅡ・FVSⅡ-500L

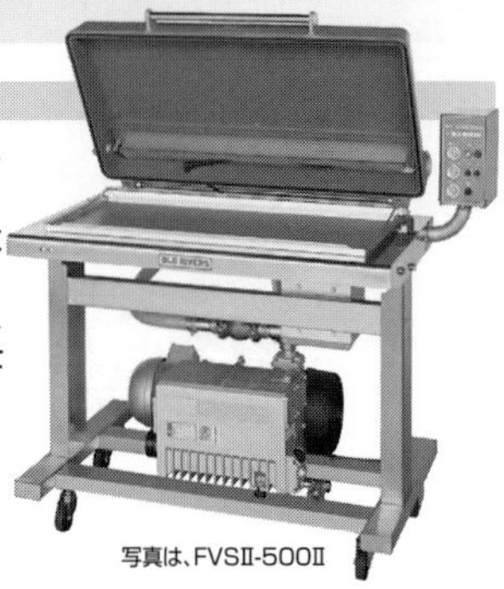


写真は、FVSⅡ-500Ⅱ

●定盤及びフレームはステンレス製、真空ボックスは特殊アルミ鋳物製です。
●機械角度が変更できるので、液物の包装にも適します。(水平、10°、20°)
●真空ボックスの深さは標準で400：80㎜、500：90㎜あります。深さ150㎜の特注仕様もあります。

〈主な使用例〉惣菜、漬物、山菜、肉製品、冷凍食品、工業製品など

| 機種 | 能力(ショット/分) | 使用可能最大袋長(㎜) | シール寸法 幅×長さ(㎜) | 機械寸法 幅×奥行×高さ(㎜) |
|---|---|---|---|---|
| FVSⅡ-400Ⅱ | 1.5～2.5 | 360 | 8×890 | 1.264×706×1.133 |
| FVSⅡ-400×150 | 1～2 | | | |
| FVSⅡ-500Ⅱ | 1～2 | 460 | | 1.264×791×1.133 |
| FVSⅡ-500×150 | 1～1.5 | | | 1.264×796×1.133 |
| FVSⅡ-500L | 1～2 | メイン460 サブ960 | メイン8×830 サブ8×365 | 1.264×796×1.133 |

# 自動真空包装機

## FVS-3SⅡ

●3㎜半丸型のヒーター線を採用しており、平型ヒーター線にくらべより高いシール強度が得られます。
●シール装置はコの字型に取付けられており長尺袋から中袋まで幅広く対応できます。
●真空ボックスの深さは200㎜あります。

〈主な使用例〉
鮭等の長物魚、加工魚介類、加工肉、カット野菜、削り節、パン粉 など

| | |
|---|---|
| 能力 | 1～2ショット/分 |
| シール寸法 | 幅3㎜(半丸)×長さ940㎜(メイン)・長さ540㎜(サブ2箇所) |
| シール下寸法 | メインシール下640㎜・サブシール間長1,050㎜ |
| 機械寸法 | 幅1,266㎜×奥行1,166㎜×高さ1,058㎜ |

※別途、真空ポンプが必要です。

# 小型真空包装機

## FVCⅡ

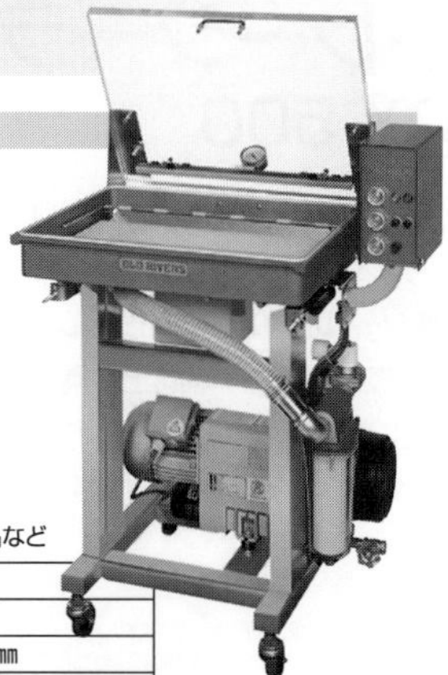


●フレームはステンレス製、真空ボックスは特殊アルミ鋳物製です。(深さ80㎜)
●真空ボックス上蓋に透明アクリル板を採用していますので、包装物の真空状態が目視で確認できます。
●シールはインパルス方式を採用しています。

〈主な使用例〉
肉類、ハム、ソーセージ、魚、チーズ、コーヒー、工業製品など

| | |
|---|---|
| 能力 | 2～4ショット/分 |
| シール下寸法 | 400㎜ |
| シール寸法 | 幅8㎜×長さ518㎜ |
| 機械寸法 | 幅839㎜×奥行688㎜×高さ1,055㎜ |

# 自動真空包装機

## FVS-7-400Ⅱ

●定盤及びフレームはステンレス製、真空ボックスはアルミ合金鋳物製で、しかも軽量化を実現(深さ41㎜、83㎜)。
●マイコン制御及び高画質タッチパネルの採用により10品目まで各種データの設定ができます。
●機械角度が変更できるので、液物の包装にも適します。(水平、10°、20°)

〈主な使用例〉惣菜、漬物、山菜、肉製品、冷凍食品、工業部品など

| | |
|---|---|
| 能力 | 2～3ショット/分 |
| シール下寸法 | 340㎜ |
| シール寸法 | 幅8㎜×長さ890㎜ |
| 機械寸法 | 幅1,070㎜×奥行664㎜×高さ1,045㎜ |

# 大型肉用真空包装機

## FVM-4WⅢ

●袋口カット装置付きです。
●3mm半丸型のヒーター線を採用しています。
●真空ボックス落下防止装置を装備し、安全性を向上。手動もしくは自動運転が可能です。

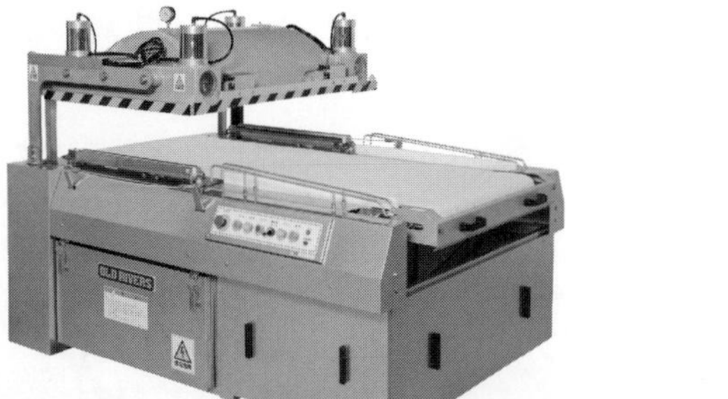


〈主な使用例〉
■生肉、加工肉など

| | |
|---|---|
| 能力 | 1～2ショット/分 |
| シール下寸法 | 1,000mm(シール間寸法) |
| シールヒーター寸法 | 幅3mm(半丸)×長さ670mm(2箇所) |
| 機械寸法 | 幅2,019mm×奥行1,420mm×高さ1,142mm |

OLD RIVERS
株式会社 古川製作所
Furukawa Homepage
インターネット上で、いつでも最新の古川製作所をご覧いただけます。
https://www.furukawa-mfg.co.jp/

本部・広島工場 〒729-0492 広島県三原市沼田西町小原200-65 TEL(0848)86-2100(代) FAX(0848)86-6340 広島、山口、鳥取、島根、岡山
東京本社 〒140-0014 東京都品川区大井6丁目19-12 TEL(03)3774-3311(代) FAX(03)3774-2110 東京、神奈川、千葉

| | | | | | |
|---|---|---|---|---|---|
| 札幌営業所 | 〒063-0834 北海道札幌市西区発寒十四条3丁目1番18号 | TEL(011)666-1160 | FAX(011)666-1162 | 北海道 |
| 盛岡営業所 | 〒020-0891 岩手県紫波郡矢巾町流通センター南1丁目3-5 | TEL(019)637-3095 | FAX(019)637-3096 | 青森、秋田、岩手 |
| 仙台営業所 | 〒984-0042 宮城県仙台市若林区大和町2丁目6-30 | TEL(022)239-5001 | FAX(022)239-5003 | 宮城、福島、山形 |
| 新潟営業所 | 〒950-0813 新潟県新潟市東区大形本町114-1 | TEL(025)279-0770 | FAX(025)279-0781 | 新潟、富山、石川 |
| 高崎営業所 | 〒370-0046 群馬県高崎市江木町1460-3 102号室 | TEL(027)330-1560 | FAX(027)330-1565 | 群馬、埼玉の一部 |
| 幸手営業所 | 〒340-0111 埼玉県幸手市北2丁目15-19 | TEL(0480)43-2772 | FAX(0480)43-6402 | 埼玉、栃木、茨城 |
| 静岡営業所 | 〒422-8034 静岡県静岡市駿河区高松1丁目9-12 | TEL(054)686-3730 | FAX(054)686-3717 | 静岡 |
| 長野営業所 | 〒380-0941 長野県長野市安茂里1502番地1 | TEL(026)229-8101 | FAX(026)229-5612 | 長野、山梨、群馬 |
| 名古屋営業所 | 〒452-0822 愛知県名古屋市西区中小田井3丁目250 | TEL(052)504-5860 | FAX(052)504-5863 | 三重、岐阜、愛知 |
| 大阪営業所 | 〒567-0034 大阪府茨木市中穂積3丁目1-23 | TEL(072)627-3330 | FAX(072)626-1411 | 大阪、京都、兵庫、奈良、和歌山、滋賀、福井 |
| 坂出営業所 | 〒762-0053 香川県坂出市西大浜北2丁目1-12 | TEL(0877)46-5237 | FAX(0877)46-5267 | 香川、愛媛、徳島、高知 |
| 福岡営業所 | 〒812-0016 福岡県福岡市博多区博多駅南5丁目7-28 | TEL(092)461-2511 | FAX(092)472-7689 | 福岡、佐賀、長崎、熊本、大分、沖縄 |
| 都城営業所 | 〒885-0062 宮崎県都城市大岩田町6916-8 | TEL(0986)39-2540 | FAX(0986)39-2577 | 宮崎、鹿児島 |
| 台北事務所 | 台北市信義路五段五號台北世界貿易中心展覧大樓7C-07 | TEL(02)2725-3429 | FAX(02)2723-2030 | |
| 上海古川包装機械有限公司 | 上海市浦東新区楊思路1371号 | TEL(0086)21-6831-3500 | FAX(0086)21-6831-3330 | |
| 尾道工場 | 〒722-0051 広島県尾道市東尾道14-15 | | | |
| 三原工場 | 〒729-0321 広島県三原市本郷町4丁目6-3 | | | |

## コンパクト連動真空包装機
### FVB-UC-400

●真空ポンプ（吸込みフィルター付）を内蔵し、電源は三相200Vで使用できます。
●最大10品目までの包装条件プリセットが可能。多品目生産にも容易に対応できます。
●使い勝手に合わせ、出来上がった商品を作業者側へ戻すことができます。

〈主な使用例〉
惣菜、ブロイラー、冷凍食品、漬物、その他各種真空包装商品など

| | |
|---|---|
| 能　　力 | 1～3ショット／分 |
| シール下寸法 | 345㎜ |
| 真空ボックス内寸法 | 幅1,000㎜×奥行400㎜×深さ80㎜ |
| シール寸法 | 幅10㎜×長さ890㎜ |
| 仕様電力 | 三相AC200V　4.3kW（真空ポンプ含む） |

※その他多彩なオプションがあります。

## 連動真空包装機
### FVB-U9Ⅱ-400・500

●機械角度が変更できるので液物の放送にも適します。（0°～24°の間で5段階）
●コントロールボックス、上下部フレームをステンレス製としました。
●真空ボックスの深さは400：80㎜、500：91㎜あります。深さ110㎜の特注仕様もあります。

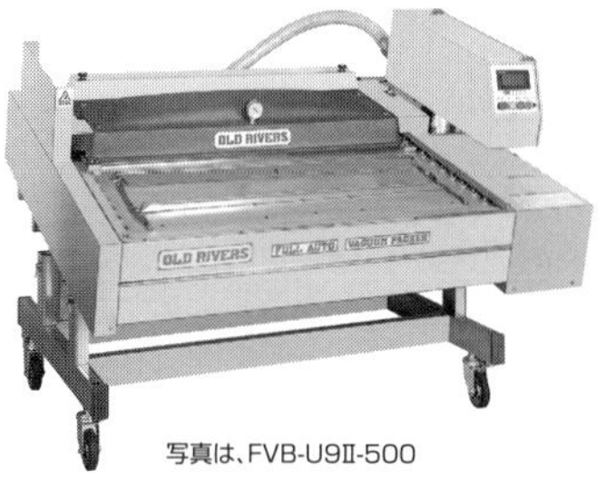

写真は、FVB-U9Ⅱ-500

〈主な使用例〉
漬物、惣菜、冷凍食品、みそ、キムチ、たけのこなど

| | |
|---|---|
| 機　　種 | FVB-U9Ⅱ-400・500 |
| 能　　力 | 2～4ショット/分 |
| シール下寸法 | 345㎜(435㎜) |
| シール寸法 | 幅10㎜×長さ1,090㎜ |
| 機械寸法 | 幅1,819㎜×奥行1,679㎜×高さ1,241㎜ |

※（　）はU9Ⅱ-500　※別途、真空ポンプが必要です。

## 連動真空包装機
### FVB-UX-400・500

●真空ボックスの深さは80㎜あります。
●真空パック後の製品が形くずれ、割れ、また袋のピンホールを生じやすいものでも搬出部を可動シュートにする事で落差の少ない、スムーズな搬出を可能にしました。

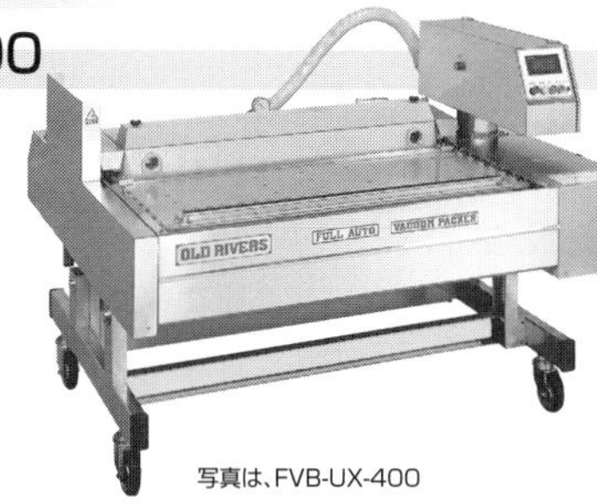

写真は、FVB-UX-400

〈主な使用例〉
しじみ、あさり、鰹節、骨付肉、やきとり（串付き）、くり、ざる豆腐、玉子焼き、冷凍食品など

| | |
|---|---|
| 機　　種 | FVB-UX-400・500 |
| 能　　力 | 2～4ショット/分 |
| シール下寸法 | 345㎜(435㎜) |
| シール寸法 | 幅10㎜×長さ1,090㎜ |
| 機械寸法 | 幅1,811㎜×奥行1,695㎜×高さ1,241㎜ |

※（　）はUX-500　※別途、真空ポンプが必要です。

## 横式連動真空包装機
### FVH-S1・FVH-S1W

●ベルト両サイドにシール装置があります。
●安全装置付です。真空ボックス下降中に異物を感知すると非常停止します。
●真空ボックス深さは100㎜あります。

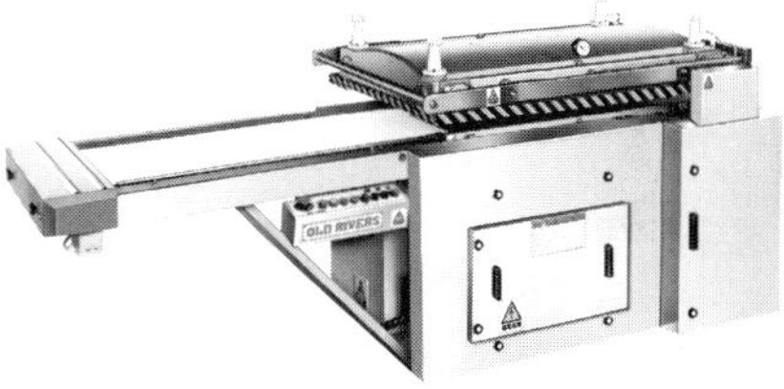

〈主な使用例〉
鮭、ブリ等のフィーレなど

| | | |
|---|---|---|
| 機　　種 | FVH-S1 | FVH-S1W |
| 能　　力 | 2～3ショット/分 | 1～2ショット/分 |
| 使用可能最大袋 | 600㎜ | 940㎜ |
| 長シール寸法 | 幅8㎜×長さ1,100㎜(上下シール) | 幅8㎜×長さ1,100㎜(上下シール) |
| 機械寸法 | 幅3,137㎜×奥行1,160㎜×高さ1,287㎜ | 幅3,653㎜×奥行1,540㎜×高さ1,377㎜ |

※別途、真空ポンプが必要です。

## ハイマン
### HI-750・HI-750Ⅱ・HI-750IS

●切替えで、今までできなかった密着真空包装と袋物真空包装との兼用使用できます。（HI-750IS）
●密着トレー、フィルムに並べた品物を加熱軟化したフィルムが品物の形をくずさないで密着します。密着している事により保存性を高め、ドリップや霜の発生防止、又乾燥も防ぎます。

〈主な使用例〉
ステーキ、ハム、ソーセージ、ハンバーグ、魚切身、エビ、チーズ、煮豆、佃煮 など

| 機　　種 | HI-750（Ⅱ） | HI-750IS | |
|---|---|---|---|
| 包装形態 | 密着包装 | 密着包装 | 袋物包装 |
| 能　　力 | 1.5～2.5ショット/分 | 1.5～2.5ショット/分 | 1～2ショット/分 |
| シール寸法 | — | — | 幅8㎜×長さ546㎜ |
| シール下寸法 | — | — | 400㎜ |
| ボックス内有効寸法 幅×奥行×高さ（㎜） | 700×490×55（95） | 700×490×55 | 700×490×110 |
| 機械寸法 幅×奥行×高さ（㎜） | 960×860×1,046（1,094） | 1,155×900×1,186㎜ | |

※別途、真空ポンプが必要です。

## （株）シンワ機械 コンパクトパックシーラー
### ・GRIT-I

●シール同時トリミング機工でフィルムロスを削減し、自動求心機構・自動求面機構を備えたコンパクトスタンダードモデルのパックシーラーです。
●ガスフラッシュ装置や容器供給機などのオプション搭載も可能です。

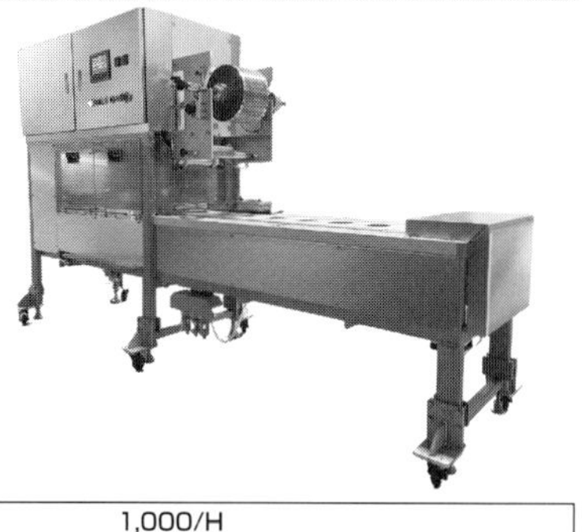

| | |
|---|---|
| 能　　力 | 1,000/H |
| 機械寸法 | 幅730mm×奥行3,000mm×高さ1,843mm |
| 送りピッチ／横列ピッチ | 190.5mm(#60×10P) / 1列 |
| 容器寸法(Max) | 160mm×200mm H=90 |
| フィルム幅(Max) | 250mm |

# 竪型袋詰真空包装機

## FVV-10-220NⅢ

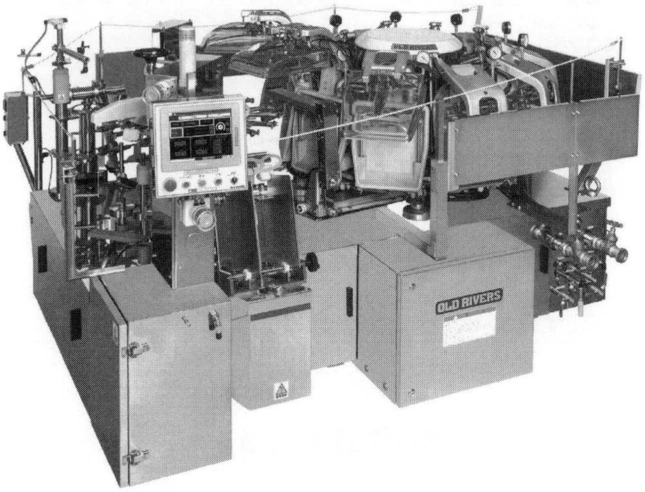

●袋詰部と真空部を分けた2ローター式です。袋詰部は品物を入れ易くする為、間欠移動をし、回転半径の大きい真空部は連続回転します。
●機械操作はタッチパネル方式を採用し、最大100品目(アイテム)のプリセットを可能しました。機械速度、温度調整、真空度、充填液量等をアイテムに呼び出すだけの簡単操作で設定、変更します。
●真空ボックスは樹脂製で、透明部を通して内部の状態が確認できます。また、真空ボックス内は水洗いが可能です。

〈主な使用例〉
惣菜、漬物、しょうが、たけのこ、ハンバーグ、焼豚他肉製品、冷凍食品など

| 能　　力 | 10~45袋/分 |
|---|---|
| 使用可能袋寸法 | 幅80mm~220mm×長さ150mm~300mm |
| シール寸法 | 幅10mm×長さ240mm(インパルスシール) |
| 機械寸法 | 幅2,645mm×奥行2,142mm×高さ1,442mm |
| 機械質量 | 2,400kg |

## FVV-12-150N

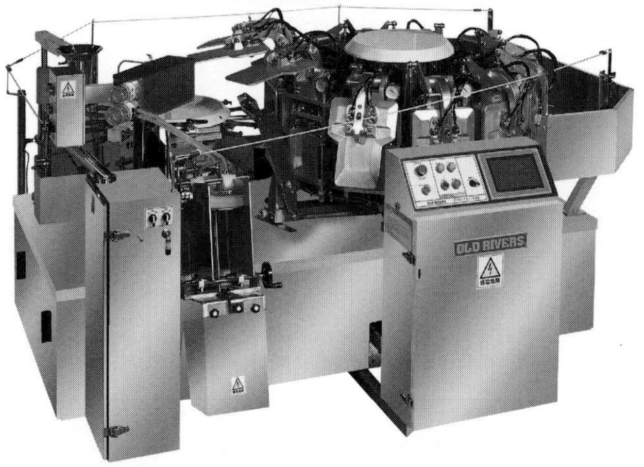

●真空ボックスのスリム化により、真空ボックスを12個装備。能力は毎分60袋(最大)を実現し、生産システムの効率化をサポートします。
●機械操作はタッチパネル方式を採用し、最大100品目(アイテム)のプリセットを可能しました。機械速度、温度調整、真空度、充填液量等をアイテムに呼び出すだけの簡単操作で設定、変更します。

〈主な使用例〉
惣菜、漬物、しょうが、たけのこ、ハンバーグ、焼豚他肉製品、冷凍食品など

| 能　　力 | 10～60袋/分 |
|---|---|
| 使用可能袋寸法 | 幅80mm～150mm×長さ100mm～250mm |
| シール寸法 | 幅10mm×長さ170mm(インパルスシール) |
| 機械寸法 | 幅2,635mm×奥行2,278mm×高さ1,468mm |
| 機械質量 | 2,400kg |

※別途、真空ポンプが必要です。

## FVV8-250NB-L

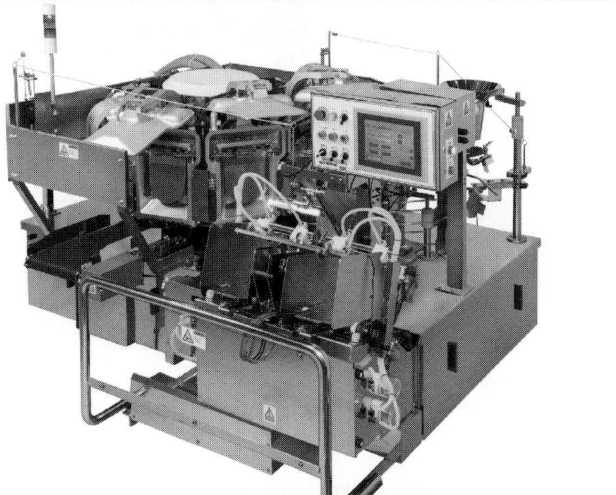

写真はFVV-8-250NB-LL

●2 セットの袋箱を採用し、高能力の運転時でも途切れることなく給袋が行えます。
●計量機の能力に合わせ、待機運転と連続運転がスイッチで切替できます。(連続運転時にはフィルムリサイクル機能で、空袋のロスを減らします。)

〈主な使用例〉
ブロイラーなど

| 能　　力 | 10～35袋/分 |
|---|---|
| 使用可能袋寸法 | 幅150mm～250mm×長さ280mm～380mm |
| シール寸法 | 幅8mm×長さ270mm(インパルスシール) |
| 機械寸法 | 幅2,527mm×奥行2,402mm×高さ1,722mm |
| 機械質量 | 2,200kg |

# 自動袋詰シール機

## FF-220NⅢ

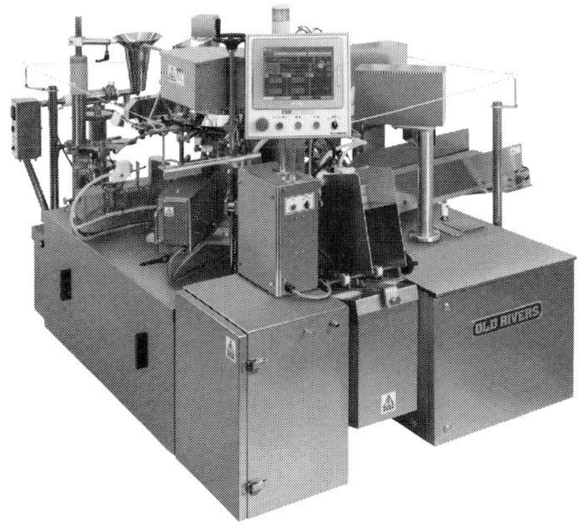

●8 セクションの袋詰部、能力は毎分 50 袋（最大）。機械操作はタッチパネルを採用しています。
●最大 100 品目の包装条件プリセットが可能。アニメーションやジェスチャー機能を採用したモニター機能を実現。

〈主な使用例〉
漬物、山菜、海草類、惣菜、菓子、製菓、嗜好品、トイレタリー、冷凍食品
粉体類、カット野菜など

| | |
|---|---|
| 能力 | 10～50袋/分 |
| 使用可能袋寸法 | 平袋　幅80mm～240mm×長さ100mm～350mm |
| シール寸法 | 標準幅10mm(ヒートシール) |
| 機械寸法 | 幅1,818mm×奥行1,836mm×高さ1,418mm |
| 機械質量 | 1,300kg |

## FF-10-230NⅢ

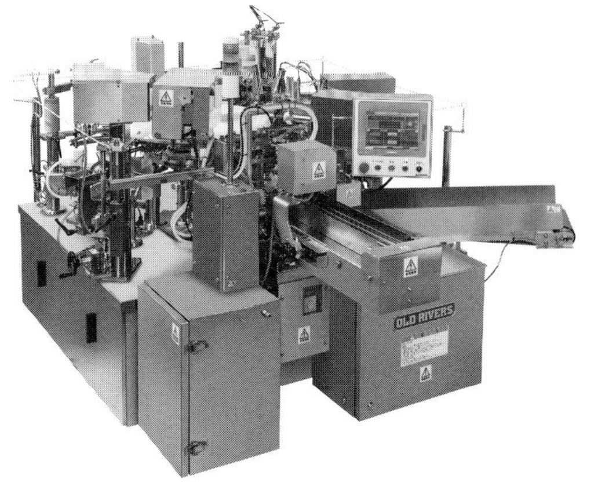

●袋詰部を 10 セクションにすることにより、平袋・スタンドパック袋・チャック付袋など様々な包装携帯に対応が可能。
●多段シール方式により、袋口シールの確実性、安定性を保証します。

〈主な使用例〉
レトルト食品、菓子、冷凍食品、惣菜、漬物、医薬品、工業製品など

| | |
|---|---|
| 能力 | 10～60袋/分 |
| 使用可能袋寸法 | 平袋　幅80mm～230mm×長さ100mm～300mm |
| シール寸法 | 標準幅 10mm(ヒートシール) |
| 機械寸法 | 幅2,100mm×奥行2,210mm×高さ1,510mm |
| 機械質量 | 1,820kg |

## FF-160WN

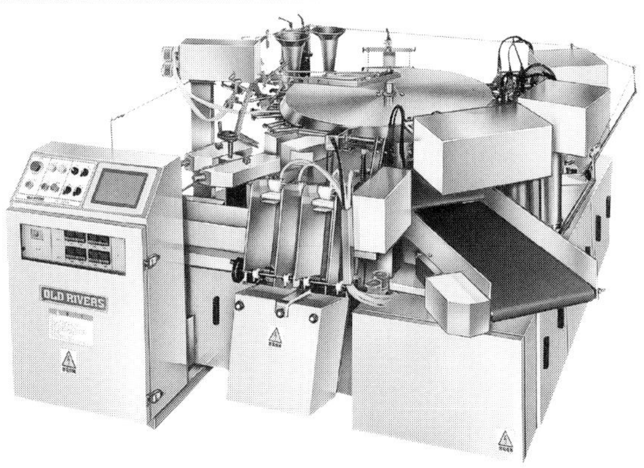

●各セクションに爪を４本装備した本機は、標準の２倍の能力/生産量を実現します。
●爪幅の調整はスイッチ１つでできるので、袋交換時の手間を省きます。

〈主な使用例〉
スープ、菓子、製菓、レトルト食品、ペットフード、ジャム、穀類、医薬品など

| | |
|---|---|
| 能力 | 30～100袋/分 |
| 使用可能袋寸法 | 平袋　幅80mm～160mm×長さ100mm～250mm |
| シール寸法 | 標準幅 8mm(ヒートシール) |
| 機械寸法 | 幅2,459mm×奥行2,333mm×高さ1,620mm |
| 機械質量 | 2,300kg |

## FFD-6-230N

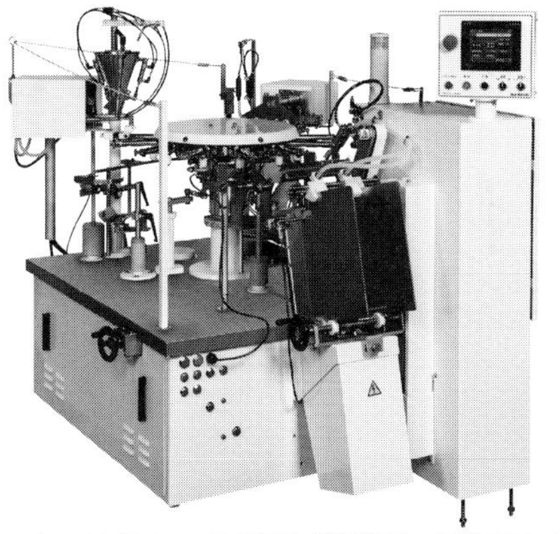

●クラストップレベル省スペースを実現。消費電量・消費エアーを抑えた省エネ設計の６セクションの袋詰シール機です。
●運転速度はインバーター方式により、タッチパネル内で調整できます。

〈主な使用例〉
菓子、キャンディ、粉粒物、ドライ製品全般など

| | |
|---|---|
| 能力 | 10～30袋/分 |
| 使用可能袋寸法 | 幅80mm～230mm×長さ100mm～350mm |
| シール寸法 | 標準幅 8mm(ヒートシール) |
| 機械寸法 | 幅1,263mm×奥行1,615mm×高さ1,430mm |
| 機械質量 | 700kg |

OLD RIVERS®
株式会社 古川製作所
Furukawa Homepage
インターネット上で、いつでも最新の古川製作所をご覧いただけます。
https://www.furukawa-mfg.co.jp/

本部・広島工場　〒729-0492 広島県三原市沼田西町小原200-65
TEL(0848)86-2100㈹　FAX(0848)86-6340
広島、山口、鳥取、島根、岡山
東京本社　〒140-0014 東京都品川区大井6丁目19-12
TEL(03)3774-3311㈹　FAX(03)3774-2110
東京、神奈川、千葉

| | | | | | |
|---|---|---|---|---|---|
| 札幌営業所 | 〒063-0834 | 北海道札幌市西区発寒十四条3丁目1番18号 | TEL(011)666-1160 | FAX(011)666-1162 | 北海道 |
| 盛岡営業所 | 〒020-0891 | 岩手県紫波郡矢巾町流通センター南1丁目3-5 | TEL(019)637-3095 | FAX(019)637-3096 | 青森、秋田、岩手 |
| 仙台営業所 | 〒984-0042 | 宮城県仙台市若林区大和町2丁目6-30 | TEL(022)239-5001 | FAX(022)239-5003 | 宮城、福島、山形 |
| 新潟営業所 | 〒950-0813 | 新潟県新潟市東区大形本町114-1 | TEL(025)279-0770 | FAX(025)279-0781 | 新潟、富山、石川 |
| 高崎営業所 | 〒370-0046 | 群馬県高崎市江木町1460-3　102号室 | TEL(027)330-1560 | FAX(027)330-1565 | 群馬、埼玉の一部 |
| 幸手営業所 | 〒340-0111 | 埼玉県幸手市北2丁目15-19 | TEL(0480)43-2772 | FAX(0480)43-6402 | 埼玉、栃木、茨城 |
| 静岡営業所 | 〒422-8034 | 静岡県静岡市駿河区高松1丁目9-12 | TEL(054)686-3730 | FAX(054)686-3717 | 静岡 |
| 長野営業所 | 〒380-0941 | 長野県長野市安茂里1502番地1 | TEL(026)229-8101 | FAX(026)229-5612 | 長野、山梨、群馬 |
| 名古屋営業所 | 〒452-0822 | 愛知県名古屋市西区中小田井3丁目250 | TEL(052)504-5860 | FAX(052)504-5863 | 三重、岐阜、愛知 |
| 大阪営業所 | 〒567-0034 | 大阪府茨木市中穂積3丁目1-23 | TEL(072)627-3330 | FAX(072)626-1411 | 大阪、京都、兵庫、奈良、和歌山、滋賀、福井 |
| 坂出営業所 | 〒762-0053 | 香川県坂出市西大浜北2丁目1-12 | TEL(0877)46-5237 | FAX(0877)46-5267 | 香川、愛媛、徳島、高知 |
| 福岡営業所 | 〒812-0016 | 福岡県福岡市博多区博多駅南5丁目7-28 | TEL(092)461-2511 | FAX(092)472-7689 | 福岡、佐賀、長崎、熊本、大分、沖縄 |
| 都城営業所 | 〒885-0062 | 宮崎県都城市大岩田町6916-8 | TEL(0986)39-2540 | FAX(0986)39-2577 | 宮崎、鹿児島 |
| 台北事務所 | | 台北市信義路五段五號台北世界貿易中心展覧大樓7C-07 | TEL(02)2725-3429 | FAX(02)2723-2030 | |
| 上海古川包装機械有限公司 | | 上海市浦東新区楊思路1371号 | TEL(0086)21-6831-3500 | FAX(0086)21-6831-3330 | |
| 尾道工場 | 〒722-0051 | 広島県尾道市東尾道14-15 | | | |
| 三原工場 | 〒729-0321 | 広島県三原市木原町4丁目6-3 | | | |

# ロータリー真空包装機

## FVR-8-175N

●連続運動のロータリー式真空包装機です。

●機械操作はタッチパネル方式を採用し、最大20品目の包装条件プリセットが可能です。トラブル発生箇所の表示（自己診断機能）やその原因、対策の表示、メンテナンス時期のお知らせ等のモニター機能を搭載し、使い易くなっています。

●横式ピロー包装機との連結ができます。

〈主な使用例〉コンニャク、ソーセージ、モチ、ハム、生肉、加工肉、水産練製品 など

| 機種 | | FVR-8-175N |
|---|---|---|
| 能力 | | 23～70袋/分 |
| 被包装物最大高 | | 50㎜ |
| シール下寸法 | | 345㎜ |
| シール寸法 | | 幅8㎜×長さ175㎜ |
| 使用電力（三相AC200V） | 本機 | 3.2kW |
| | 真空ポンプ第1 | RD-0200A 60Hz 4.2kw |
| | 真空ポンプ第2 | RD-0200A 60Hz 4.2kw |
| 機械寸法（㎜） | | 幅3,250×奥行2,116×高さ1,530 |
| 機械質量 | | 1,800kg |

※能力は品物、真空ポンプにより異なります。

# オワン投入コンベア

## TCⅡシリーズ

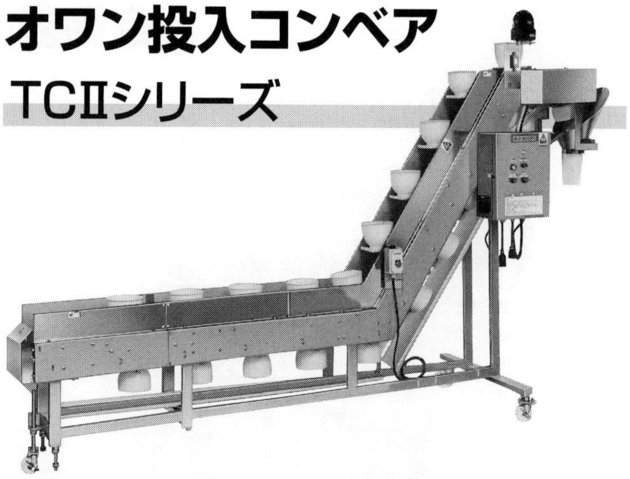

●自動包装機との連結ができ、小袋～業務用まで広範囲に使用できます。

●オワンの種類は3パターン。水平・等間隔に取付されているため、運転時の品物のこぼれや混入を予防します。

●計量機との相性がいい低床タイプ(TCⅡ-20L/24L)やオワンの投入位置を高く設定できるTC2-23LHなど、ニーズに合わせたタイプを各種ご用意しております。

〈主な使用例〉
漬物、山菜、煮物、焼きそば、カット野菜など

| 機種 | | TCⅡ-18 | TCⅡ-22 | TCⅡ-20L | TCⅡ-24L | TCⅡ-23LH |
|---|---|---|---|---|---|---|
| 機械寸法(mm) | 幅 | 850 | 850 | 850 | 850 | 850 |
| | 奥行 | 2,660 | 3,295 | 2,910 | 3,545 | 3,135 |
| | 高さ | 2,108 | 2,108 | 2,088 | 2,088 | 2,538 |

※オワン種類（容積）:大（1,400ml）、特大（2,000ml）、特々大（3,000ml）

# 大容量袋箱

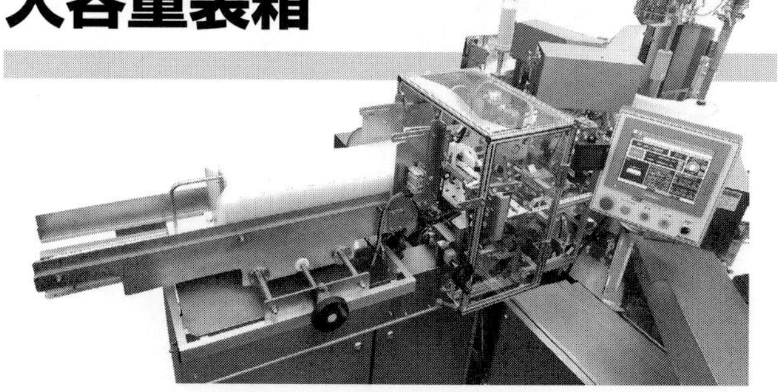

●スタンドパック袋やジッパー袋を段ボールから取り出し、向きを気にせずそのままセットが可能な装置です。

●弊社FFシリーズ、FVVシリーズに装備可能です。（Wグリッパータイプは除く）

| 袋セット枚数 | 平袋 | 2,000～3,000枚 |
|---|---|---|
| | スタンドパック | 1,000～3,600枚 |
| | ジッパー袋 | 600～1,000枚 |

※袋の仕様によって、セットできる枚数は変動します。

富士インパルス

# P/PC

## 手動・卓上型シーラー　ポリシーラー®

シール専用 | 手動 | シール回数/日 1000袋以下 (機種選定目安) | シール長さ 20cm (P/PC-200) | シール長さ 30cm (P/PC-300) | シール幅 2mm/溶断兼用

### 最も手軽な卓上型シーラー

**簡単な操作**　**多様なニーズ・用途に対応**

P-200

PC-300

2㎜シールと溶断シールが可能

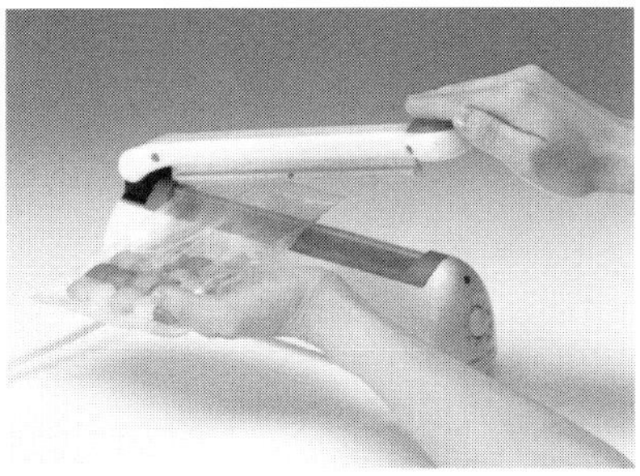

手動・卓上型シーラー　ショップシーラー

# FS-215/FS-315

### 両手で袋が持てるコンパクトな卓上シーラー

### ■簡単な操作

両手で袋を持ったまま、軽くテーブルを押し下げるだけで強力な加圧力が加えられ、丈夫で美しいシールができます。
加熱時間調節ツマミで使用する袋に応じた加熱時間を設定します。

### ■様々な用途に

店頭での個包装や工場内で各種部品や食材などを少量ずつ包装するのに最適です。コンパクトなボディで場所を取らず、機械の移動も簡単です。また、樹脂製の丸みを持たせた形状のデザインはショーケースの上に設置しても違和感なく、店内の美観を損ねません。

### ■加熱・冷却時間をランプの色表示でお知らせ

加熱中はランプが赤色に点灯し、冷却中は青色に点灯してシールを美しく仕上げるために重要な"冷却時間"を目視で確認できます。冷却が終了すると青色表示が消灯し、シール終了の合図音がピッと鳴ります。

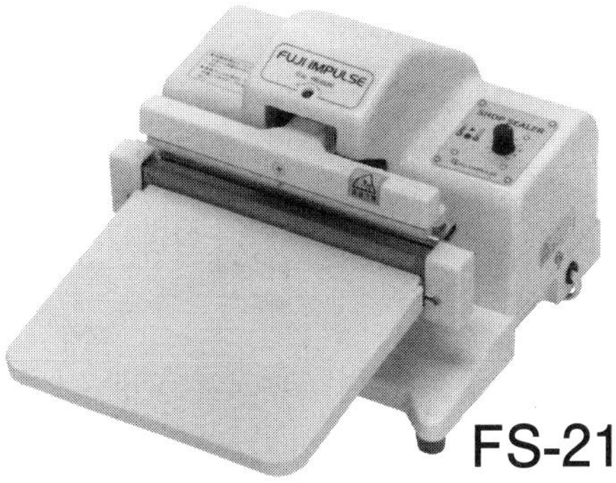


FS-215

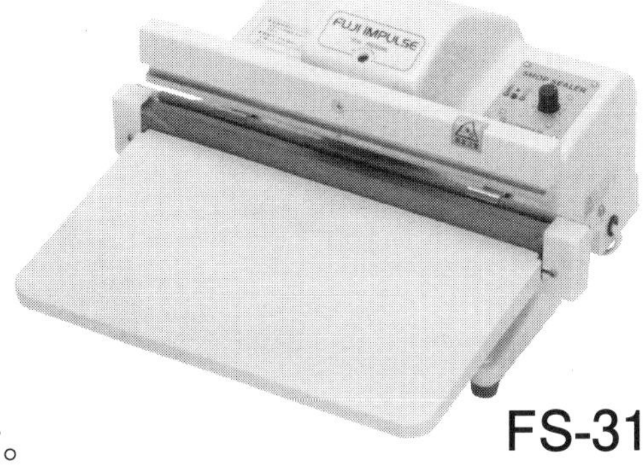


FS-315

http://www.fujiimpulse.co.jp

富士インパルス

富士インパルス株式会社
富士インパルス販売株式会社

本　店　東日本ショールーム　〒270-0163　千葉県流山市南流山2-27-6　TEL.(04)7178-6402　FAX.(04)7150-0905
大阪支店　西日本ショールーム　〒561-0834　大阪府豊中市庄内栄町4-23-18　TEL.(06)6335-1234　FAX.(06)6335-5719

総販売元　三井物産プラスチック株式会社

富士インパルス

# 手動・卓上型・厚物ガゼット袋用シーラー
# 厚物ガゼット袋(茶袋、コーヒー豆袋など)用シーラー
# T-130K/T-230K 卓上シーラー

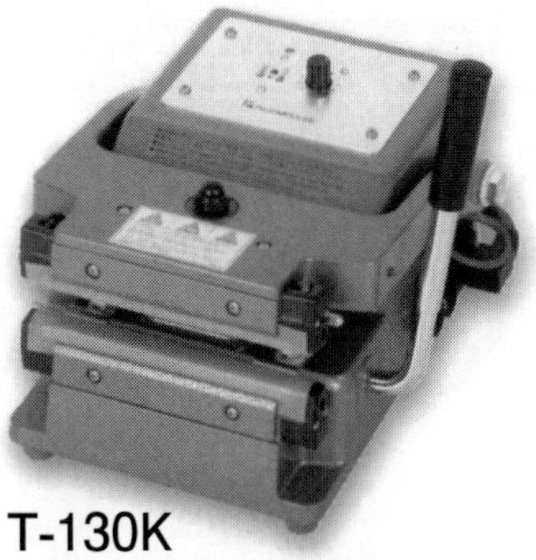

T-130K

T-230K

## ■簡単な操作

本体上部の加熱時間調節つまみで使用する袋に応じた加熱時間を設定。
左手で袋を持ったまま、本体右側の圧着ハンドルを手前に引くと強力な加圧力が加えられ丈夫で美しいシールができます。

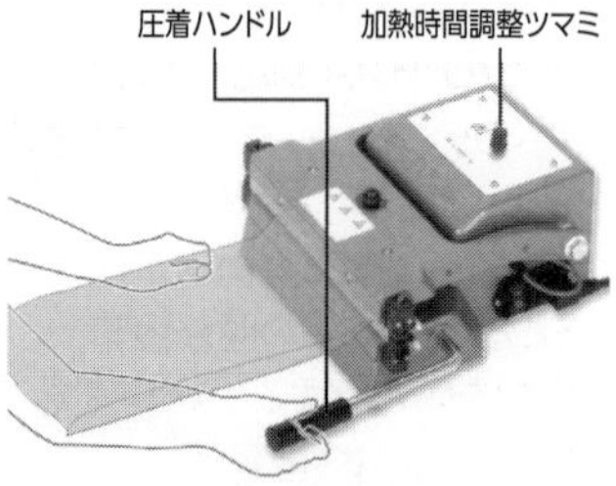


## ■組紐ヒーターを採用

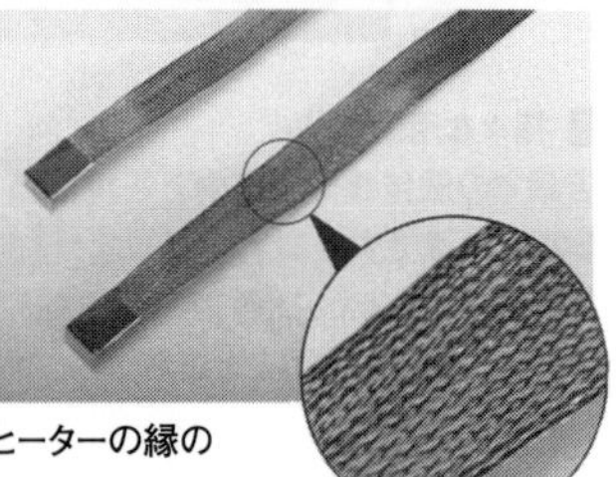

大きな段差も吸収する柔軟性の高い組紐ヒーターを採用し、厚手フィルムやラミネート袋、厚手ガゼット袋のシールに対応します。
組紐ヒーターは、ニッケルクロム(NiCr)の細線を組紐状に編んで造った、柔軟性の高さが特徴であるヒーターです。従来のリボンヒーターと比較して段差の大きな袋(ガゼット袋など)でもヒーターの縁の形状が丸い特性から"エッジ切れ"の無い、丈夫なシールを行うことが可能で、繰り返して使用しても傷がつきにくい構造を持ち、耐久性の高いヒーターです。

## ■厚いガゼット袋を確実にシール

T-130K、T-230Kは袋の下側からだけでなく上側からも加熱し、さらに強力なシール加圧力を加えることができる構造を持つシーラーです。アルミ蒸着フィルムを使用したガゼット袋(お茶袋やコーヒー豆袋をはじめ各種フィルムの総厚0.5mmまでの袋)をシールすることができます。

お茶袋などに多いガゼット袋のイメージ図

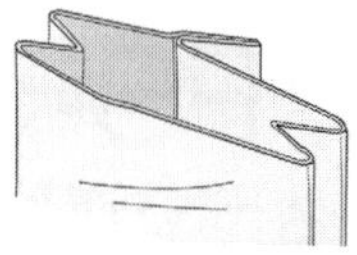

背の部分が4枚重ねになり、強力なシール加圧力と加熱が必要となります。

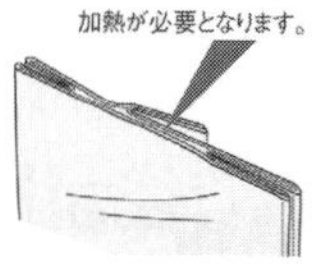

# V-301 ラインナップ V-301シリーズ

## ■多彩な用途に対応

各種食品の鮮度保持、部品・衣類・化学薬品・精密機器などの酸化防止に威力を発揮します。真空包装までの必要はないが脱気包装によって少しでも保存期間を延長させたり、中身が動かないようにしたい場合などに最適です。ハイガスバリヤ性包材と脱酸素材を併用して脱気包装すると、無酸素状態が形成でき、さらに保存効果が向上します。

## ■真空ポンプ脱気、給気も可能

内蔵真空ポンプは、排気速度22L/min 、到達真空度-69 kPaの真空度を得られます。
注)排気速度・到達真空度は、機械に組み込んでいない状態で計測した数値です。
到達真空度は、0 torrを-101.3 kPaとしています。
真空ポンプ配管のIN側とOUT側を差し替えすると、袋内に空気を送り込むことも可能です。

## ■簡単な操作

袋内にノズルが入るようにセット、テーブルを一段押し下げ「脱気開始ボタン」を押し、脱気が終了するとノズルが自動で後退。もう一段テーブルを押し下げ、シール完成です。脱気方法は"脱気時間を設定する方法"または"目視判断する方法"を選択できます。

http://www.fujiimpulse.co.jp

富士インパルス
富士インパルス株式会社
富士インパルス販売株式会社

本　店　東日本ショールーム　〒270-0163　千葉県流山市南流山2-27-6　TEL.(04)7178-6402　FAX.(04)7150-0905
大阪支店　西日本ショールーム　〒561-0834　大阪府豊中市庄内栄町4-23-18　TEL.(06)6335-1234　FAX.(06)6335-5719

総販売元　三井物産プラスチック株式会社

富士インパルス

# Fi/FiK

シール専用 / 足踏み / シール回数/日 1000～3000袋以下（機種選定目安） / 組紐ヒーター（10WK:組紐ヒーター採用） / シール長さ20cm（200タイプ） / シール長さ30cm（300タイプ） / シール長さ45cm（450タイプ※1） / シール長さ60cm（600タイプ）

シール幅2/5mm兼用（Fi/FiK-300） / シール幅2mm（2mm幅仕様機） / シール幅5mm（5mm幅仕様機） / シール幅10mm（10mm幅仕様機） / 加熱 冷却（加熱冷却ランプ表示） / 標準テーブル / 特殊テーブル（オプション※2） / プリンター（オプション）

※1　450タイプはFiKシリーズのみのラインナップです。
※2　600タイプでは特殊テーブルが標準で附属します。

## Fiシリーズ=足踏み式シーラー
軽い足踏み操作で強力なシーリング

## FiKシリーズ=頭部可動足踏み式シーラー
粉末を袋からこぼさずシーリング可能

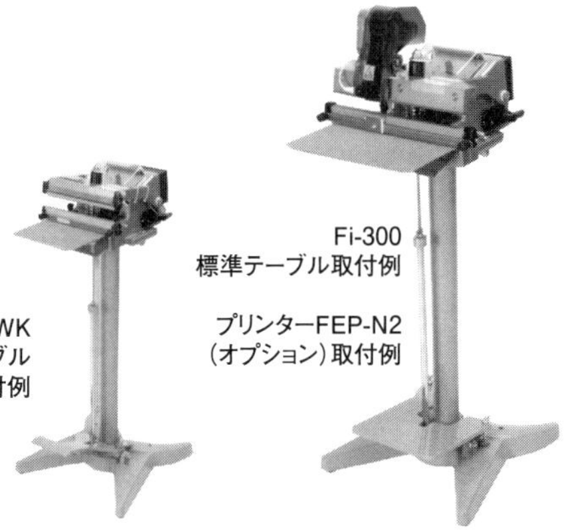

Fi-200-10WK
標準テーブル
取付例

Fi-300
標準テーブル取付例

プリンターFEP-N2
（オプション）取付例

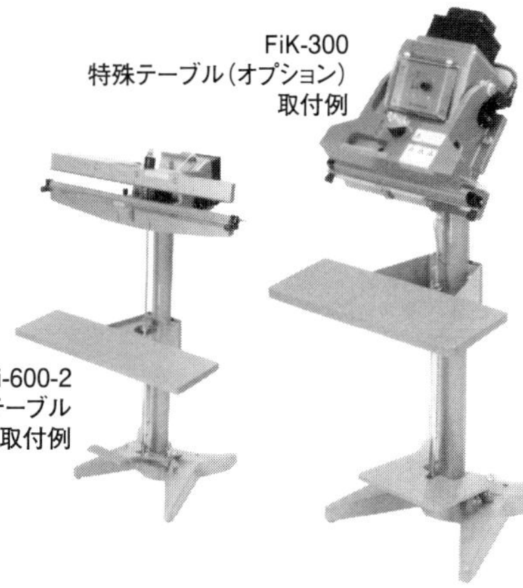

FiK-300
特殊テーブル（オプション）
取付例

Fi-600-2
標準（特殊）テーブル
取付例

- 豊富なバリエーション
- 加熱･冷却時間をランプの色表示でお知らせ
- プリンター取付可能（オプション）
- シール制度を安定させる圧着保持器取付可能（オプション）

●FiKシリーズ:頭部可動で粉末などのシールに対応

FiKシリーズはシール部の角度を水平から床面方向へ45°まで変えることができます。
シーラー頭部を床面方向へ下げることで粉末などの包装内容物を袋からこぼすことなくシールすることができます。

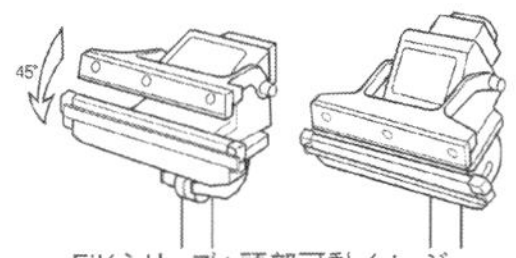


FiKシリーズ：頭部可動イメージ

# FR-450

シール専用 / 足踏み / シール回数/日 1000～3000袋以下（機種選定目安） / 組紐ヒーター（10WK:組紐ヒーター採用） / シール長さ45cm / シール幅2mm（2mm幅仕様機） / シール幅5mm（5mm幅仕様機） / シール幅10mm（10mm幅仕様機）

加熱 冷却（加熱冷却ランプ表示） / 標準テーブル / プリンター（オプション）

## アングル固定テーブル装備
## 足踏み式ローラー
軽い足踏み操作で強力なシーリング

- 加熱･冷却時間をランプの色表示でお知らせ
- プリンター取付可能（オプション）

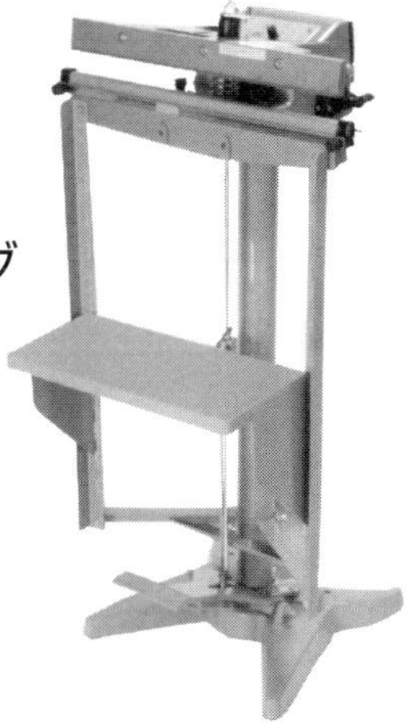

FR-450-5
標準テーブル取付例

●アングル固定式テーブル採用

テーブルは簡単に高さ調整が可能です。
重い包装内容物（お米など）をテーブルに載せて楽にシール作業が行えます。
精米工場、米穀販売店の袋詰めの場合、3～15kg程の袋でご利用いただけます。

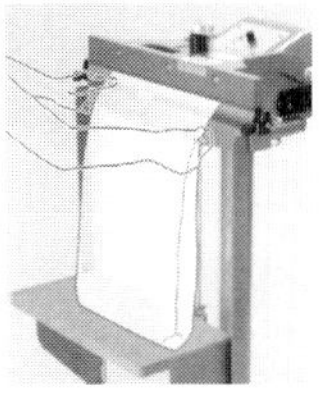

**電動シーラータイプ　SB**

FR-450シリーズには連続運転が可能な電動タイプ「SBシリーズ」がございます。
用途に合わせてお選びください。

http://www.fujiimpulse.co.jp

富士インパルス

富士インパルス株式会社
富士インパルス販売株式会社

本　店　東日本ショールーム　〒270-0163　千葉県流山市南流山2-27-6　TEL.(04)7178-6402　FAX.(04)7150-0905
大阪支店　西日本ショールーム　〒561-0834　大阪府豊中市庄内栄町4-23-18　TEL.(06)6335-1234　FAX.(06)6335-5719

総販売元　三井物産プラスチック株式会社

富士インパルス

## 温度コントロール　インパルス式オートシーラー

# ONPUL オンパル

## 理想的な加熱で高精度シーリング

■特　長

●温度センサーによる温度管理
薄型温度センサー（熱電対）をヒーターに接触させ、ヒーター温度をダイレクトに検出して加熱温度を制御します。初期設定したシーリング条件が作業場環境や長時間の使用により変化することがありません。

●理想的なシール条件を実現
フィルムが溶ける温度に加熱時間を設定することができますので、シール強度を向上させることができます。また、シール加熱・冷却に無駄がないので、省エネルギー・高作業効率であるとともに、ヒーター、テフロン、ガラステープなどの部分寿命を長くします。

OPL-300-5

# シール手離れユニット

## 人手不足を補う袋送り出し機構

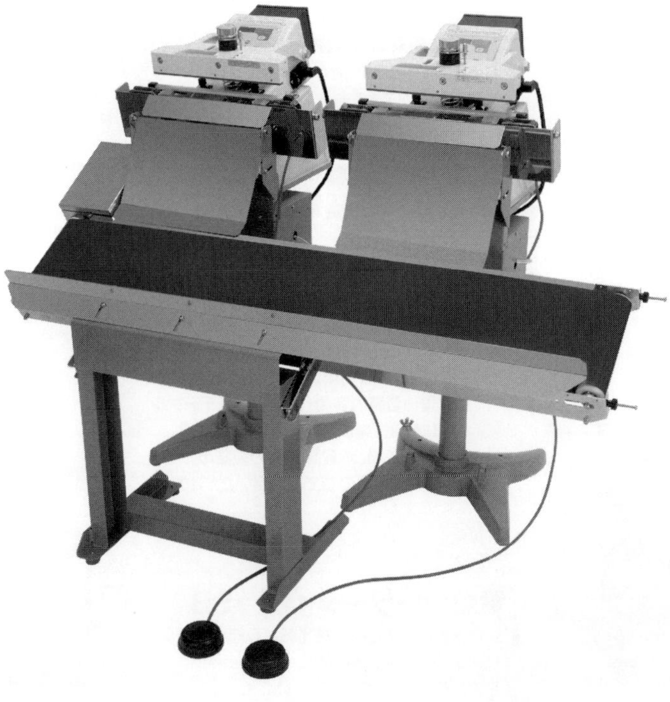

シール手離れユニットは、FA または OPL シリーズに取りつけ、シール部で包材をホールド、シール後リリースし、コンベアを併用すれば搬送までの作業を行うことが出来ます。お客様の生産数量に合わせた生産性効果のシミュレーションを行うことができますので、お気軽にご相談下さい。

▲手離れユニット動画ページはこちらから

http://www.fujiimpulse.co.jp

富士インパルス　富士インパルス株式会社
富士インパルス販売株式会社

本　店　東日本ショールーム　〒270-0163　千葉県流山市南流山2-27-6　TEL.(04)7178-6402　FAX.(04)7150-0905
大阪支店　西日本ショールーム　〒561-0834　大阪府豊中市庄内栄町4-23-18　TEL.(06)6335-1234　FAX.(06)6335-5719

総販売元　三井物産プラスチック株式会社

富士インパルス

電動・卓上型・加熱温度コントロール脱気シーラー

# V-610/V-460

## 真空源の選択が可能。ソレノイド駆動。

ONPUL 加熱温度制御可能 / 脱気&シール / 電動 / i ヒーター iヒーター採用製品 / シール回数/日 1000袋以下 機種選定目安 / シール長さ 46cm 460タイプ / シール長さ 61cm 610タイプ

シール幅 5mm 5mm幅仕様機 / シール幅 10mm 10mm幅仕様機 / 標準テーブル / プリンター ※オプション

※ プリンターはV-610/460シリーズだけのメーカーオプションで、シーラー本体のご購入時にだけ取り付けが可能です。

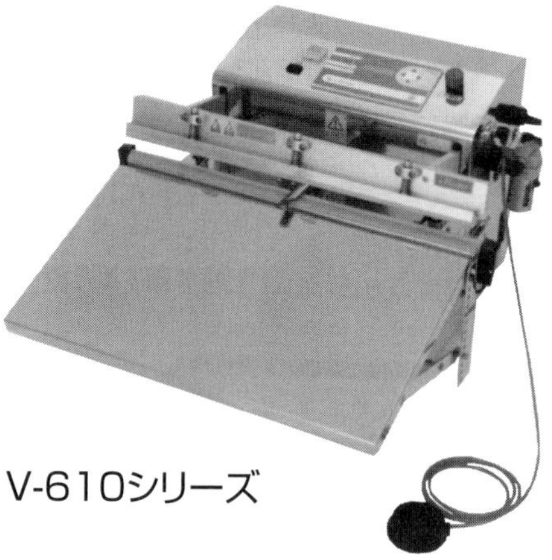

V-610シリーズ

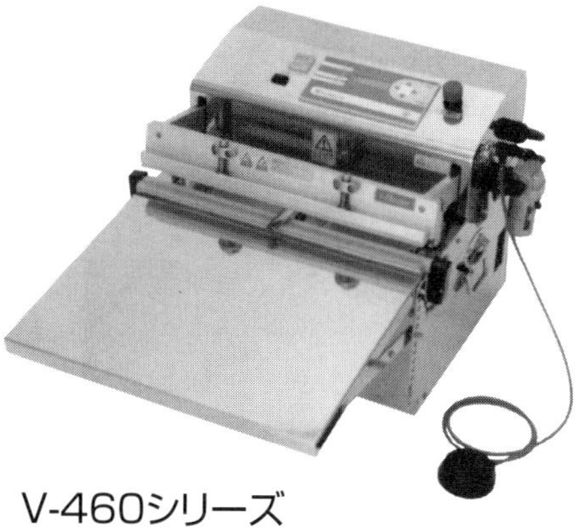

V-460シリーズ

V-610シリーズ、V-460シリーズは、生鮮食品をはじめとする各種食品の鮮度保持、部品・衣類・化学薬品・精密機器などの酸化防止に威力を発揮します。

## ●主な特長

①ソレノイド駆動を採用、設備費用を軽減、メンテナンス性も向上
②使用用途や環境に応じて「標準タイプ」「簡易脱気タイプ」「高速度脱気タイプ」の3タイプから真空源の選択ができます
③シール条件の設定をマイコントローラーのタッチパネル操作で行います
④任意の作業パターンを10種類登録可能
⑤加熱温度設定は、高感度温度センサーでの温度管理とマイコン制御で行います
⑥熱膨張の少ないiヒーターを採用
⑦縦長の袋に対応できるようノズルのストロークを10㎜～80㎜まで10㎜刻みで8段階の調整が可能です
⑧包装する内容物に応じてテーブル高さ・角度をかえることができます
⑨エアフィルターを標準装備することによりノズルより吸い込んだ水分、微粉、異物などを取り除きます
⑩オプションとして、2列印字器(メーカーオプション)、スタンド(ステンレス仕様)が取付可能

http://www.fujiimpulse.co.jp

富士インパルス　富士インパルス株式会社
富士インパルス販売株式会社

本　店　東日本ショールーム　〒270-0163　千葉県流山市南流山2-27-6　TEL.(04)7178-6402　FAX.(04)7150-0905
大阪支店　西日本ショールーム　〒561-0834　大阪府豊中市庄内栄町4-23-18　TEL.(06)6335-1234　FAX.(06)6335-5719

総販売元　三井物産プラスチック株式会社

富士インパルス

電動・卓上・加熱温度コントロール真空ガス充填シーラー
真空源の選択が可能。エアシリンダー駆動。

# VA-610G/VA-460G

| ONPUL | 脱気&ガス充填&シール | 電動 エアシリンダー駆動 | i ヒーター | シール回数/日 1000袋以下 | シール長さ 46cm | シール長さ 61cm | シール幅 5mm | シール幅 10mm | 標準テーブル | プリンター |
|---|---|---|---|---|---|---|---|---|---|---|
| 加熱温度制御可能 | | | iヒーター採用製品 | 機種選定目安 | 460タイプ | 610タイプ | 5mm幅仕様機 | 10mm幅仕様機 | | オプション ※1 |

**加熱温度制御**

※1 プリンターは、メーカーオプションでシーラー本体のご購入時にだけ取り付けが可能です。

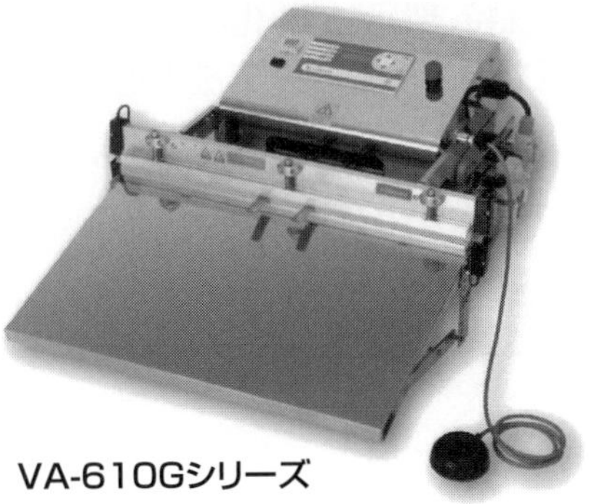
VA-610Gシリーズ

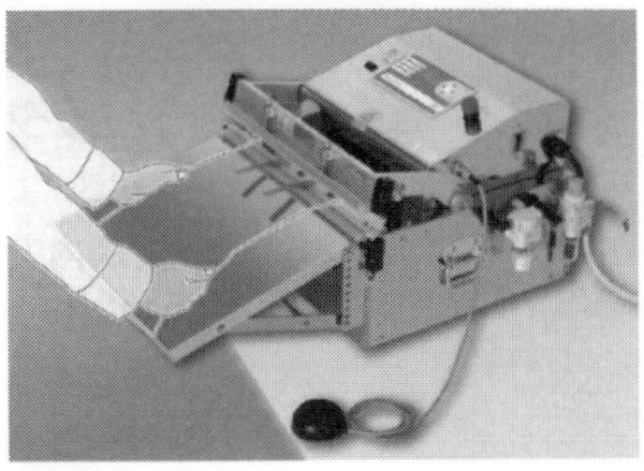

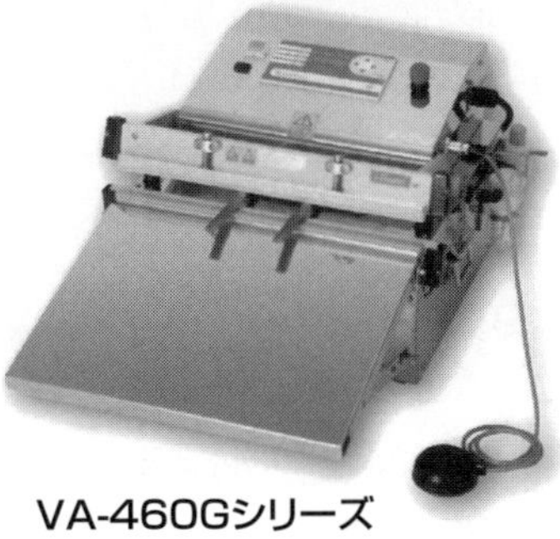
VA-460Gシリーズ

## エアシリンダー駆動、ガゼット袋などの包装で威力を発揮

VA-610G、VA-460G シリーズは、「エアシリンダー駆動」方式を採用して強いシール圧力を発生させ、シール幅 10 ㎜、上下加熱仕様機に機種ラインナップを限定し、半導体の包装などで多用される厚手アルミガゼット袋でも丈夫できれいなシーリングを実現させたいというご要望にお応えする製品です。
外部エア配管；0.75kW（75L/min）以上圧力設定値 0.5MPa の能力をもつエアコンプレッサーの別途設置が必要となります。
80 ミクロン以下の包材や三方袋などには、V-610G、V-460G シリーズを推奨します。

※3 エアシリンダー駆動方式では、エアーコンプレッサーが作る圧縮エアの一部が水滴となり、その水滴を除去するため、ドライフィルターの装備が必要です。

VA-610G、VA-460G真空源の選択用途や環境に応じて「標準タイプ」「高速度脱気タイプ」の2タイプから選択していただくことができます。

http://www.fujiimpulse.co.jp

富士インパルス
富士インパルス株式会社
富士インパルス販売株式会社

本　店　東日本ショールーム　〒270-0163　千葉県流山市南流山2-27-6　TEL.(04)7178-6402　FAX.(04)7150-0905
大阪支店　西日本ショールーム　〒561-0834　大阪府豊中市庄内栄町4-23-18　TEL.(06)6335-1234　FAX.(06)6335-5719

総販売元　三井物産プラスチック株式会社

富士インパルス

ベルトシーラー 太陽

インパルス式ベルトシーラー

# SE-SBTA133-10W
# SE-SBTA133-10W PP-BA2

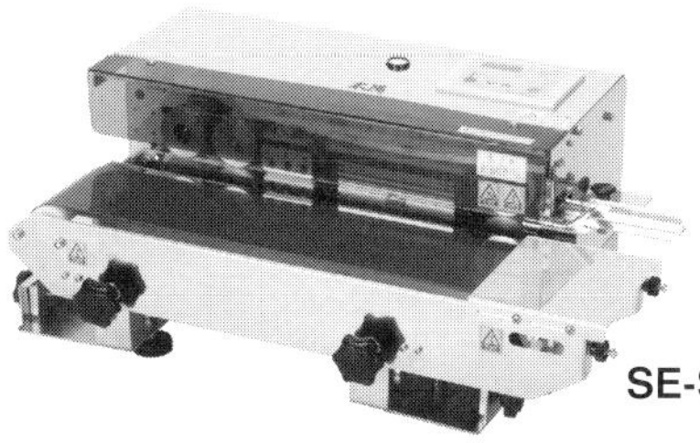

SE-SBTA133-10W

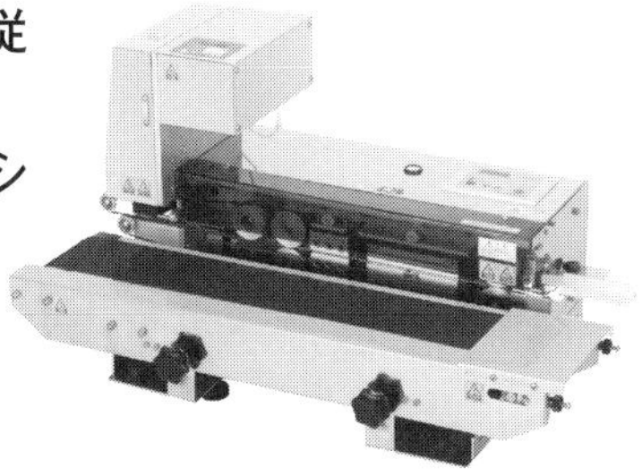

SE-SBTA133-10W PP-BA2

## シールスピード:最速10m/min

熱板式シーラーの「非常にスピーディーにシールができる」特性を活かしたシーラーが従来からの熱板式ベルトシーラーです。
ベルトシーラー:太陽は、美しく丈夫なシールを行うインパルスシーラーと熱板式ベルトシーラー双方のメリットを持つ、スピーディーに美しいシールを行います。
シールスピードは、2〜10m/分の範囲で調整が可能です。

## プリンター装備モデルをラインナップ

1列、2列印字が可能な専用ホットプリンター PP-BA2装備モデルをラインナップしています。
使用される包材に応じた印字位置の調整が可能です。

インクジェットプリンター搭載
ベルトシーラー

# SE-SBTA133-10W EL 新発売

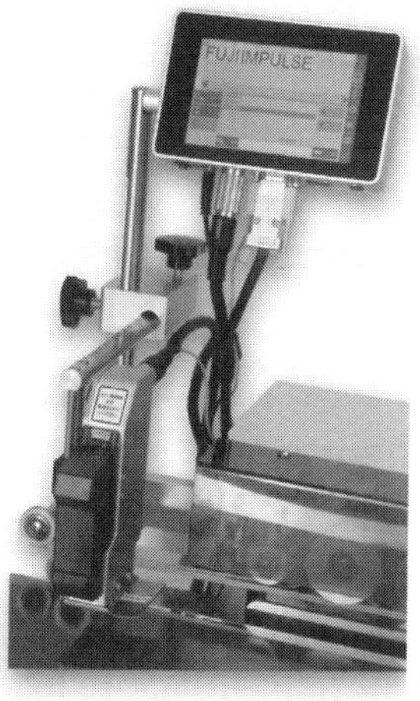


## カートリッジ式のインクジェットプリンターを搭載

カートリッジ式インクジェットプリンターを採用。高密着性インクを使用し、さまざまな包材への印字に対応、安定した印字品質を提供します。簡単なタッチパネル操作で各種設定を行え、メンテナンス性にも優れています。

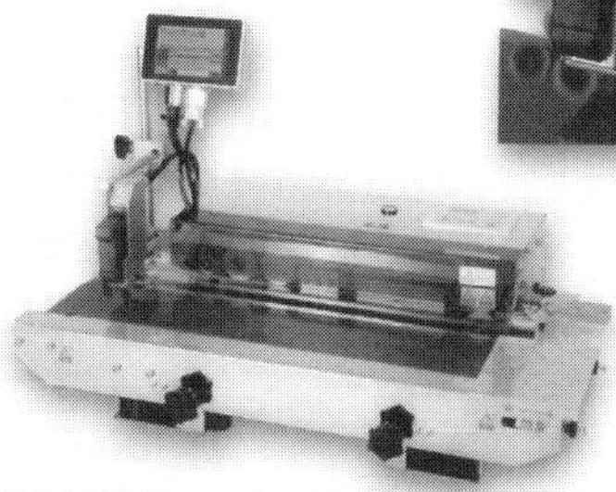

■シーラー
- ■電　源:AC100A 50/60Hz　■消費電力:1200W
- ■シール方式:上下インパルス方式
- ■スピード:2〜10m/min(0.1m 刻み)
- ■加熱温度:60〜180℃　■シール幅:5 または 10 ㎜
- ■機械寸法:幅 640× 奥行 420/490※× 高さ 245 ㎜
- ■質　量:約 25kg

※機械寸法:奥行きはコンベアが可動式ですので最小値 / 最大値を表記しています。

http://www.fujiimpulse.co.jp

富士インパルス　富士インパルス株式会社
富士インパルス販売株式会社

本　店　東日本ショールーム　〒270-0163　千葉県流山市南流山2-27-6　TEL.(04)7178-6402　FAX.(04)7150-0905
大阪支店　西日本ショールーム　〒561-0834　大阪府豊中市庄内栄町4-23-18　TEL.(06)6335-1234　FAX.(06)6335-5719

総販売元　三井物産プラスチック株式会社

富士インパルス

# 「粉体包装に強い」長尺シーラー
# Lシリーズ

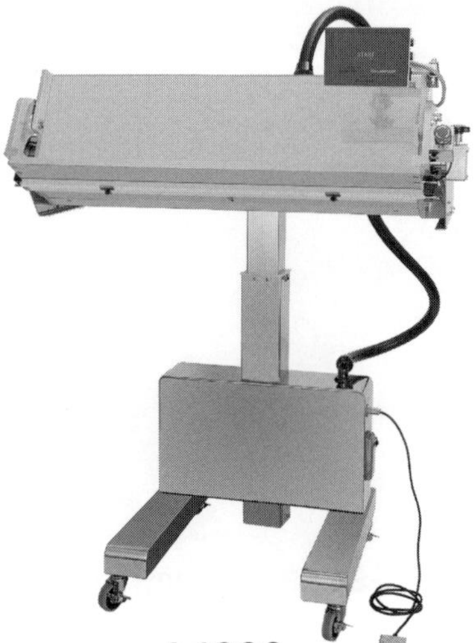
L1000

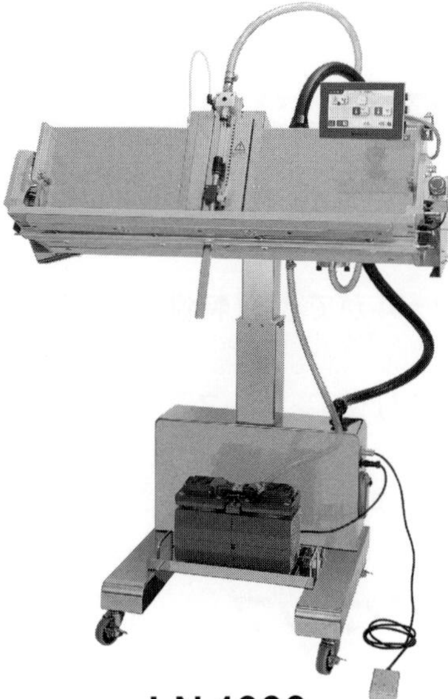
LN-1000

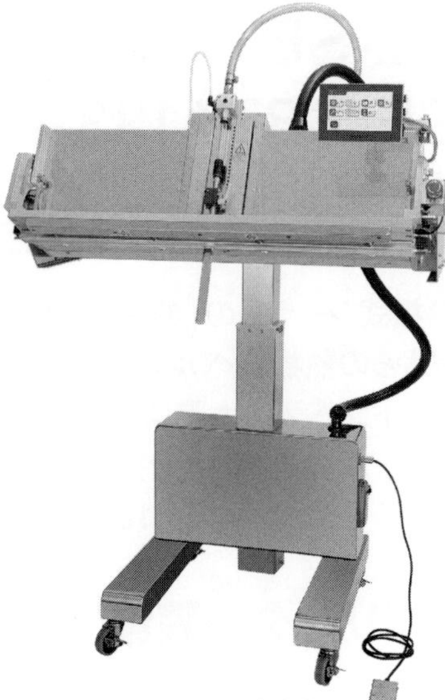
LNW-1000

## 仕様選定の幅広さ

新型「L シリーズ」についてですが、従来機「LOS シリーズ」のリニューアル製品となり、従来機種よりもお客様に対して必要な仕様を選ぶことができ、お客様にフィットした仕様が実現できます。
更にオプション以外のご相談も随時承っておりますので、是非お気軽にご相談ください。

## 粉体向け各種オプション例

### ■組紐ヒーター

粉体の噛み込みによるシール不良を発生させにくくする組紐ヒーターが装備可能となります。

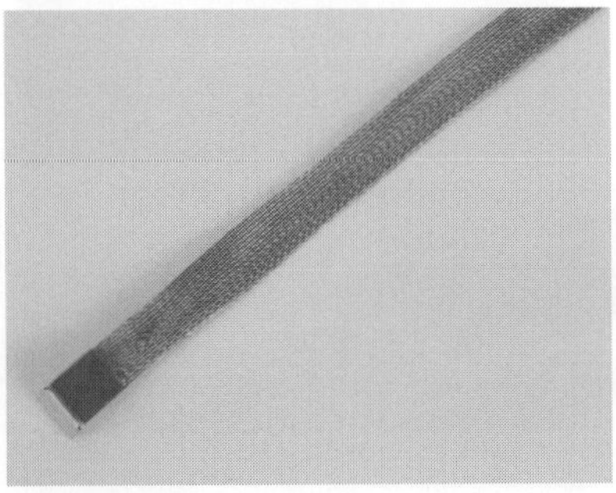

### ■サイクロンフィルター

ノズルから吸い込んだ粉体を遠心分離によって空気と分離させます。

### ■粉体用ノズル

吸い込み口を粉体から話すことで吸い込み量を抑える特殊構造を持つ脱気ノズル

粉体用ノズル拡大

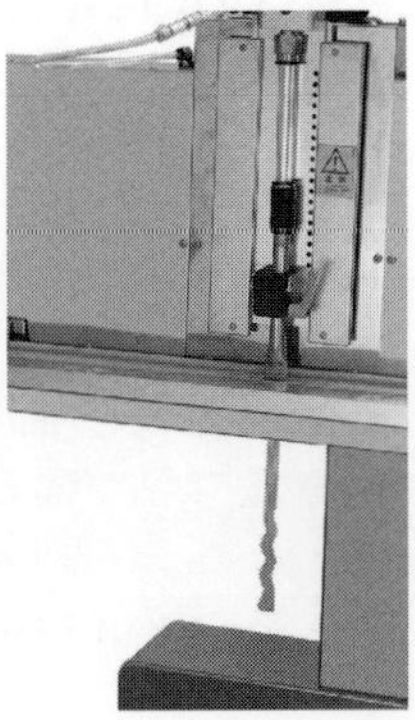

http://www.fujiimpulse.co.jp

富士インパルス

富士インパルス株式会社
富士インパルス販売株式会社

本　　店　東日本ショールーム　〒270-0163　千葉県流山市南流山2-27-6　TEL.(04)7178-6402　FAX.(04)7150-0905
大阪支店　西日本ショールーム　〒561-0834　大阪府豊中市庄内栄町4-23-18　TEL.(06)6335-1234　FAX.(06)6335-5719

総販売元　三井物産プラスチック株式会社

# 富士インパルス

## お客様製作の自動機システムに組み込んでお使いいただけるシールユニット

SBUシリーズ、SBXシリーズは、富士インパルスが50年に亘り培ったインパルスシーラー造りの技術とノウハウを凝縮させ、自動ラインに組み込んで使用することを目的としたシールユニットです。
お客様の設備にSBU/SBXシリーズを自由な形で組み込んでいただくことが可能です。
標準ラインナップ以外でもシール長さ・幅・使用など様々なご要望にお応え致します。

### SBUシリーズ

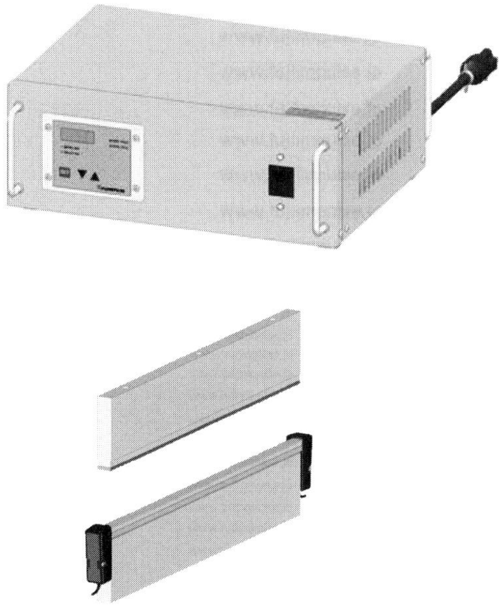

### SBXシリーズ

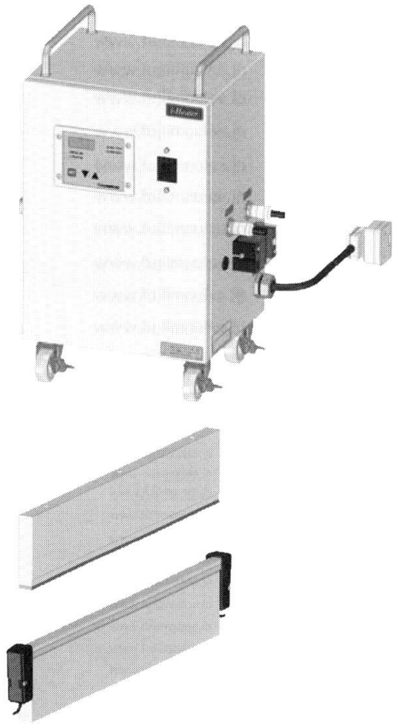

### 加熱温度コントロール（オンパル）仕様機のメリット

SBUシリーズ、SBXシリーズには"加熱温度コントロール機能"の搭載が可能です。
ご使用されるフィルムの理想的な溶融温度に加熱温度を設定できますので、無駄な電力消費が無く、理想的なシール条件でシールを行うことができます。

ONPUL

### オンパル仕様機のメリット

| | |
|---|---|
| 理想のシール条件を設定 | 加熱温度、冷却温度を設定できるので、理想的なシール条件でシールを行えます |
| ECO | 必要最低限の加熱でシールができるので、電力消費と部品消耗を抑える事ができます |
| 高精度 | 長時間使用しても安定したシールができます |

### SBUシリーズは規格サイズラックへの組み込みが可能

附属のブラケットを取り付けていただくと、お手持ちの制御系へ組み込んでいただくことができます。ブラケットはJIS規格に準拠し19inchラックに対応しています。

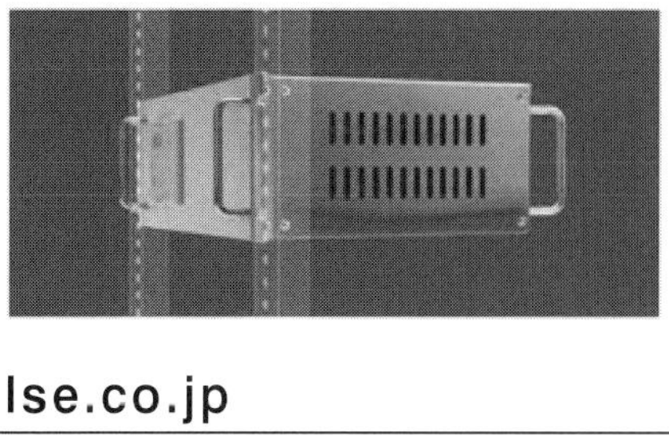

http://www.fujiimpulse.co.jp

富士インパルス
富士インパルス株式会社
富士インパルス販売株式会社

本　店　東日本ショールーム　〒270-0163　千葉県流山市南流山2-27-6　TEL.(04)7178-6402　FAX.(04)7150-0905
大阪支店　西日本ショールーム　〒561-0834　大阪府豊中市庄内栄町4-23-18　TEL.(06)6335-1234　FAX.(06)6335-5719

総販売元　三井物産プラスチック株式会社

富士インパルス

# PTT-100
## シール強度測定器

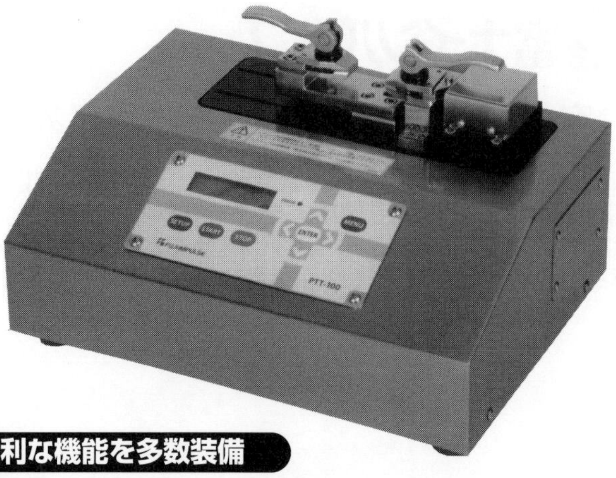


簡単操作で測定
測定データをパソコンへ出力して管理

### プラスチックフィルムに特化した測定器

シールの信頼性をより高く求めるお客様に応えるため、高額になりがちな測定器からプラスチックフィルムに特化し、必要な機能だけを選んで搭載。
PTT-100を併せて使用していただくことにより、より一層シールの信頼性を高めていただけます。

### 便利な測定用ツールを標準装備

■フィルムカット治具

シール強度を測定したい袋にフィルムカット治具を重ねて治具のガイド窓に沿ってカッターなどで切り、測定用試験片を作成。

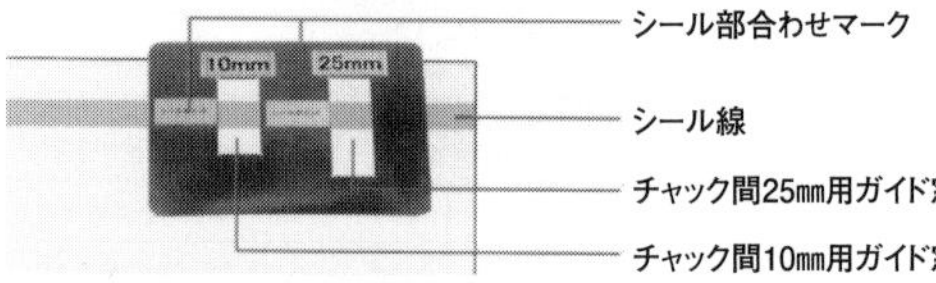


■試験片セット治具

試験片のセットが容易に行えます。
試験片を試験片セット治具に固定した状態でPTT-100のチャック部にセットして測定を行います。

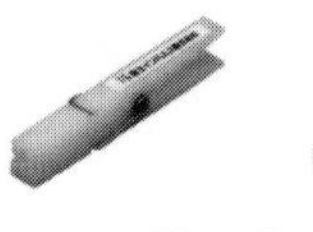
チャック間10mm用

チャック間25mm用

### 便利な機能を多数装備

- ●複数の試験パターンを最大5件まで登録。
- ●始業時など、測定機能を簡単に点検できる「日常点検機能」を搭載。
- ●測定の終わりを自動判定し、1列、2列シール以外の複雑なシール面測定にも対応。手動も可能。
- ●試験カウンターを表示。サンプル数が多い識別に便利。
- ●測定単位が選択可能。(荷重単位　N、kgf、lbf) (変位量単位　mm、inch)

### 主な仕様

| | |
|---|---|
| 測定レンジ | 100N |
| 計測単位 | N(ニュートン)　■設定変更によりkgf、lbfの選択が可能 |
| 最小表示桁 | 0.1N |
| 引っ張り速度 | 200mm/minまたは300mm/min |
| 測定精度 | ±0.4% of FULL SCALE |
| データ出力 | USBポートよりデータ出力、専用管理ソフト"PTT-Master"付属 |
| 内部メモリ容量 | 最大記録データ件数=120件 |
| 使用温度範囲/湿度範囲 | +5～40℃/30～80%RH |
| 電源/消費電力 | AC100V 50/60Hz/9W |
| 外形寸法 | 幅364mm×奥行260mm×高さ198mm |
| 質量 | 約8kg |

# パーフェクトシールチェッカー

食品業界向けシール不良検査液
食品･食品添加剤を原料とし、食品衛生法に適合

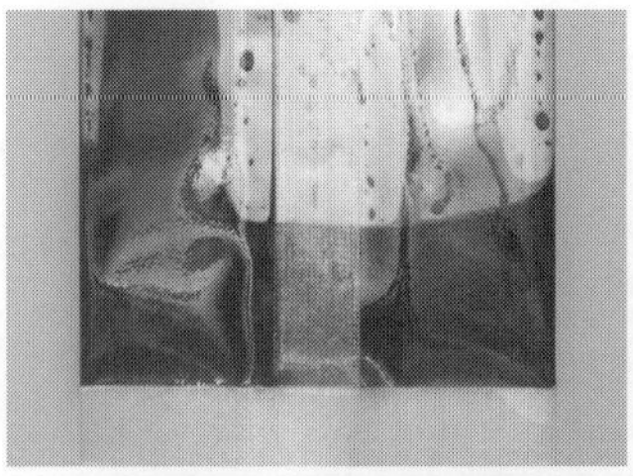
シール不良が
無い場合

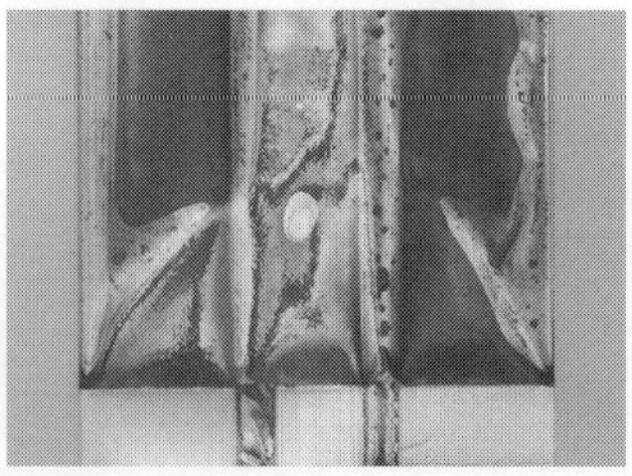
シール不良が
有る場合

http://www.fujiimpulse.co.jp

富士インパルス
富士インパルス株式会社
富士インパルス販売株式会社

本　店　東日本ショールーム　〒270-0163　千葉県流山市南流山2-27-6　TEL.(04)7178-6402　FAX.(04)7150-0905
大阪支店　西日本ショールーム　〒561-0834　大阪府豊中市庄内栄町4-23-18　TEL.(06)6335-1234　FAX.(06)6335-5719

総販売元　三井物産プラスチック株式会社

富士インパルス

# 電動プリンター　FAP2

●手軽な操作で印字
●便利な機能を搭載
●一定間隔のテープ送りを実現

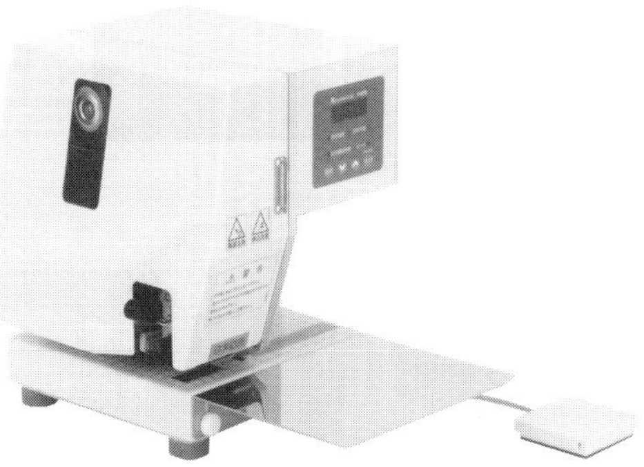
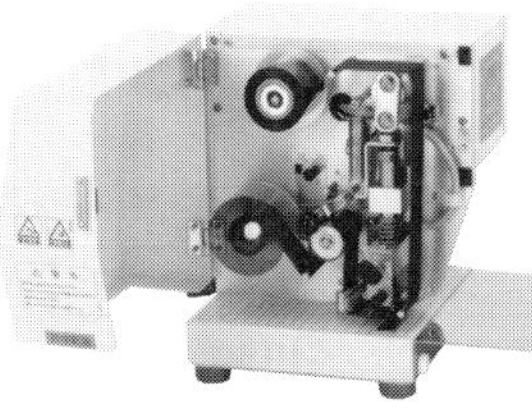
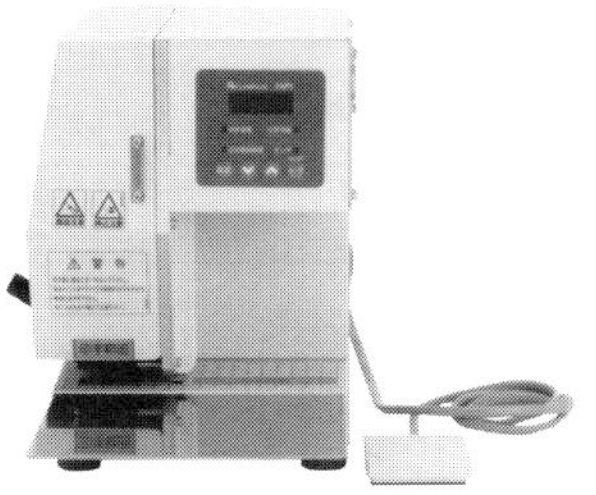

# ホットプリンター　HP-362-N2

●軽いレバー操作で印字ができます。
手軽に美しい印字ができる身近で便利なプリンター。

| 仕様／項目 | |
|---|---|
| 電源／消費電力 | AC100V 15W |
| 印字面積 | 1列=高さ4×幅36、2列=高さ9×幅36 |
| 印字温度 | 140℃ |
| 機械寸法 | 幅203×奥行270×高255 |
| 質量 | 3.5 |
| プリントテープ | 幅40×60M巻き |

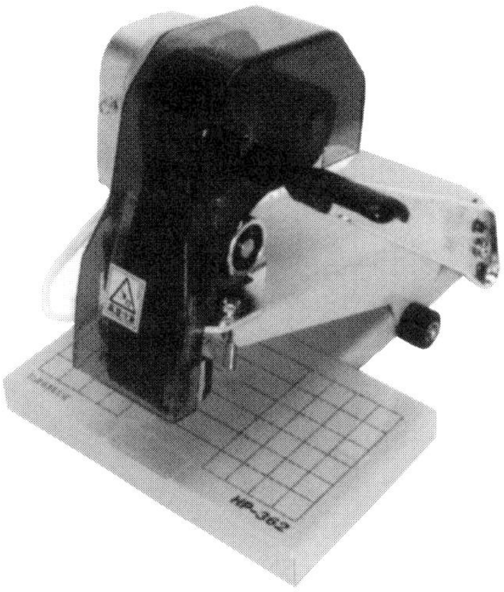

①袋をセットし、レバーを押さえる

②レバーを押さえたまま（約0.5秒）

③レバーをあげると印字完了

# シーラー取付ホットプリンター　FEP-N2series

●シールと同時に印字ができます。
内側印字器**FEP-1**
（シール線の内容物側に印字）、
外側印字器**FEP-OS-N1/FEP-V-N1**
（シール線の袋端側に印字）

**FEP-N1**
内側印字器

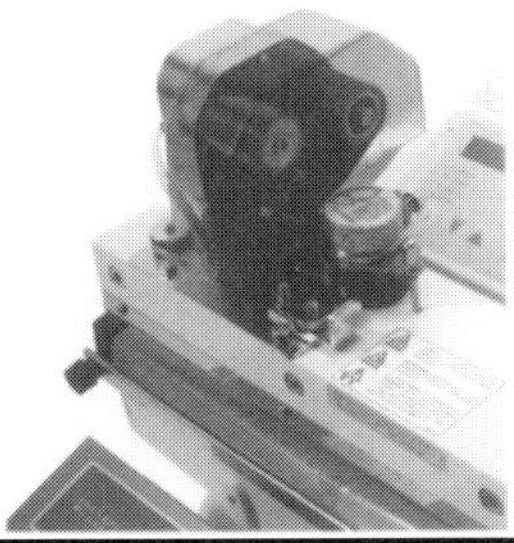
**FEP-OS-N1**
外側印字器

**FEP-V-N1**
外側印字器

| 仕様／項目 | |
|---|---|
| 電源／消費電力 | AC100V 15W |
| 印字面積 | 1列=高さ 4×幅36、<br>2列=高さ 9×幅36 |
| 印字温度 | 120℃（10段階調整） |
| 質量 | 1.2 |
| プリントテープ | 幅40×60M巻き |

http://www.fujiimpulse.co.jp

富士インパルス
富士インパルス株式会社
富士インパルス販売株式会社

本　店　東日本ショールーム　〒270-0163　千葉県流山市南流山2-27-6　TEL.(04)7178-6402　FAX.(04)7150-0905
大阪支店　西日本ショールーム　〒561-0834　大阪府豊中市庄内栄町4-23-18　TEL.(06)6335-1234　FAX.(06)6335-5719

総販売元　三井物産プラスチック株式会社

●業界最高水準のパフォーマンス　防水モデル

# オートチェッカ I シリーズ

重量選別機

Yamato

## 特　長

### 業界最高水準のパフォーマンス

- 計量速度：480個/分
  計量精度：±0.15g
- 新型ロードセルの採用で温度変化に起因するオートゼロ動作が不要となり生産性が向上

### 抜群の操作性と高いメンテナンス性

- 大和製衡独自の自動調整機能により誰でも簡単、短時間で初期設定が可能
- 消耗部品の交換時期、保守点検時期を画面表示。故障を未然に防ぎダウンタイムの最小化に貢献

### 高衛生性

- 本体丸洗いが可能な防水IP67に準拠、更に高温・高圧洗浄処理が可能なIP69K仕様（オプション）を追加
- 塵や埃が堆積しにくい丸パイプ脚を採用。オールステンレス、オープンフレーム設計により清掃性が向上

## 仕　様

| 型番 | | CSI06LW | CSI22LW | CSI33LW | |
|---|---|---|---|---|---|
| 計量範囲 | | 6～600g | 20～2,200g | 30～3,300g | |
| 目量 | | 0.05g | 0.1g | 0.1g | 0.2g |
| 最高選別精度* | | ±0.15g | ±0.3g | ±0.3g | ±0.5g |
| 検出方法 | | デジタルロードセル | | | |
| 最高選別能力* | | 480個/分 | 480個/分 | 310個/分 | 190個/分 |
| コンベヤ寸法 | 長さ | 240/330/440mm | 240/330/440mm | 240/330/440mm | 400/500/600mm |
| | 幅 | 160/240mm | 160/240mm | 240mm | 320mm |
| 保護等級 | | IP67準拠（オプション：IP69K準拠） | | | |
| 電源 | | AC100～240V ±10%、50/60Hz、単相 | | | |
| エアー源(振分装置※オプション) | | 0.4～0.7MPa | 0.4～0.7MPa | 0.4～0.7MPa | 0.4～0.7MPa |
| プログラム数 | | 300 | 300 | 300 | 300 |

※*最高選別精度、最高選別能力は被計量物の形状、重さ、状態により異なります。　※記載の内容は、予告なく変更する場合がありますのでご了承ください。
※各モデルでは、金属検出機一体型タイプも用意しています。

信頼・技術・創造
大和製衡株式会社
URL:https://www.yamato-scale.co.jp/

本社営業部　〒673-8688 兵庫県明石市茶園場町5番22号　TEL.078-918-5588
東日本支店　〒105-0013 東京都港区浜松町1丁目22番5号 KDX浜松町センタービル4階　TEL.03-5776-3122
中日本支店　〒460-0008 名古屋市中区栄5丁目27番14号 朝日生命名古屋栄ビル5階　TEL.052-238-5730
北関東オフィス　〒350-0822 埼玉県川越市大字山田1888-1　TEL.049-215-3122
千葉営業所　〒264-0025 千葉市若葉区都賀4丁目8番18号 ショー・エム都賀1階　TEL.043-214-3920
九州営業所　〒810-0044 福岡市中央区六本松2丁目12番25号 ベルヴィ六本松6階　TEL.092-577-1591

●業界最高水準のパフォーマンス

# オートチェッカ J シリーズ

重量選別機

Yamato

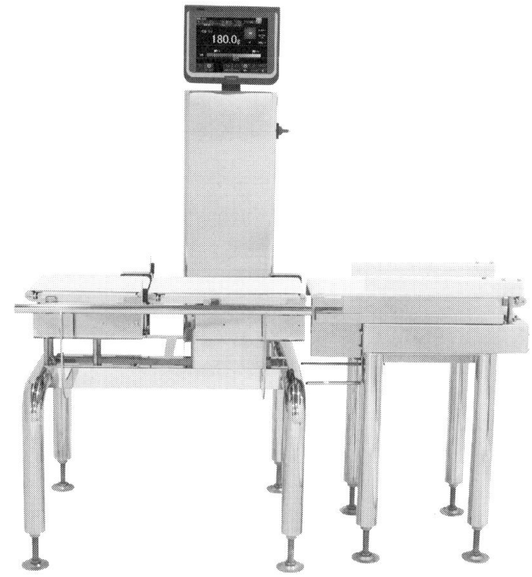

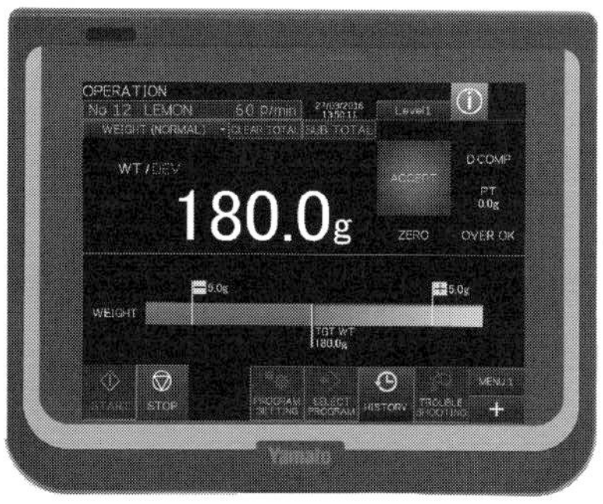


## 特長

### 業界最高水準のパフォーマンス

- 計量速度：480個/分
  計量精度：±0.07g
- 新型の高剛性ロードセルは、振動安定時間を短縮し、高速・高精度を実現

### 抜群の操作性

- 10.4インチのカラー液晶タッチパネルで操作性が向上
- 画面操作に対話方式を採用し、だれでも簡単に操作が可能
- 指示計と本体は分離（オプション）でき、自由に設置が可能
- 角度調整が可能な指示計は、オペレータの作業位置を限定せず、作業効率が向上

### 簡単メンテナンス

- エラー発生箇所や復旧方法を画面選択し、復旧までに要するダウンタイムを短縮
- 消耗部品の交換時期、保守点検時期を表示し、トラブルを未然に防止

## 仕様

| 型番 | | CSJ06L | CSJ22L | CSJ33L | | CMJ30L |
|---|---|---|---|---|---|---|
| 計量範囲 | | 6～600g | 20～2,200g | 30～3,300g | | 0.3～30kg |
| 目量 | | 0.05g | 0.1g | 0.1g | 0.2g | 2g |
| 最高選別精度* | | ±0.07g | ±0.2g | ±0.2g | ±0.3g | ±2g |
| 検出方法 | | ロードセル | | | | |
| 最高選別能力* | | 480個/分 | 480個/分 | 310個/分 | 190個/分 | 50個/分 |
| コンベヤ寸法 | 長さ | 240/330/440mm | 240/330/440mm | 240/330/440mm | 400/500/600mm | 600mm |
| | 幅 | 160/240mm | 160/240mm | 240mm | 320mm | 400mm |
| 保護等級 | | IP30準拠 | | | | |
| 電源 | | AC100～240V ±10%、50/60Hz、単相 | | | | |
| エアー源(振分装置※オプション) | | 0.4～0.7MPa | 0.4～0.7MPa | 0.4～0.7MPa | 0.4～0.7MPa | 0.4～0.7MPa |
| プログラム数 | | 300 | 300 | 300 | 300 | 300 |

※*最高選別精度、最高選別能力は被計量物の形状、重さ、状態により異なります。　※記載の内容は、予告なく変更する場合がありますのでご了承ください。
※計量範囲6,000gまでの各モデルでは、金属検出機一体型タイプも用意しています。

●計量包装ラインの生産性を上げる全く新しい組合せはかり

# 全自動データウェイ™

**Dataweigh Ω™ series** 組合せはかり

Yamato

## 特 長

① 床振動など余分な振動を除去する新開発デジタルフィルタにより、1分間あたり200計量以上の高精度・高速計量を実現。
② 大和製衡独自のAFCシステム（自動供給制御）とともに、フィーダ振幅のフィードバックによるオートチューニング機能で、最適な製品供給を可能にし、組合せ精度や稼働率を向上。
③ 12.1インチカラー液晶タッチパネルや分かりやすい3Dアニメーション表示により操作ミスを防止。
④ オートチューニング機能によりプロダクトに適したフィーダ振幅やホッパー開閉パターンを自動調整し、プロダクトの性状や上流からの供給量の変化に追従し、最適な計量運転を継続的に実行。
⑤ 150kgまで過負荷に耐えるロードセルにより、メンテナンスや清掃作業の効率を上げ、ライン休止時間を短縮。
⑥ 消耗部品の交換時期やメンテナンス時期を定期的にオペレータに知らせ、万が一の故障を予防。
⑦ IP67準拠の丸洗い可能な流線形本体により、塵や埃の滞留を防ぎ、高衛生を保つ。そして、清掃時間の短縮を実現。
⑧ YDBホッパー（特定モデルに適用）はホッパーの接合面にバクテリアなどが繁殖する隙間が全く無く、アレルゲン等の混入を防止。
⑨ 各駆動部のフィードバック制御により消費電力を60%削減。

## 仕 様

| 型番 | ADW-O-0114S | ADW-O-0116M | ADW-O-0314S | ADW-O-0316M |
|---|---|---|---|---|
| 計量ヘッド数 | 14 | 16 | 14 | 16 |
| 計量範囲 | 4～500g | 4～500g | 8～1,000g | 8～1,000g |
| 最大組合せ容量 | 1,000ml | 1,000ml | 3,000ml | 3,000ml |
| 最大製品長さ | 60mm | 60mm | 80mm | 80mm |
| 最高運転速度 | 210wpm | 2×120wpm | 200wpm | 2×110wpm |
| 電源 | AC. 200～240V、50/60Hz、0.6～2.0kVA, 単相 | | | |

※速度と精度は、被計量物の単位重量およびそのバラツキ特性などにより異なることがあります。
※上記以外にも、計量範囲は最大5,000g、組合せ容量は最大12,000mlまでの様々なモデルを用意しています。

**●使用例**／ポテトチップス、菓子、ピーナッツ、あられ、キャンディ、ビスケット、ペットフード、カップゼリー、チーズ、冷凍野菜、ミートボール、ピロー豆、ピロー漬物、ピーマン、里芋、チキン、ホウレン草、チキンナゲット、その他

信頼・技術・創造
大和製衡株式会社
URL:https://www.yamato-scale.co.jp/

本社営業部 〒673-8688 兵庫県明石市茶園場町5番22号 TEL.078-918-5588
東日本支店 〒105-0013 東京都港区浜松町1丁目22番5号 KDX浜松町センタービル4階 TEL.03-5776-3122
中日本支店 〒460-0008 名古屋市中区栄5丁目27番14号 朝日生命名古屋栄ビル5階 TEL.052-238-5730
北関東オフィス 〒350-0822 埼玉県川越市大字山田1888-1 TEL.049-215-3122
千葉営業所 〒264-0025 千葉市若葉区都賀4丁目8番18号 ショー·エム都賀1階 TEL.043-214-3920
九州営業所 〒810-0044 福岡市中央区六本松2丁目12番25号 ベルヴィ六本松6階 TEL.092-577-1591

●ベーシックな機能を充実させ、対応範囲を広げた組合せはかりのエントリーモデル

# 全自動データウェイ™ αアドバンスシリーズ

**Dataweigh α series** 組合せはかり

Yamato

ADW-A-0314S

## 特　長

①シンプルな構造ながら、速度、精度、操作性、堅牢性が向上。14連モデルで最高140計量/分の高速運転を実現。
　従来機と比較し生産性が格段に向上。
②10.4インチのカラー液晶タッチパネルを採用。表示機能のアイコン化により、簡単操作を実現。
③ミックス計量は最大4品種まで対応可能。
④USBポートやイーサネットによるデータ管理。

## 仕　様

| 型　番 | ADW-A-0110S | ADW-A-0114S | ADW-A-0310S | ADW-A-0314S |
|---|---|---|---|---|
| 計量ヘッド数 | 10 | 14 | 10 | 14 |
| 最高速度 | 75wpm | 140wpm | 75wpm | 140wpm |
| 最大組合せ容量 | 1,000ml | | 3,000ml | |
| 計量範囲 | 4~500g | | 4~500g / 8~1,000g | |
| 最大製品長さ | 60mm | | 80mm | |
| 本体寸法（供給ファネル、集合ホッパー除く） | 990×840×800 | 880×900×830 | 1,050×1,200×860 | 1,300×1,290×1,100 |
| 電　源 | AC200 / 220 / 230 / 240V（+10% to −15%）　50/60Hz 単相 | | | |
| | 0.7kVA | 1.0kVA | 0.7kVA | 1.0kVA |

※上記仕様と寸法は予告無く変更する事がありますのでご了承下さい。

880×900×830

**●使用例**／ポテトチップス、菓子、ナッツ、あられ、キャンディ、ビスケット、ポップコーン、ペットフード、その他


信頼・技術・創造
大和製衡株式会社
URL:https://www.yamato-scale.co.jp/

本社営業部　〒673-8688 兵庫県明石市茶園場町5番22号 TEL.078-918-5588
東日本支店　〒105-0013 東京都港区浜松町1丁目22番5号 KDX浜松町センタービル4階 TEL.03-5776-3122
中日本支店　〒460-0008 名古屋市中区栄5丁目27番14号 朝日生命名古屋栄ビル5階 TEL.052-238-5730
北関東オフィス　〒350-0822 埼玉県川越市大字山田1888-1 TEL.049-215-3122
千葉営業所　〒264-0025 千葉市若葉区都賀4丁目8番18号 ショー・エム都賀1階 TEL.043-214-3920
九州営業所　〒810-0044 福岡市中央区六本松2丁目12番25号 ベルヴィ六本松6階 TEL.092-577-1591

**シュリンクパッカー（熱収縮包装機）**
**REPLAY**
**55S-evo型**

**自動タイプ シュリンクパッカー**
**FM76A-evoA型**

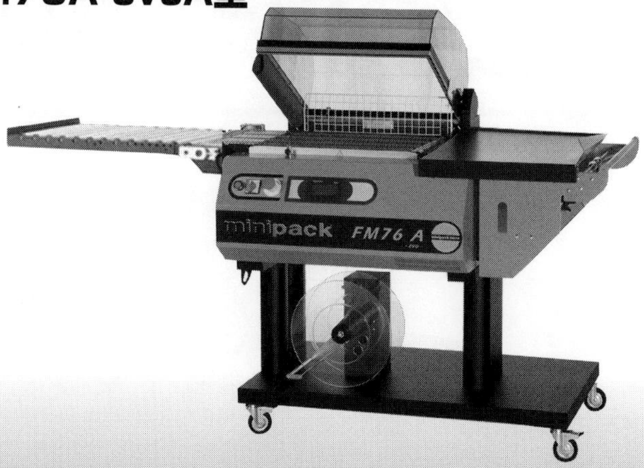


**自動タイプ大型 シュリンクパッカー**
**FM77A-evoA型**

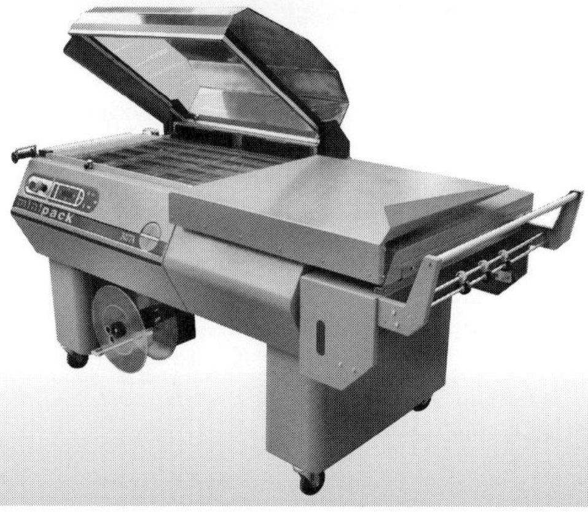

**トンネル型シュリンク包装機**
**モジュラー50／トンネル50型**

**小型シュリンクパッカー**
**REPLAY**
**40S-evo型**

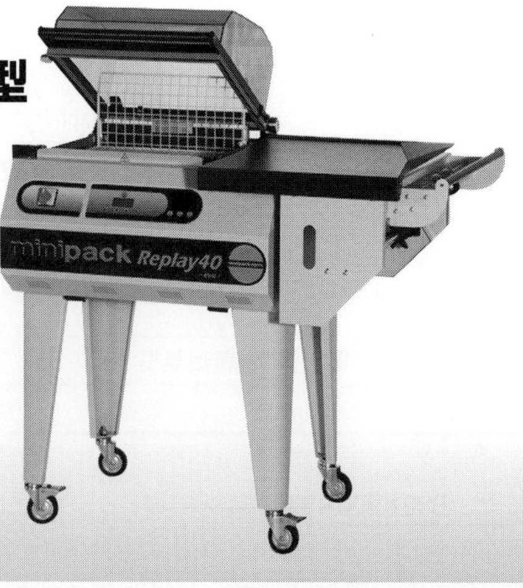


**卓上型シュリンクパッカー**
**MINIMA**

サンコーテクノグループ

**成光産業株式会社**

本社：〒166-0013　東京都杉並区堀ノ内 1-7-23
TEL.03(3313)8431　FAX.03(3318)4791
ホームページ　http://www.seikosan.com
E-メール：macpac@seikosan.com

大阪営業所：〒577-0015　東大阪市長田2-12-15
TEL.06(6743)6201　FAX.06(6789)9390
福岡営業所：〒812-0016　福岡市博多区博多駅南4-18-14
TEL.092(452)2600　FAX.092(452)2610
香取テクニカルセンター：〒287-0101　千葉県香取市高萩939-1
TEL.0478(75)3336　FAX.0478(75)3809

## New!
## イリッヒ社(独)
## 紙ブリスターシーラー HSU 35b

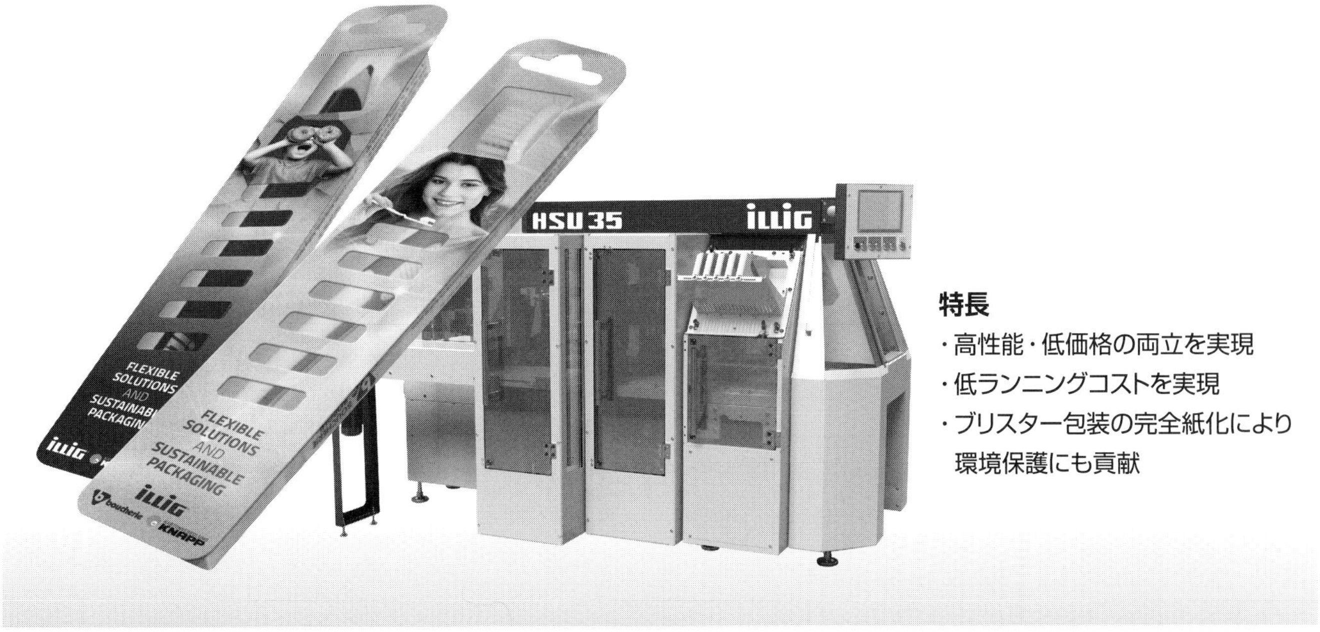


**特長**
- 高性能・低価格の両立を実現
- 低ランニングコストを実現
- ブリスター包装の完全紙化により環境保護にも貢献

## スキンパッケージングマシン

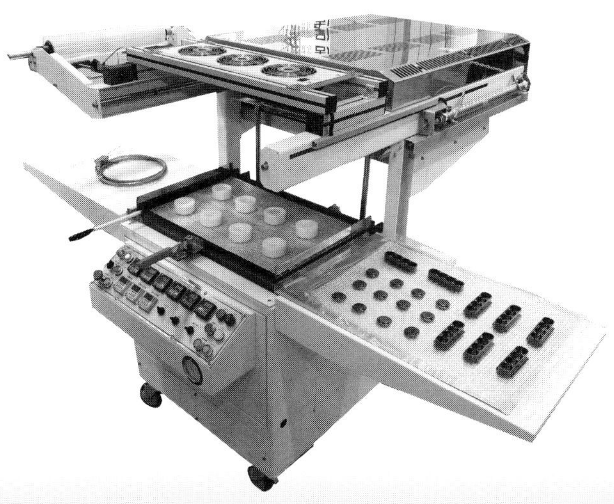

## 簡易型真空成形機
## フォーミング・シリーズ

サンコーテクノグループ
成光産業株式会社
本社：〒166-0013　東京都杉並区堀ノ内 1-7-23
TEL.03(3313)8431　FAX.03(3318)4791
ホームページ　http://www.seikosan.com
E-メール：macpac@seikosan.com

大阪営業所：〒577-0015　東大阪市長田2-12-15
TEL.06(6743)6201　FAX.06(6789)9390
福岡営業所：〒812-0016　福岡市博多区博多駅南4-18-14
TEL.092(452)2600　FAX.092(452)2610
香取テクニカルセンター：〒287-0101　千葉県香取市高萩939-1
TEL.0478(75)3336　FAX.0478(75)3809

# ロジスティクスイノベーション!
# 2024年問題を解決します

## こんなお悩みにおすすめ!

- ●物流2024年問題の対策に荷役作業の効率化を検討している(荷主企業様向け)
- ●現場の人材不足の解消、荷崩れ防止のフィルム巻き作業時間の短縮をしたい

## New!
## 自走式パレットストレッチ包装機
## ROBOT S7

## パレットストレッチ包装機
## エコノマイザー2000FTP

## オフライン全自動パレットストレッチ包装機
## TECHNOPLAT CW 508

## インライン式全自動パレットストレッチ包装機
## ROBOPAC TECHNOPLAT 3000

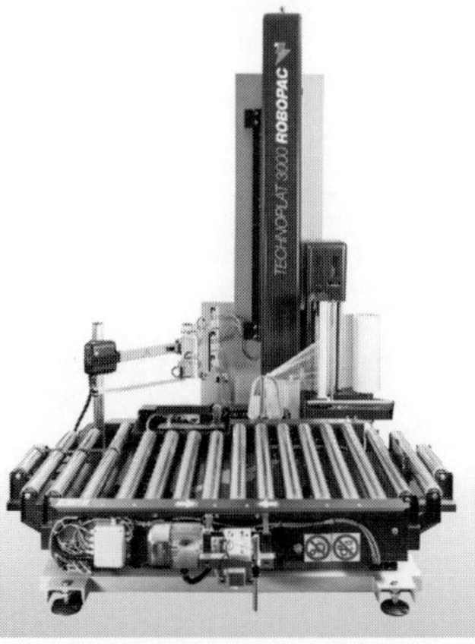


## ストレッチフード包装機
## マルチフレックスXI

サンコーテクノグループ

**成光産業株式会社**

本社:〒166-0013 東京都杉並区堀ノ内 1-7-23
TEL.03(3313)8431 FAX.03(3318)4791
ホームページ http://www.seikosan.com
E-メール:macpac@seikosan.com

大阪営業所:〒577-0015 東大阪市長田2-12-15
TEL.06(6743)6201 FAX.06(6789)9390
福岡営業所:〒812-0016 福岡市博多区博多駅南4-18-14
TEL.092(452)2600 FAX.092(452)2610
香取テクニカルセンター:〒287-0101 千葉県香取市高萩939-1
TEL.0478(75)3336 FAX.0478(75)3809

## 超高速全自動L型シュリンク包装機
## New! PRATIKA（プラティカ） 56 MPE X2
## TUNNEL 50 TWIN

**特長**

・毎分60パック可能
・エアー源不要、サーボモータ駆動
・長尺物対応は連続サイドシール方式の
　PRATIKA MPS

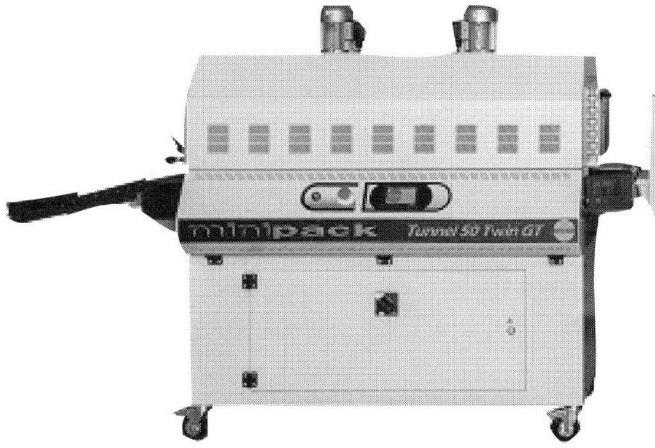


TUNNEL 50 TWIN

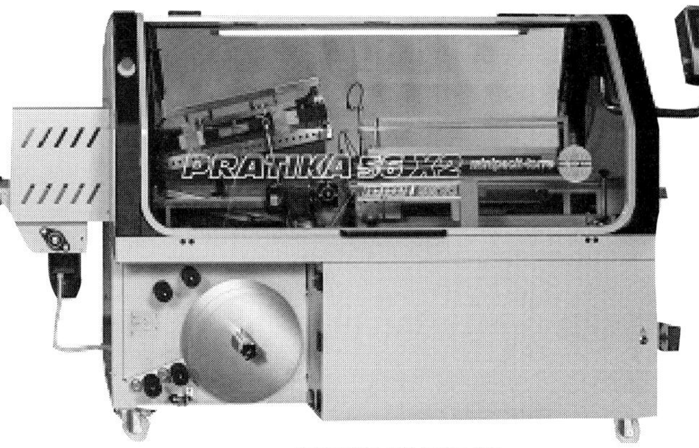


PRATIKA 56 MPE X2

## 印刷物の包装機
## MAILBAG

## 全自動高速クランピングシールシステム
## CONTINUA（コンティニュー）

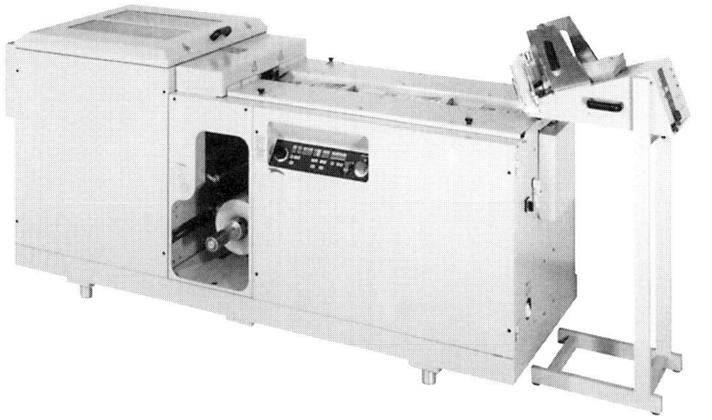

サンコーテクノグループ

**成光産業株式会社**

本社：〒166-0013　東京都杉並区堀ノ内 1-7-23
TEL.03（3313）8431　FAX.03（3318）4791
ホームページ　http://www.seikosan.com
E-メール：macpac@seikosan.com

大阪営業所：〒577-0015　東大阪市長田2-12-15
TEL.06（6743）6201　FAX.06（6789）9390
福岡営業所：〒812-0016　福岡市博多区博多駅南4-18-14
TEL.092（452）2600　FAX.092（452）2610
香取テクニカルセンター：〒287-0101　千葉県香取市高萩939-1
TEL.0478（75）3336　FAX.0478（75）3809

## ケースフォーマー F175

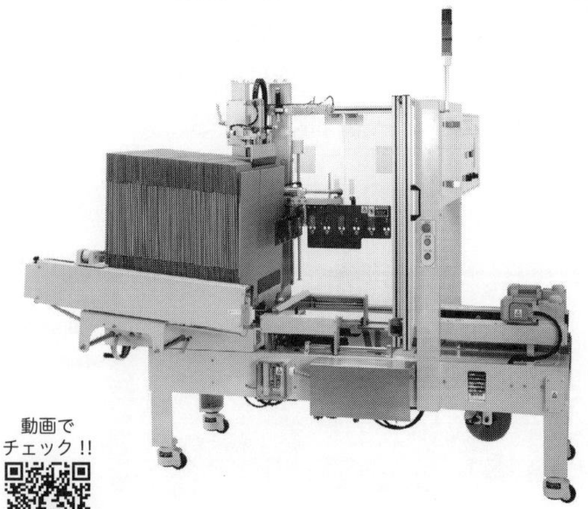

動画でチェック!!

標準 10 ケース/分　ストッカー 70枚　K11 テープ幅 36-50mm　小箱

### コンパクトスタンダードモデル

新しい時代の変化と、商品の多様化に対応するために開発された独創性の高い製品です。

- ■ 省スペース
  コンパクト設計で、省スペースでの作業に最適です。
- ■ 省コスト
  高性能を保持し、低価格を実現しました。
  ピンピックアップ方式では、最小コストです。
- ■ 小箱対応
  最小で、下記のケースまで製函可能です。

**仕様**

| | |
|---|---|
| 品名コード | KE-F175 |
| 消費電力 | 3相AC200V　50/60Hz　0.50kw |
| エアー消費量 | 0.6MPa(6kgf/㎠) 350Nℓ/min |
| 能力 | 最大10ケース/分(最大600ケース/時) |

**ケースサイズ**

| | MIN | MAX |
|---|---|---|
| A | 330mm | 850mm |
| B | 200mm | 600mm |
| C(L) | 200mm | 500mm |
| D(W) | 130mm | 400mm |
| E | 150mm | 480mm |

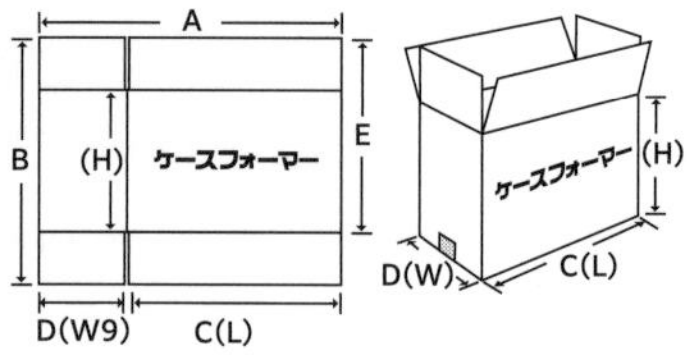


## siat MAILLIS カートンシーラー SM11/SP・SM11/4SP

動画でチェック!!

サイドベルト　サイズ調整 手動　フラップ折込付き　上下I貼り

### 包装ラインに最適!

- ■ フラップ折込機能付き。
  ケースの上フラップを自動で折り込み、シーリングします。
- ■ ケースに負担をかけないサイドベルト方式を採用。
- ■ ハンドル操作で簡単にサイズ調整が行えます。
- ■ 安全カバー・非常停止ボタンを標準装備し安全性を向上しました。(安全カバーを開けると、自動的に機械が停止します。)
- ■ 逆仕様への変更も可能です。

### ■SM11/SP

中箱　K11 テープ幅 36-50mm　K12 テープ幅 50-75mm

**仕様**

| | |
|---|---|
| 品名コード | KE-SM11/SP |
| 消費電力 | 3相AC200V　50/60Hz　0.49kw |
| エアー消費量 | 0.6MPa(6kgf/㎠) 30Nℓ/min |
| 能力 | 最大11ケース/分(最大700ケース/時) |

| | | |
|---|---|---|
| ケースサイズ | 長さ(L) | 200～600mm |
| | 幅(W) | 120～500mm |
| | 高さ(H) | 125～500mm |
| テープ幅 | | 36～50mm |

※ケースサイズ内であっても使用出来ない場合があります。
詳細は営業担当にお問い合わせください。

### ■SM11/4SP

小箱　K11/4 テープ幅 36-50mm

**仕様**

| | |
|---|---|
| 品名コード | KE-SM11/4P |
| 消費電力 | 3相AC200V　50/60Hz　0.49kw |
| エアー消費量 | 0.6MPa(6kgf/㎠) 30Nℓ/min |
| 能力 | 最大11ケース/分(最大700ケース/時) |

| | | |
|---|---|---|
| ケースサイズ | 長さ(L) | 200～600mm |
| | 幅(W) | 110～500mm |
| | 高さ(H) | 80～450mm |
| テープ幅 | | 36～50mm |

※ケースサイズ内であっても使用出来ない場合があります。
詳細は営業担当にお問い合わせください。

## カートンシーラー DE51

動画で
チェック!!

中箱
K11 テープ幅 36-50mm
サイドベルト
サイズ調整 自動
フラップ 折込付き
ランダムサイズ 対応
上面 I貼り

### センサーの働きで、大小のケースを問わず的確なシーリング

- フラップ折込機能付き。
  ケースの上フラップを自動で折り込み、シーリングします。
- ケースのサイズ調整を自動で行います。
  ランダムサイズのケースもOK。

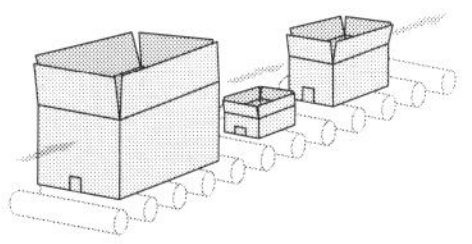

- ケースに負担をかけないサイドベルト方式を採用。

**仕様**

| | |
|---|---|
| 品名コード | KE-DE51 |
| 消費電力 | 3相AC220V　50/60Hz　2.2kw |
| エアー消費量 | 0.6MPa(6kgf/㎠) 250Nℓ/min |
| 能力 | 最大15ケース/分(最大900ケース/時) |

**ケースサイズ**

| | |
|---|---|
| 長さ (L) | 250～560mm |
| 幅 (W) | 180～420mm |
| 高さ (H) | 120～400mm |
| テープ幅 | 36 ～ 50 mm |

## ひねるんですsmart

より軽く、より小さく。そして、よりシンプルな機構に。
農作物をはじめ、食品関連の袋物・その他製品の包装に最適。

軽いタッチで
しっかり結束

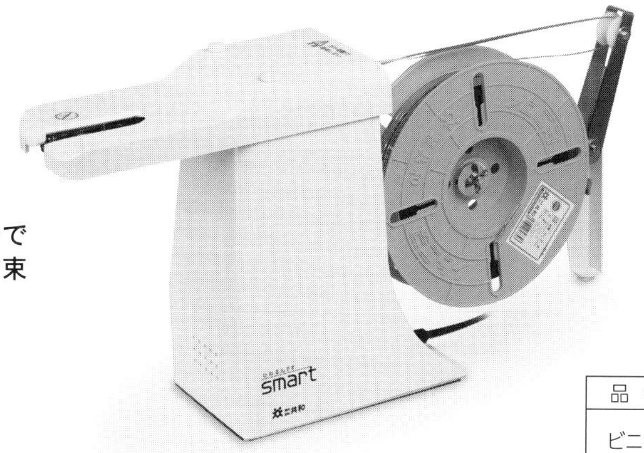

動画で
チェック!!

| | |
|---|---|
| 品名コード | KC-POC-10 |
| ビニタイ (4mm幅) | PVC/PET/PETエコノミー/ポリエチレン/レインボー<br>ポリコアタイラミー/ストロング/オーロラ/メテオ |
| 機械サイズ | 高さ280mm×幅130mm×長さ600mm |
| 重量 | 4.5Kg |
| 結束径 | φ3～φ10mm |
| 電力 | AC100V,50/60Hz, 20W |
| 能力 | MAX 40袋/分 |

※能力は条件により異なります。

# 自動帯束機 AUTOMATIC TAPING MACHINE

## COM JD Ⅱシリーズ

コンパクトデスクタイプ/紙テープ使用

**来春JDシリーズがモデルチェンジ**
**あらたな機能を搭載。**
**高機能で幅広い活用、高効率の帯束性能。**

■特徴
- ●人手の数倍の帯束（帯掛）が出来ます。
- ●特許機構なのでテープ送りにトラブルがなく帯束できます。
- ●万全のヒートシール効果で引締めが抜群です。
- ●副資材（のり、ホットメルト等）を必要としないので商品を汚しません。
- ●デスクトップタイプなので場所をとらず、軽量のため、移動が容易です。
- ●デジタル温調器にて温度設定が可能です。
- ●帯束数をカウンター表示で管理。

温度表示

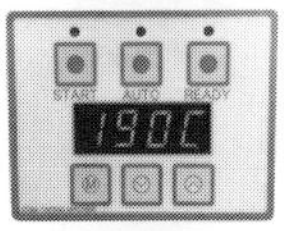


■機械性能

| 型　式 | JD Ⅱ-150F | JD Ⅱ-240 |
|---|---|---|
| 帯束できる寸法 | 最大(幅150mm,高さ140mm) | 最大(幅240mm,高さ170mm) |
| | 最小(幅30mm,高さ5mm) | 最小(幅30mm,高さ5mm) |
| 帯束能力(分) | 25回 | |

■機械仕様

| 型　式<br>テープ幅(mm) | JD Ⅱ-150F-20/30 | JD Ⅱ-240-20/25/30 | JD Ⅱ-150F-40 | JD Ⅱ-240-40 |
|---|---|---|---|---|
| 全　幅 | 425mm | | 435mm | |
| 全　高 | 400mm | | | |
| 奥　行 | 287mm | | 300mm | |
| テーブル高さ | 230mm | | | |
| 電　源 | 100V 50/60Hz | | | |
| 使用テープ | フィルム | 紙 | フィルム | 紙 |

■COMテープ規格

| テープ種類 | テープ幅 | 厚さ |
|---|---|---|
| 紙 | 20mm/25mm/30mm/40mm | 茶 70g/白 80g |
| フィルム | 20mm/30mm/40mm | 80μ/100μ/マジックカット |

- ●指定のテープを使用してください。
- ●上記仕様以外カラーテープおよび印刷テープなど、特殊仕様については ご相談ください。
- ●仕様については予告なく変更することがあります。

# 自動帯束機 AUTOMATIC TAPING MACHINE

## COM JEZ Ⅱ-300

コンパクトデスクタイプ/紙、フィルムテープ兼用

**40μフィルムテープが使える**
**卓上型テーピングマシン登場。**
**紙テープの兼用も可能!!**

■特徴
- ●卓上型でフィルムテープ40μが使用可能！
- ●紙・フィルムの兼用可能！
- ●ランニングコストの削減！

■機械性能

| | |
|---|---|
| 帯束できる寸法 | 最大(巾300mm, 高さ200mm) |
| 帯束できる速さ | 1分間 22回 |

■機械仕様

| | |
|---|---|
| 高　さ | 540mm テーブル高さ273mm |
| アーチサイズ | W300mm×H200mm |
| 巾 | 510mm |
| 奥　行 | 330mm |
| 重　量 | 34kg |
| 電　源 | 100V(定格消費電力300W)50／60Hz |

■COMテープ規格

| | |
|---|---|
| 種　類 | 紙(70g)/フィルム(OPP40μ) |
| 巾 | 30mm |

- ●指定のテープを使用して下さい。

**大洋精機株式会社**
**TAIYO SEIKI CO.,LTD.**

本　　社　〒574-0062 大阪府大東市氷野4丁目3番7号
TEL(072)873-3739　FAX(072)875-4324
東京営業所　〒135-0048 東京都江東区門前仲町1-5-12 船山ビル401号室
TEL(03)5639-9033　FAX(03)5639-9060
URL https://www.com-machine.co.jp
E-mail : taiyo@com-machine.co.jp

# 自動帯束機　AUTOMATIC TAPING MACHINE

## COM WASシリーズ

紙・フィルムテープ兼用

**40μフィルムテープが使える**
**高速テーピングマシン**
**位置決め、ロットナンバー、**
**製造年月日、バーコード**
**などをテープに印字可能!!(オプション)**

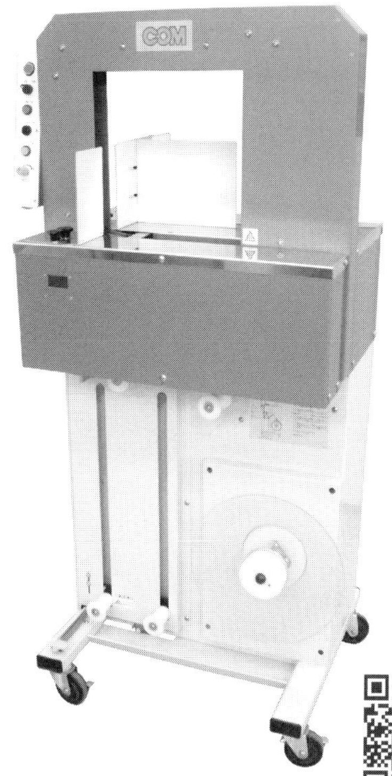

■特徴

- ●スピーディーな帯束効率です。
- ●紙・フィルムテープが使用できる兼用タイプです。
- ●40μテープを使用する事により従来のテープ(100μ)と比較すると50%コストダウンが出来ます。(当社比)
- ●ステンレス仕様、自動ライン仕様も対応。

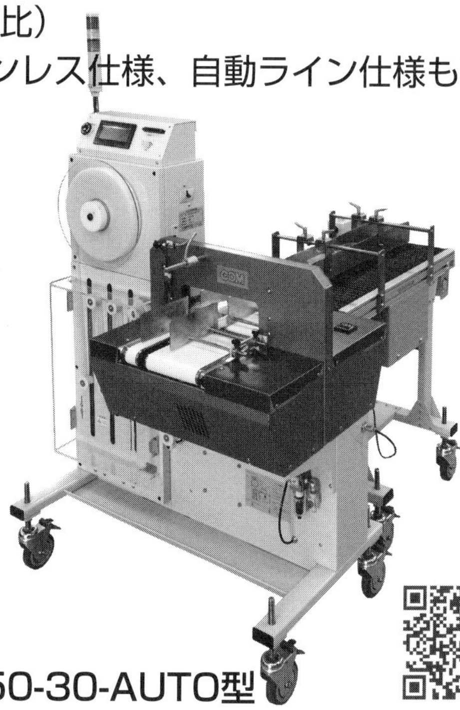

WAS-250-30-AUTO型

■機械性能

| 型　　式 | アーチサイズ | スピード(分) |
|---|---|---|
| WAS-250 | W250mm×H270mm | 26回 |
| WAS-400 | W400mm×H270mm | 22回 |

■機械仕様

| 型　　式 | WAS-250 | WAS-400 |
|---|---|---|
| 巾 | 585mm | 681mm |
| 重　　量 | 120kg | 109kg |
| 電　　源 | 200V　500W | 100V　500W |
| 高　　さ | 1036±30mm | 1290mm |
| テーブル高さ | 842±30mm | 925mm |
| 奥　　行 | 718mm | 420mm |

■COMテープ規格

| | テープ巾 | 厚　さ |
|---|---|---|
| 紙 | 30mm/50mm/75mm/100mm/150mm | 70g～ |
| OPP | 30mm/50mm/75mm/100mm/150mm | 40μ～ |

**大洋精機株式会社**
**TAIYO SEIKI CO.,LTD.**

本　　社　〒574-0062　大阪府大東市氷野4丁目3番7号
TEL(072)873-3739　FAX(072)875-4324
東京営業所　〒135-0048　東京都江東区門前仲町1-5-12 船山ビル401号室
TEL(03)5639-9033　FAX(03)5639-9060
URL https://www.com-machine.co.jp
E-mail : taiyo@com-machine.co.jp

## PTP包装機 PRESTA6000

株式会社 ミューチュアル

# コンパクトで多品種大量生産。再起動時のフィルムロス・ゼロ

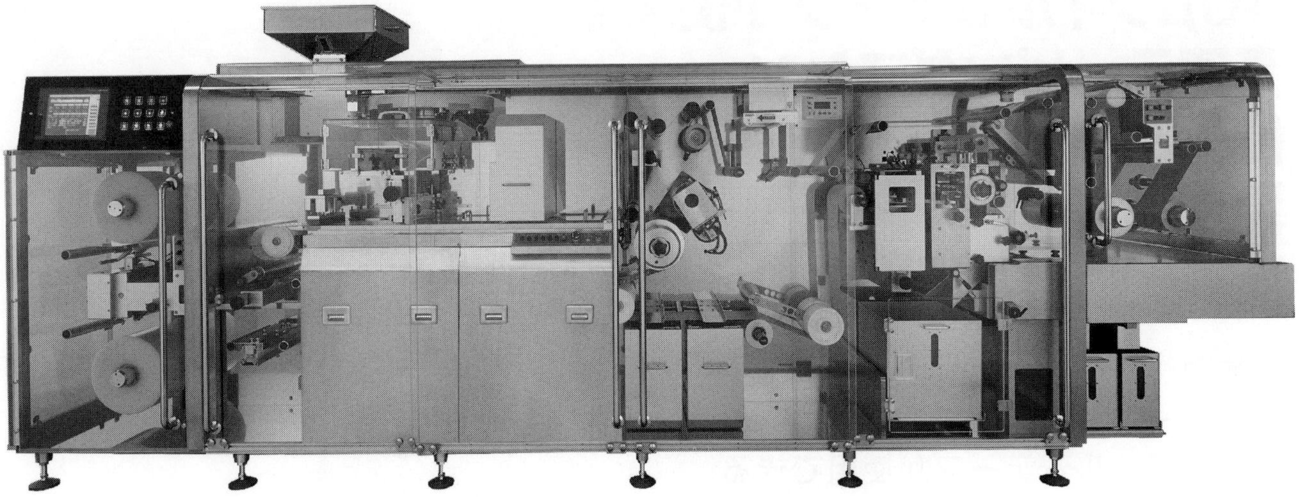

### ●完全部分加熱成形（特許第 4731767 号）

- ●ポケット部のみ部分加熱
- ●シートのカールが少ない
- ●ポケットの厚み安定化
- ●再起動時フィルムロス・ゼロ

### ●コンパクト設計

- ●全長 5m のコンパクト設計で 6000 錠 / 分対応
- ●全高 1.6m で視認性に優れた設計

### ●多品種対応

- ●異なる各種フィルムに同一金型で対応可能
- ●標準仕様で AL＋AL に対応可能

### ●簡単な型替え、再現性

- ●工具レス型替え部品
- ●型替え時間の短縮

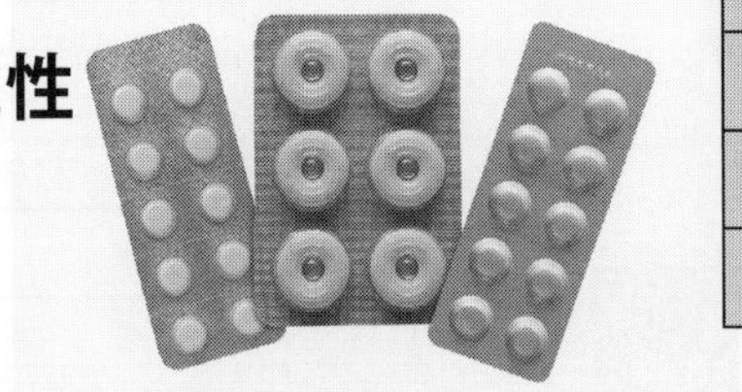

### ●PRESTA6000 の概略仕様

| | |
|---|---|
| 適用容器フィルム | PVC、PP、PVDC、AL+AL、アクラ |
| フィルムスピード | 12m/分 |
| 打抜きシート数 | 600シート/分 |
| 打抜きサイクル | 300ショット/分 |
| 成形サイクル | 30回/分 |
| 対応シート長さ | 85～134mm |
| 打抜きシート幅 | 30～70mm |
| 容器フィルム幅 | 170～290mm |
| 蓋フィルム幅 | 170～290mm |
| 使用電源 | 30kVA AC200V3相 |
| 圧縮空気 | 500Nℓ/分 |
| 冷却水 | 25ℓ/分 |

株式会社 **ミューチュアル** https://www.mutual.co.jp/

本　　　　社：〒530-0047　大阪市北区西天満1丁目2番5号 大阪JAビル9階　TEL.06(6315)8610
東 京 支 店：〒101-0041　東京都千代田区神田須田町2丁目11番 協友ビル7階　TEL.03(5296)7071
静 岡 営 業 所：〒420-0033　静岡市葵区昭和町10番6号 富士岡第一ビル3階　TEL.054(255)4471
福 岡 営 業 所：〒811-3217　福岡県福津市中央2丁目23-14　TEL.0940(35)8123
富 山 営 業 所：〒930-0083　富山市総曲輪1丁目5番24号 TAMURA BUILDING5階　TEL.076(445)5257
アフターサービス：〒595-0043　大阪府泉大津市清水町3番36号　TEL.0120(120)548
工　　　　場：大阪技術センター、東京技術センター、関東工場

## PTP包装機 PRESTA1000,2000　株式会社 ミューチュアル

PRESTA1000は、治験用、小ロット生産・PRESTA2000は多品種少量生産に特化した小型高性能機です。交換部品も少なく、品種替えも時間が掛からず簡単です。
成形部は1ステーションで加熱と成形を行い、ポケット部分だけを加熱する完全部分加熱成形方式で省エネルギー設計です。しかも一個の金型で収縮性の異なる各種フィルムに対応可能です。1ステーションで加熱と成形を行う為、低速稼働時も高速稼働時と同じ肉厚バランスのポケットが再現可能なミューチュアル独自の成形方式です。

| | |
|---|---|
| 適用製品 | 錠剤、カプセル、その他 |
| 能力 | 1000~2000 錠 / 分 |
| 包装材料 | PVC、PP、PVDC、AL+AL、アクラー |
| 機械寸法 | 3,100(L)×1,070(W)×1,600(H)mm |
| 重量 | 約 3,000kg |
| 使用電力 | 三相 AC200V、17KW |
| 圧縮空気 | 0.5Mpa、200NL/ 分 |

※PRESTA2000 の場合

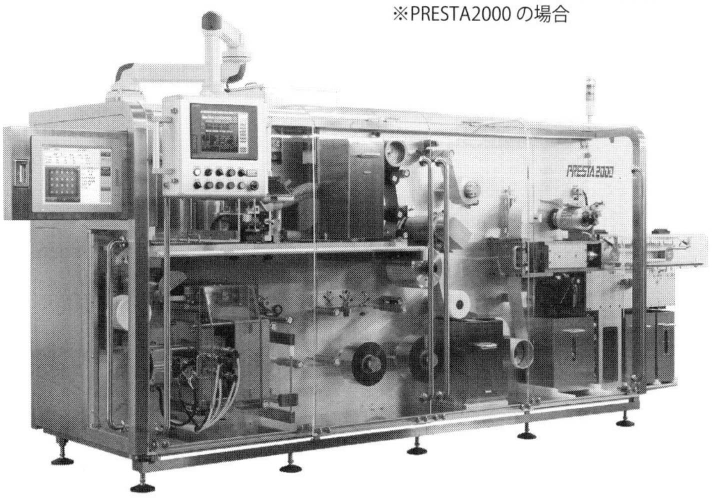


## 全自動横型間欠モーション・カートナー P.MM　株式会社 ミューチュアル/CAM(イタリア)

全長2.2mのコンパクト設計。静粛な運転。ナイフブレードによる確実なカートン起こし。独自のプッシャーヘッドとマウスピースによる安定した製品挿入。"メカニカル・メモリー"システムによる簡単で再現性の高いサイズチェンジ。ホットメルトを使わないロックカートン対応も可能。

| | |
|---|---|
| 適用製品 | 医薬品、化粧品、トイレタリー製品、食品、その他雑貨類 |
| 製品形状 | ブリスターパック、チューブ、ボトル、分包製品、アンプル、その他様々な形状の製品 |
| 能力 | 25〜120カートン/分 |
| カートン寸法 | 長さ50〜200mm、幅15〜90mm、厚み12〜70mm |
| カートンの形状 | エアープレーンタック・カートン、リバースタック・カートン、4枚フラップ・カートン |
| オプション | 能書折込み挿入装置、保護材挿入装置、捺印装置、製品自動供給装置、封緘検知、各種検査・排出装置、その他 |
| 機械寸法 | 2,275(L)×1,600(W)×1,975(H)mm |
| 重量 | 約 1,400kg |
| 使用電力 | 1.94kW |
| 圧縮空気 | 17Nℓ/分 |

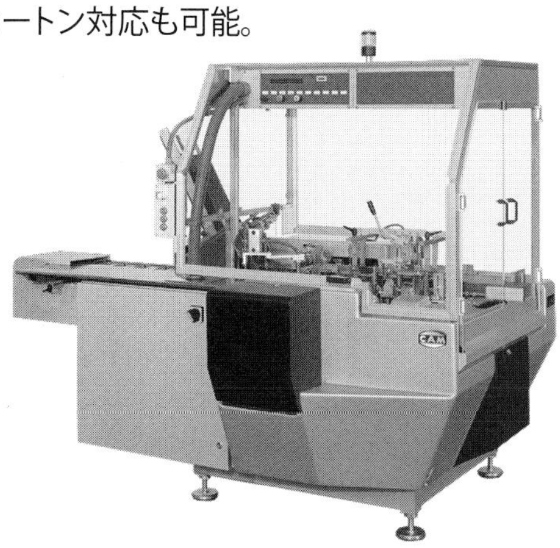


イタリアCAM社からベースマシンを輸入し、ミューチュアルが交換部品や付属装置を取り付けてOEM販売しております。


**株式会社 ミューチュアル**　https://www.mutual.co.jp/

本社：〒530-0047　大阪市北区西天満1丁目2番5号 大阪JAビル9階　TEL.06(6315)8610
東京支店：〒101-0041　東京都千代田区神田須田町2丁目11番 協友ビル7階　TEL.03(5296)7071
静岡営業所：〒420-0033　静岡市葵区昭和町10番6号 富士岡第一ビル3階　TEL.054(255)4471
福岡営業所：〒811-3217　福岡県福津市中央2丁目23-14　TEL.0940(35)8123
富山営業所：〒930-0083　富山市総曲輪1丁目5番24号 TAMURA BUILDING5階　TEL.076(445)5257
アフターサービス：〒595-0043　大阪府泉大津市清水町3番36号　TEL.0120(120)548
工場：大阪技術センター、東京技術センター、関東工場

## フィルム成形・充填・包装機 PRESTA-LIQUID

株式会社 ミューチュアル

### 医薬品・化粧品・食品も含め、液体からゼリー製剤まで対応

特長

1. 成形、充填、シール、トリミングまで全自動で出来るインライン生産システム
2. 金型を交換することにより、アルミフィルムから樹脂フィルムまで対応
3. 遮光性、防湿性、ガスバリア性に優れた充填包装が可能
4. 開封口からの液だれが少なく、優れた経口投与が可能
5. 簡単開封に開封ができ、優れた携帯性
6. 成形からシール、トリミングまでが一連のため、自由な容器デザインが可能

| | |
|---|---|
| 適用製品 | 食品、化粧品、医薬品のゼリー状或いは液体製品 |
| 能力 | 25ストローク/分（最大） |
| 成形方式 | アルミラミネートフィルム：平板凸型プラグ<br>熱可塑性フィルム（PVC、PP等）：圧空成形 |
| 最大製品寸法 | 180（W）×150（H）mm |
| 最大製品成形深さ | 片側12mm |
| 包材材質 | アルミラミネートフィルム<br>熱可塑性フィルム（PVC,PP,PET等） |
| 電源 | AC200V、3相、、15kW |
| 圧縮空気 | 0.5MPa、100NL |
| 機械寸法 | 6,850(L)×1.215(W)×1,550(H) mm |
| 重量 | 約2,000kg |

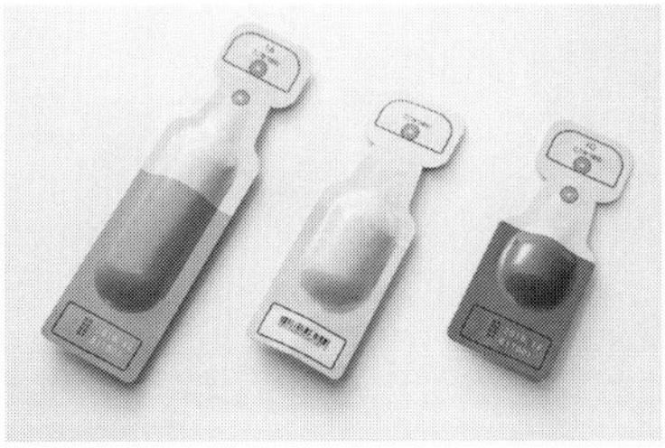

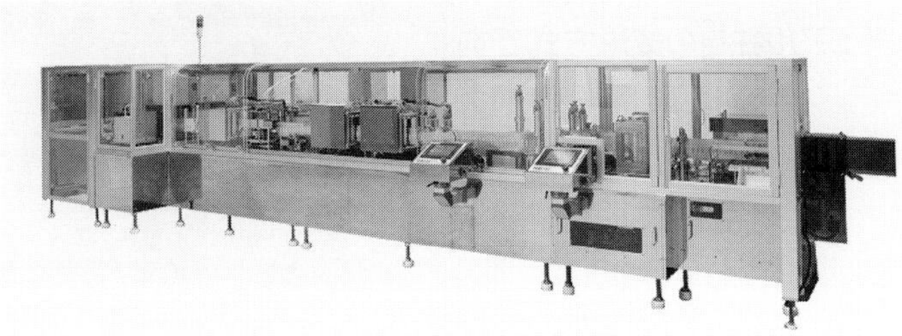

## フィルム成形充填包装機 TF-Xシリーズ（UNIFILL社）

株式会社 ミューチュアル

食品、トイレタリー向けポーションパックをロール状フィルムから成形、充填、シールします。さまざまなポーションパック・ボトルの形態が可能です。

ピールオフ開封タイプ

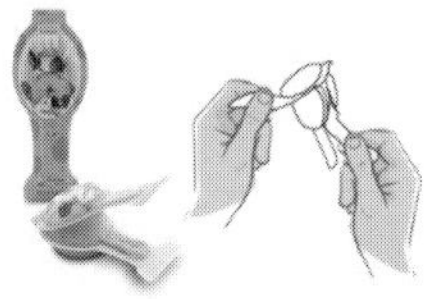

ピールオフ開封タイプ（スティック付き）

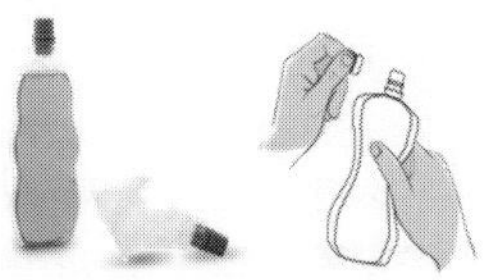

スパウト付きパウチボトル

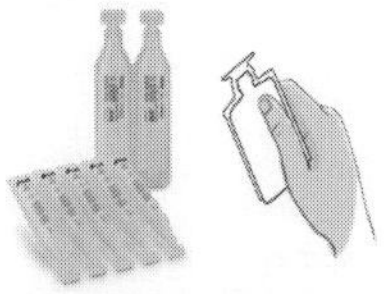

ひねり開封タイプ

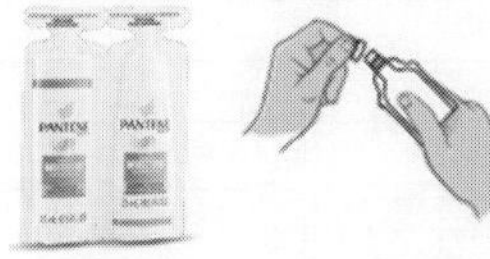

ひねり開封タイプ（キャップ付き）

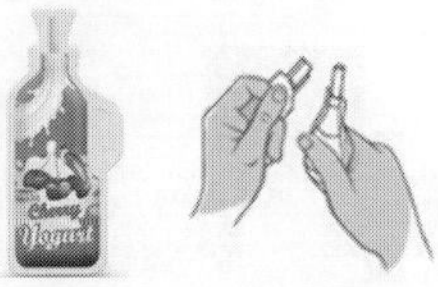

ひねり開封タイプ（ストロー付き）

| | |
|---|---|
| 適用製品 | 食品：チーズ、チョコレート、ゼリー、ジャム、ケチャップ、マスタード、ヨーグルト、オリーブオイル など |
| | トイレタリー：歯磨き、マウスウォッシュ、洗剤 など |
| | その他：シロップ、エネルギードリンク、クリーム、香水 など |
| 充填量 | 1 - 130ml |
| 成形金型面積 | 160（W）×150（H）mm |
| 能力 | 1 ml：9連包の場合　18,900pcs／分<br>10 ml：8連包の場合　16,800pcs／分<br>20 ml：3連包の場合　5,400pcs／分<br>40 ml：3連包の場合　5,400pcs／分 |

**株式会社 ミューチュアル**　https://www.mutual.co.jp/

本社：〒530-0047　大阪市北区西天満1丁目2番5号 大阪JAビル9階　TEL.06（6315）8610
東京支店：〒101-0041　東京都千代田区神田須田町2丁目11番 協友ビル7階　TEL.03（5296）7071
静岡営業所：〒420-0033　静岡市葵区昭和町10番6号 富士岡第一ビル3階　TEL.054（255）4471
福岡営業所：〒811-3217　福岡県福津市中央2丁目23-14　TEL.0940（35）8123
富山営業所：〒930-0083　富山市総曲輪1丁目5番24号 TAMURA BUILDING5階　TEL.076（445）5257
アフターサービス：〒595-0043　大阪府泉大津市清水町3番36号　TEL.0120（120）548
工場：大阪技術センター、東京技術センター、関東工場

## 錠剤・カプセル兼用外観異物検査装置 PLANET

株式会社 ミューチュアル

※水洗式コンテイメント仕様も
ラインナップ

### 特長

・錠剤又はカプセルの文字（印刷、刻印）を文字単位で検査判別
・異形錠も交換部品不要
・オペレータにて新品種登録可能
・死角がなく全周検査が可能

| | | 錠剤 | カプセル |
|---|---|---|---|
| 適応サイズ | 丸錠剤 | φ3.5～13mm | 00号～5号 |
| | 異形錠 | 短径3.5～12mm、長径10～22mm<br>短径と厚みとの差：1.0mm以上 | |
| 能力 | φ7 錠剤 | 300,000錠／時 | 2号　110,000～130,000／時 |
| | φ5 錠剤 | 320,000錠／時 | 4号　150,000／時 |
| | 異形錠15.6×6.4×T5.4 | 50,000～80,000錠／時 | 0号　90,000～100,000／時 |
| 検知不良項目 | | 表面汚点、側面汚点、エッジ汚点、コーティング剥離、刻印内汚点、刻印内チッピング、刻印かすれ、刻印欠け、刻印違い、表面荒れ、印刷文字不良（欠け、誤植）、表面突起、体毛 | 印刷不良（欠け、誤植）、胴部ピンホール、キャップ端部ピンホール、ボディ端部ピンホール、胴部汚点、端部凹み、未充填、結合部ササクレ、結合部粉噛み、ダブルキャップ、ボディ／キャップ色違い |

## 錠剤計数充填機 ICU

株式会社 ミューチュアル

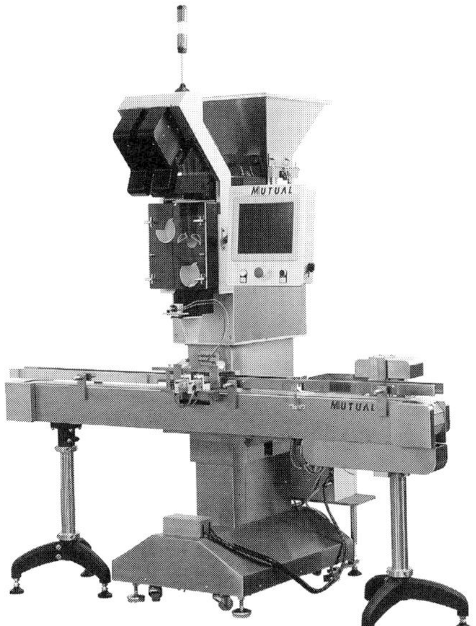


### 特長

・画像処理計数方式により高精度、高能力を実現
・サイズ部品を最小限にすることで、多品種少量生産に最適
・生産データや画像の保存が可能となり、生産品のトレサビリティも含めた管理が可能

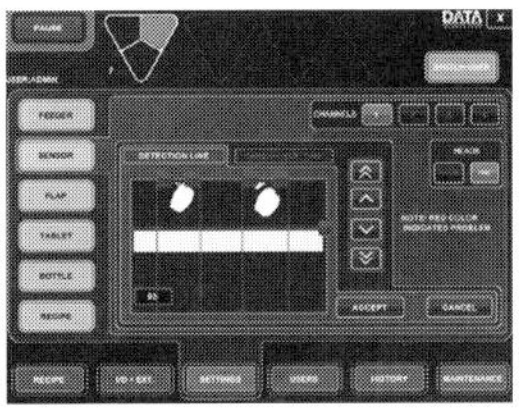

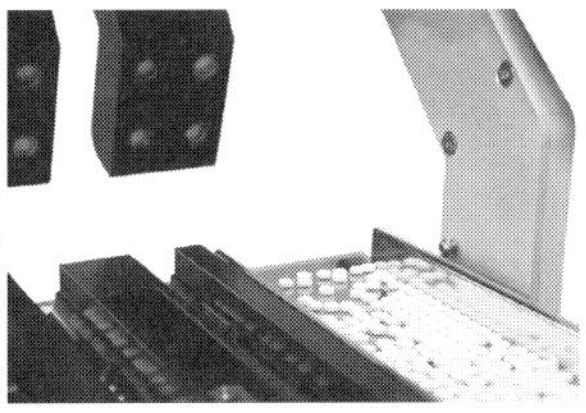

### 仕様

| | ICU1-40（1連機） | ICU2-80（2連機） | ICU3-120（3連機） |
|---|---|---|---|
| 計数能力 | 約34本／分（φ7mm錠、100錠計数時） | 約65本／分（同左） | 約100本／分（同左） |
| 対応容器高さ | 40～200mm | | |
| 適用製品 | 錠剤、カプセル | | |
| 製品形状 | 円形、楕円形 | | |
| 製品長さ | 3～20mm | | |
| 製品直径 | 3～20mm | | |
| 機械寸法 | 1,103L×300W×1,877H（mm）<br>※本体のみ、タッチパネル除く | 1,281L×604W×1,853H（mm）<br>※同左 | 1,435L×843W×1,975H（mm）<br>※同左 |

株式会社 **ミューチュアル**　https://www.mutual.co.jp/

本　　　　社：〒530-0047　大阪市北区西天満1丁目2番5号 大阪JAビル9階　TEL.06（6315）8610
東 京 支 店：〒101-0041　東京都千代田区神田須田町2丁目11番 協友ビル7階　TEL.03（5296）7071
静岡営業所：〒420-0033　静岡市葵区昭和町10番6号 富士岡第一ビル3階　TEL.054（255）4471
福岡営業所：〒811-3217　福岡県福津市中央2丁目23-14　TEL.0940（35）8123
富山営業所：〒930-0083　富山市総曲輪1丁目5番24号 TAMURA BUILDING5階　TEL.076（445）5257
アフターサービス：〒595-0043　大阪府泉大津市清水町3番36号　TEL.0120（120）548
工　　　　場：大阪技術センター、東京技術センター、関東工場

## チューブ充填機 AT60／AT80

**株式会社 ミューチュアル**

- 機械カバー、制御パネルはそれぞれステンレス製仕上げ。製品接触部はSUS316製
- メタルチューブ用折込み装置、プラスチックチューブ用ホットエアシール装置を取付け可能
- 空チューブ供給装置は、オプションにて大容量マガジンの取付け可能

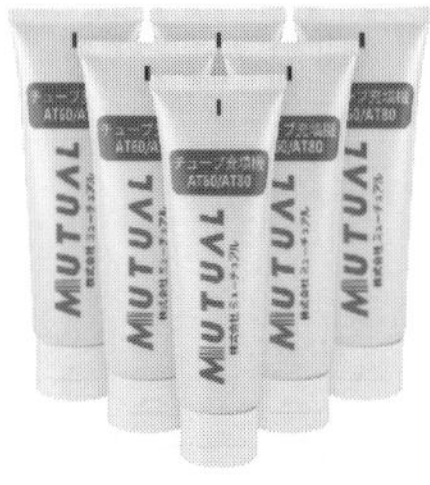


| | AT60 | AT80 |
|---|---|---|
| 適用製品 | 医薬品用軟膏及びクリーム、ヘアカラー、ローション、マスカラ、日焼け止めクリーム、シャンプー、浴用ジェル、練り歯磨き、食品向けチューブ製品 | |
| 能力 | 55～60本／分 | 70～80本／分 |
| 充填量 | 1～400ml（ポンプ交換による） | |
| チューブ寸法 | 直径：10～50mm（60mmオプション対応）<br>長さ：50～230mm（キャップ付き） | |

## 密封製品用ピンホール検査機 Torerude（トレルデ）

**株式会社 ミューチュアル**

- 液体スープやタレ、具材や惣菜など密封包装製品用の非破壊ピンホール検査機
- 特許の帯電方式により低電圧で検査。商品は勿論、包装容器に与える影響が少ない。
- コンパクト設計のため、狭い場所にも設置可能

| | | |
|---|---|---|
| 能力 | ベルトスピード | 10～45m/min　可変式 |
| | 出力電圧 | 1kV～10kV（1kV毎） |
| | 検知レベル | 1LV～10LV（1LV毎） |
| | 検知精度 | 100μm以上 |
| | 検査チャンネル数 | 1CH |
| | 検査箇所 | 表裏全面 |
| 仕様 | 対象サイズ | 製品長65mm～（払出連動時は250mmまで） |
| | 機械寸法 | W330（脚部含むW426）×D460×H1100mm |
| | ベルト幅 | 200mm |

※上記は標準タイプの場合

## 卓上型半自動ラベラー THL-5型

**株式会社 ミューチュアル／三晴精機株式会社**

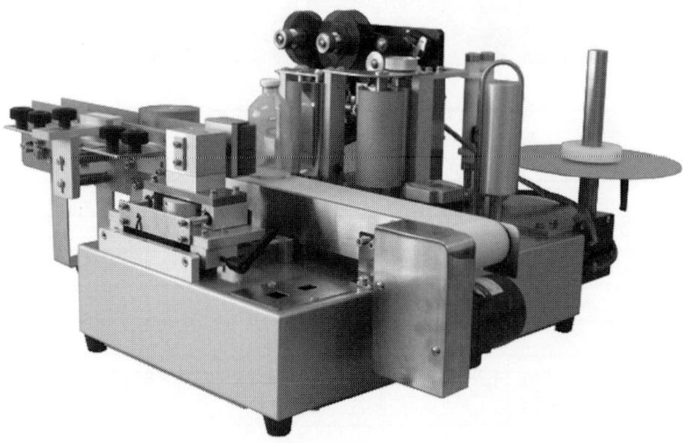

- 容器を横にする必要がない
- ラベルの曲がりが少ない
- 小スペースでの設置
- （コンベア）連続・間欠送り共に対応可能

| | |
|---|---|
| 能力 | 常用10～20本/分 |
| ラベル寸法 | （H）20mm～95mm、（W）45mm～200mm |
| ラベル仕様 | ロール式タックラベル<br>紙管φ76、外径φ200 |
| 容器寸法 | 丸容器　：φ20～φ80（アタッチメント交換） |
| オプション | ホットプリンター式捺印装置、捺印検査装置、ドラム式間隔調整器 |

**株式会社 ミューチュアル** https://www.mutual.co.jp/

本社：〒530-0047 大阪市北区西天満1丁目2番5号 大阪JAビル9階 TEL.06（6315）8610
東京支店：〒101-0041 東京都千代田区神田須田町2丁目11番 協友ビル7階 TEL.03（5296）7071
静岡営業所：〒420-0033 静岡市葵区昭和町10番6号 富士岡第一ビル3階 TEL.054（255）4471
福岡営業所：〒811-3217 福岡県福津市中央2丁目23-14 TEL.0940（35）8123
富山営業所：〒930-0083 富山市総曲輪1丁目5番24号 TAMURA BUILDING5階 TEL.076（445）5257
アフターサービス：〒595-0043 大阪府泉大津市清水町3番36号 TEL.0120（120）548
工場：大阪技術センター、東京技術センター、関東工場

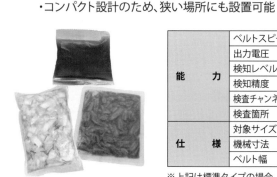

箱作りや多品種／小ロット用カートナーとして

# 製品の手投入方式 半自動カートナー

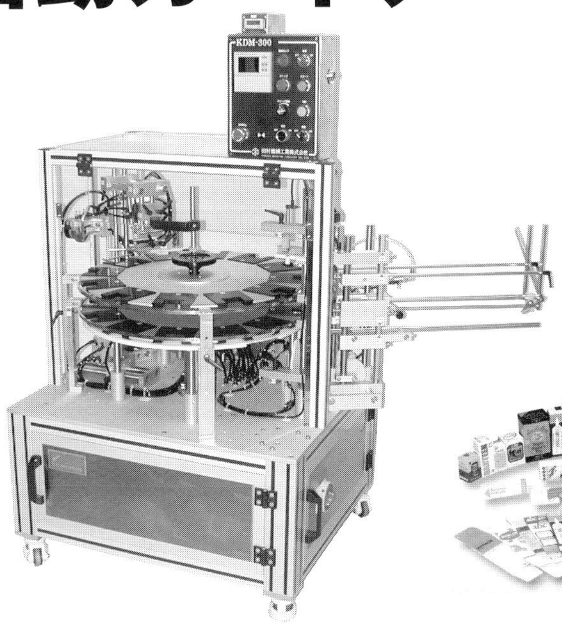


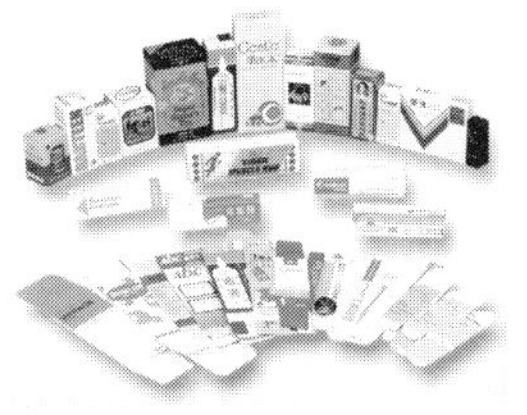

**小ロット生産という理由で多くの作業者が包装作業をされていませんか?**
**製品や説明書を投入するだけで、一人で出荷形態に完成させます。**

## ◆特徴

- ●一人の作業者で最高60個の製品作りが可能です。
- ●超小型でどこえでも移動させて作業することが可能です。
- ●サイズチェンジもいたって簡単、時間を取らせません。
- ●箱作り用機械としても利用できます。
- ●安全カバーやトルクリミッターが標準装備されています。
- ●製作速度も自由に変えることができます。
- ●真空ポンプを内蔵しているので、カートンの取出しが確実です。

## ◆使用例

医薬品、化粧品、食品、雑貨、電気部品、ワイン、その他

## ◆仕様概要

| | |
|---|---|
| 型式 | KDM-300<br>KDM-300C（クリア・カートン用）<br>KDM-300H（ホットメルト封緘） |
| 使用例 | 医薬品、化粧品、電気部品、食品、雑貨品、その他 |
| 製作能力 | 60箱／分　作業者能力による |
| カートン寸法 | A:10～120mm<br>B:10～120mm<br>H:60～200mm<br>その他サイズもご相談ください。 |

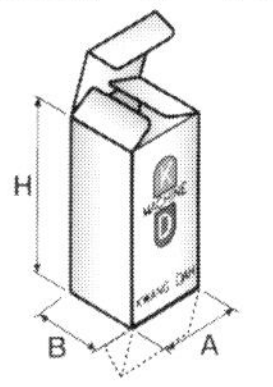


| | |
|---|---|
| カートンホッパー | 収納長さ　約500mm |
| カートン形式 | 3枚差込みフラップ方式 or<br>4枚フラップ方式 |
| フラップ形態 | 標準　リバース型<br>オプション　ストレート型 |
| ステーション数 | 12 |
| 投入領域 | 5ステーション域 |
| オプション品 | 捺印機能<br>自動供給装置<br>ホットメルト封緘 |
| 機械寸法 | 1430W×1250D×1190H |
| 重量 | 約250kg |
| ユーティリティー | 電源　AC200V 50/60hz 0.6KW<br>空気　5kg/㎠　5R/分 |

## ◆動作概要

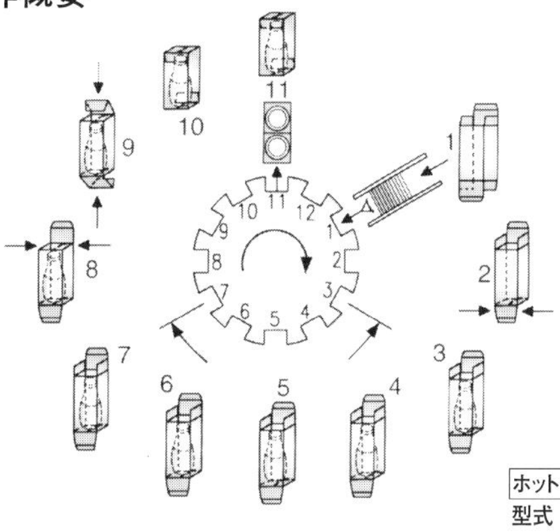


① 真空吸着パットでカートンホッパーからカートンを取り出し、カートンを起こす。
② カートン底面の2枚のフラップを内側に折り曲げる
③⑦ステーション3～7で作業者が製品を投入する。
⑧ カートン上面の2枚のフラップを内側に折り曲げる。
⑨ カートン上面及び底面の折込フラップを曲げる。
⑩ 上面、底面折込フラップを挿入し完成させる。
⑪ 製品を排出する。

ホットメルト封緘方式
型式　KDM-300H 外観

# 小型高性能ピロー包装機　FP-2500シリーズ

## Small-sized high-performance pillow type packaging machine

## FP-2500

### ■特　長

**●小型・高性能でサーボモータ搭載**

コンパクトなボディにサーボモーターを3台搭載。運転音も静かで、生産性、操作性に優れた省スペース設計です。

**●自己診断機能**

各種の異常が発生した場合、機械は自動的に停止し、異常内容をディスプレイに表示します。

**●読みやすいディスプレイ**

液晶バックライト表示で、明るく大きなディスプレイ。文字表示は読みやすさを考慮し、JIS第一水準を採用しています。

**●簡単操作のタッチパネル**

前面タッチパネルで品種呼び出しをするだけで、瞬時に自動設定されます。新しいデータの入力は対話方式により、簡単にセット、品種設定は最大96品目まで可能です。

### ■仕　様

| | |
|---|---|
| 能　力 | 20～120パック/分 |
| 総電源 | 200V3相　5.5KVA　18A |
| エア源 | 60Nℓ/min　0.5MPa |
| 据付寸法 | 長さ2,915×幅835×高さ1,900mm |
| 包装寸法 | 高さ10～60mm　幅20～160mm　長さ80～320mm |
| 包　材 | 熱溶着可能なフィルム（最大フィルム幅450mm） |
| 最大フィルム幅 | 最大フィルム幅≦（製品高さ+製品幅）×2+40mm |

※上記仕様は一例です。製品や使用条件によって変わる事があります。

## FP-2500LS

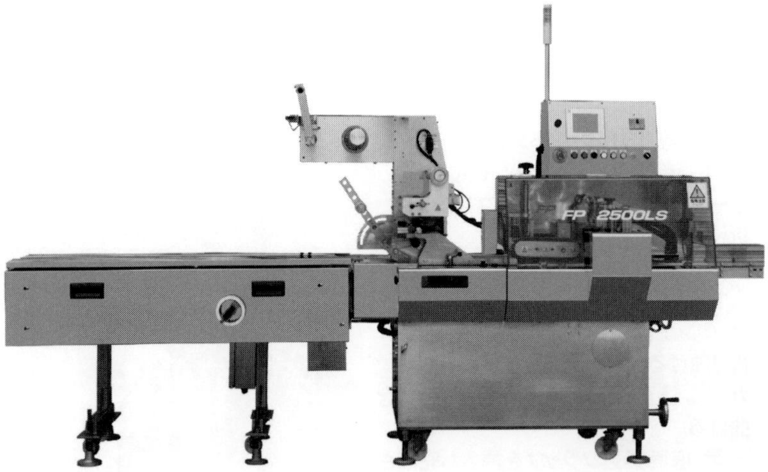


**●ロングシール（ボックスモーション方式）**
**[FP-2500LS]**

ボックスモーション式カットシールにより、密封包装やタイト包装ができ、ガス封入・脱酸素剤などの混入包装に最適です。

### ■仕　様

| | |
|---|---|
| 能　力 | 20～80パック/分 |
| 総電源 | 200V3相　5.5KVA　18A |
| エア源 | 100Nℓ/min　0.5MPa |
| 据付寸法 | 長さ2,915×幅835×高さ1,900mm |
| 包装寸法 | 高さ10～60mm　幅20～160mm　長さ80～320mm |
| 包　材 | 熱溶着可能なフィルム（最大フィルム幅450mm） |
| 最大フィルム幅 | 最大フィルム幅≦（製品高さ+製品幅）×2+40mm |

※上記仕様は一例です。製品や使用条件によって変わる事があります。

### ■オプション

- オートスプライサー
- オートイン装置
- ラベラー
- 日付装置
- ガゼット装置
- 各種自動供給装置


茨木精機株式会社

URL　http://ibarakiseiki.com/

| | | | | |
|---|---|---|---|---|
| 本　社 | 大阪府茨木市新中条町5番5号 | 〒567-0872 | ☎茨木072-623-2771㈹ | FAX.072-623-9861 |
| 東京営業所 | 埼玉県草加市稲荷4-21-12 | 〒340-0003 | ☎埼玉048-948-8166 | FAX.048-948-8824 |
| 広島営業所 | 広島県広島市南区段原3-3-36 コンフォートNビル3-102 | 〒732-0811 | ☎広島082-568-8531 | FAX.082-568-8532 |
| 四国営業所 | 香川県丸亀市土器町北2丁目101 | 〒763-0083 | FAX.0877-85-3433 | |
| 九州営業所 | 福岡県大野城市仲畑1-6-15 オフィスパレア仲畑ⅡA棟2号室 | 〒816-0921 | ☎九州092-588-1145 | FAX.092-588-1146 |

IBARAKI SEIKI CO.,LTD.
5-5 SHIN-CHUJO-CHO, IBARAKI, OSAKA 567-0872 JAPAN
PHONE:(072)623-2771　FAX:(072)623-9861
E-mail:sales@ibarakiseiki.com

# 横型ピロー包装機 FP-2800シリーズ

## Horizontal pillow type packaging machine

## 横型ピロー包装機
## FP-2800N-S

■特　長

●サーボモーター採用

ACサーボモーター3台搭載。運転音も静かで、生産性、操作性に優れています。

●自己診断機能

各種の異常が発生した場合、機械は自動的に停止し、異常内容をディスプレイに表示します。

●簡単操作のタッチパネル

前面タッチパネルで品種呼出をするだけで、瞬時に自動設定されます。新しいデータの入力は対話方式により、簡単にセットできます。品種設定は最大96品目まで可能です。

●オープンフレーム構造

オープンフレーム構造の為、掃除・調整を容易に行えます。

■仕　様

| | |
|---|---|
| 能　力 | 30～120パック/分 |
| 総電源 | 三相AC200V　7.3KVA　25A |
| エア源 | 500KPA　100Nℓ/min |
| 据付寸法 | 長さ:5,110㎜　幅:1,893㎜　高さ:1,150㎜ |
| 包装寸法 | 長さ80～300㎜　幅10～180㎜　高さ15～60㎜ |
| 包　材 | 熱溶着可能なフィルム（最大幅450mm） |
| 最大フィルム幅 | 450㎜≦（製品高さ+製品幅）×2+40mm |

※上記仕様は一例です。製品や使用条件によって変わる事があります。

## 密封横型ピロー包装機
## FP-2800NLS

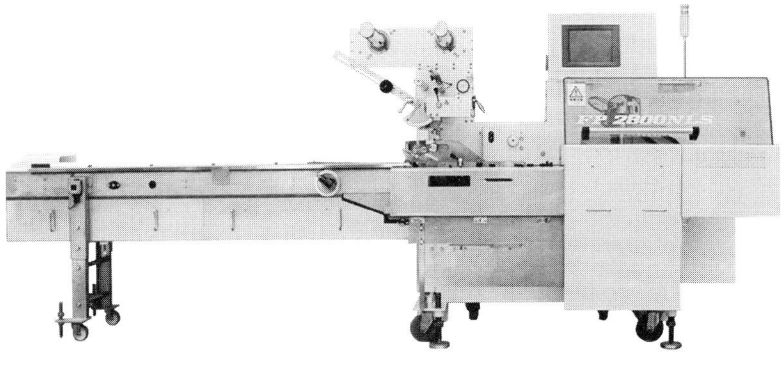


●ロングシール（ボックスモーション方式）
[FP-2800NLS]

ボックスモーション式カットシールにより、密封包装やタイト包装ができ、ガス封入・脱酸素剤などの混入包装に最適です。

■仕　様

| | |
|---|---|
| 能　力 | 10～80パック/分 |
| 総電源 | 三相　AC200V　7.3KVA　25A |
| エア源 | 500KPA　100Nℓ/min |
| 据付寸法 | 長さ:3,825㎜　幅:1,225㎜　高さ:1,700㎜ |
| 包装寸法 | 長さ80～300㎜　幅10～180㎜　高さ15～60㎜ |
| 包　材 | 熱溶着可能なフィルム（最大幅450mm） |
| 最大フィルム幅 | 450㎜≦（製品高さ+製品幅）×2+40mm |

※上記仕様は一例です。製品や使用条件によって変わる事があります。

■オプション

- オートスプライサー
- 日付装置
- 各種自動供給装置
- オートイン仕様
- ガゼット装置
- 各種除去装置

# 横型逆ピロー包装機　FP-3200シリーズ

## FP-3200

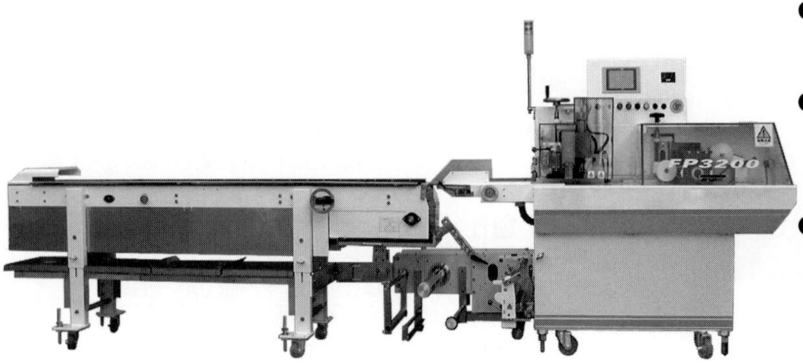


### ■特　長

**●小型高性能サーボモーター搭載**
コンパクトなボディにサーボモーター3台搭載。運転音も静かで、生産性、操作性に優れた省スペース設計です。

**●自己診断機能**
各種の異常が発生した場合、機械は自動的に停止し、異常内容をディスプレイに表示します。

**●簡単操作のタッチパネル**
前面タッチパネルで品種呼出をするだけで、瞬時に自動設定されます。新しいデータの入力は対話方式により、簡単にセットできます。品種設定は最大96品目まで可能です。

**●読みやすいディスプレイ**
液晶バックライト表示で、明るく大きいディスプレイ文字表示は読みやすさを考慮し、JIS第一水準を採用しています。

### ■仕　様

| | |
|---|---|
| 能　　力 | 20～120パック/分 |
| 総 電 源 | 三相AC200V　7.5KVA　22A |
| エ ア 源 | 500KPA　100Nℓ/min |
| 据付寸法 | 長さ:4,055㎜　幅:870㎜　高さ:1.650㎜ |
| 包装寸法 | 長さ80～320㎜　幅30～150㎜　高さ5～55㎜ |
| 包　　材 | 熱溶着可能なフィルム（最大幅450mm） |
| 最大フィルム幅 | 450㎜≧（製品高さ+製品幅）×2+40mm |

※上記仕様は一例です。製品や使用条件によって変わる事があります。

## FP-3200LS

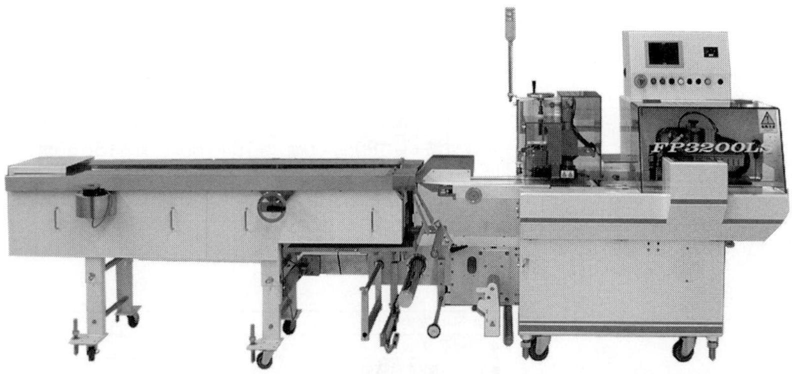


**●ロングシール（ボックスモーション方式）**
[FP-3200LS]

ボックスモーション式カットシールにより、密封包装やタイト包装ができ、ガス封入･脱酸素剤などの混入包装に最適です。

### ■仕　様

| | |
|---|---|
| 能　　力 | 20～80パック/分 |
| 総 電 源 | 三相AC200V　5.3KVA　18A |
| エ ア 源 | 500KPA　100Nℓ/min |
| 据付寸法 | 長さ:3,815㎜　幅:965㎜　高さ:1.650㎜ |
| 包装寸法 | 長さ80～400㎜　幅30～150㎜　高さ5～60㎜ |
| 包　　材 | 熱溶着可能なフィルム（最大幅450mm） |
| 最大フィルム幅 | 450㎜≧（製品高さ+製品幅）×2+40mm |

※上記仕様は一例です。製品や使用条件によって変わる事があります。

### ■オプション

- オートスプライサー
- 日付装置／ラベラー
- 各種自動供給装置
- オートイン仕様
- ガゼット装置


茨木精機株式会社

URL　http://ibarakiseiki.com/

| | | | | |
|---|---|---|---|---|
| 本　　社 | 大阪府茨木市新中条町5番5号 | 〒567-0872 | ☎茨木072-623-2771㈹ | FAX.072-623-9861 |
| 東京営業所 | 埼玉県草加市稲荷4-21-12 | 〒340-0003 | ☎埼玉048-948-8166 | FAX.048-948-8824 |
| 広島営業所 | 広島県広島市南区段原3-3-36 コンフォートNビル3-102 | 〒732-0811 | ☎広島082-568-8531 | FAX.082-568-8532 |
| 四国営業所 | 香川県丸亀市土器町北2丁目101 | 〒763-0083 | FAX.0877-85-3433 | |
| 九州営業所 | 福岡県大野城市仲畑1-6-15 オフィスパレア仲畑ⅡA棟2号室 | 〒816-0921 | ☎九州092-588-1145 | FAX.092-588-1146 |

JQA QUALITY SYSTEM　JAB QS Accreditation R009　IQNet

IBARAKI SEIKI CO.,LTD.
5-5 SHIN-CHUJO-CHO, IBARAKI, OSAKA 567-0872 JAPAN
PHONE:(072)623-2771　FAX:(072)623-9861
E-mail:sales@ibarakiseiki.com

# SP-3000シリーズ

## ストレッチ包装機
## SP-3000N-AI

■特　長

●サーボモーター採用
ACサーボモーター3台搭載。運転音も静かで、生産性、操作性に優れています。

●自己診断機能
各種の異常が発生した場合、機械は自動的に停止し、異常内容をディスプレイに表示します。

●簡単操作のタッチパネル
前面タッチパネルで品種呼出をするだけで、瞬時に自動設定されます。新しいデータの入力は対話方式により、簡単にセットできます。品種設定は最大96品目まで可能です。

●オープンフレーム構造
オープンフレーム構造の為、掃除・調整を容易に行えます。

●自動供給装置標準装備
盛り付けコンベヤーと接続するだけで自動的にタイミングを合わせ包装することができます。

■仕　様

| | |
|---|---|
| 能　　力 | 10～60パック/分 |
| 電　　源 | 三相　AC200V　7.0KVA　21A |
| 据付寸法 | 長さ:3,420㎜　幅:1,090㎜　高さ:1,700㎜ |
| 包装寸法 | 長さ100～350㎜　幅80～230㎜　高さ5～60㎜ |
| 包　　材 | ストレッチフィルム(最大幅500mm) |
| 最大フィルム幅 | 500㎜≧(製品高さ+製品幅)×2+50mm |

※上記仕様は一例です。製品や使用条件によって変わる事があります。

## オーバーラップシュリンク包装機
## SP-3001N-AI

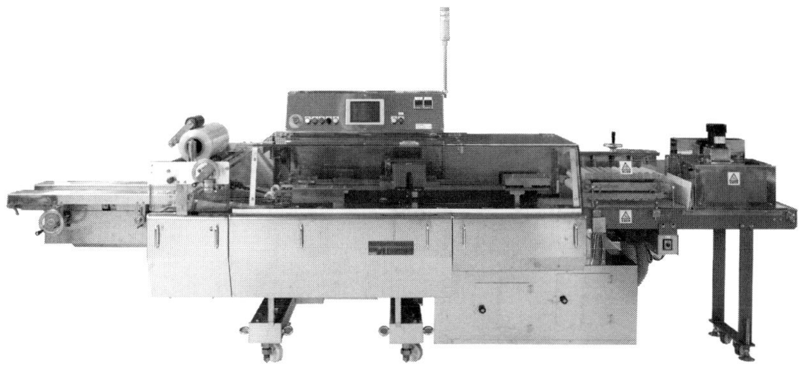

■仕　様

| | |
|---|---|
| 能　　力 | 10～60パック/分 |
| 電　　源 | 三相　AC200V　13.5KVA　40A |
| 据付寸法 | 長さ:3,850㎜　幅:1,090㎜　高さ:1,700㎜ |
| 包装寸法 | 長さ100～350㎜　幅80～230㎜　高さ5～60㎜ |
| 包　　材 | ポリエチレンシュリンクフィルム(最大幅500mm) |
| 最大フィルム幅 | 500㎜≧(製品幅+製品高さ)×2+50mm |

※上記仕様は一例です。製品や使用条件によって変わる事があります。

■オプション
- 各種自動ラベラー
- 日付印字装置

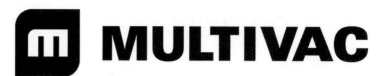

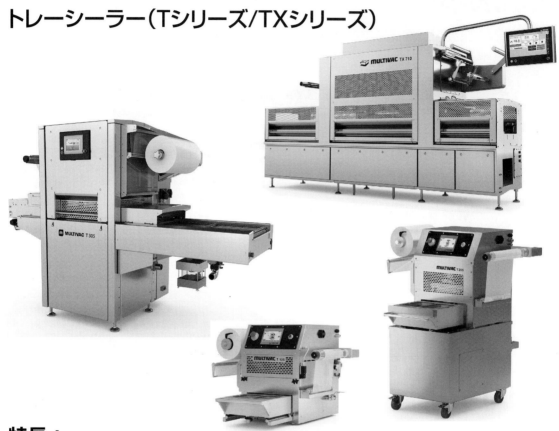

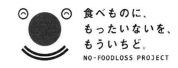

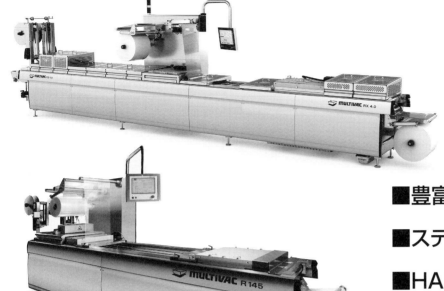

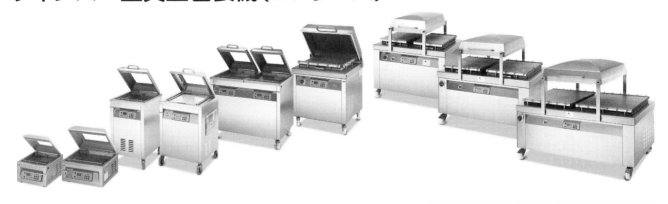

## 手動式エアー洗瓶機　WS-2SF-T

高い洗浄能力で長時間作業でも疲れ知らずの手動式エアー洗ビン機

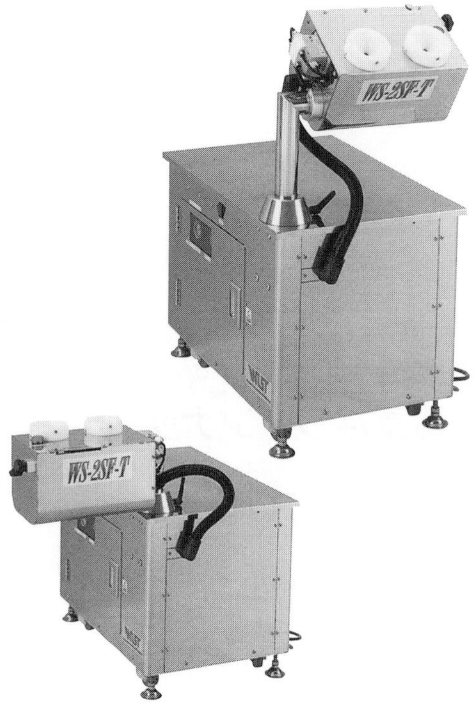


- ●Wブローノズルは化粧品ボトルに多い肩の張ったデザインのボトルに対し、肩コーナー部をピンポイントで捉え肩部、胴部と交互に高効率でクリーニングします。
- ●座り作業時はヘッドをスイングさせる事によりヘッド下に足が入りますので、極めて自然な姿勢で作業できます。
- ●チューブ等の柔らかい容器でも洗浄時に押し付けて変形しないように、スタートは光学式センサで行っています。
- ●本体に折りタタミテーブルがつきましたので容器コンテナやケースを置くことができ、さらにスペースを有効に利用できます。

| | |
|---|---|
| WS-2SF-T | 手動式反転エアー洗ビン機　スイングヘッド仕様 |
| 洗浄方式 | 反転ボトル・チューブ内へのノズル挿入によるクリーンエアーパージ&ブロアー回収方式 |
| 静電除去装置 | 標準装備 |
| 洗浄口数 | 2口 |
| 洗浄時間 | 1.0～12.0秒タイマー設定 |
| 洗浄姿勢の調整 | 洗浄ヘッド振り角度:0～90度(水平姿勢～垂直姿勢) |
| エアーパージフィルタ | エアーマイクロミストフィルタ(0.01μmエレメント) |
| ブロアー回収フィルタ | 乾式フィルタ |
| オプション | エアーパージ用高性能フィルタ(ポールorミリポワ社)<br>排気用HEPAフィルタ |
| ユーティリティ | AC100V 15A、　エアー　0.5Mpa以上　300NL／分以上 |

# GSシリーズ

必要機能を絞り込んだ低コストマシン、グローバル仕様に伴う海外展開にも品質確保と高い費用対効果を実現します。

## WS-2GS

- ●反転姿勢で洗ビンしながら、自動的にボトルの中にノズルを差し込んでエアーを吹き込み、吸引しますので、肩の張ったデザインのボトルにも高い洗浄効果を発揮します。
- ●洗浄時間はタイマーで設定でき、洗浄完了を表示ランプで知らせます。
- ●コンパクトなボディに洗浄エアー用フィルタ、吸引ブロアー、排気用フィルタ、静電除去装置が内蔵されています。
- ●配線、配管を全て内部に収納する事により、スッキリした外観とともに、洗浄作業が重要なクリーン環境を実現致しました。
- ●移動キャスターで必要な場所に簡単に移動できます。

| | |
|---|---|
| WS-2GS | 手動式反転エアー洗ビン機 |
| 洗浄方式 | 反転ボトル・チューブ内へのノズル挿入によるクリーンエアーパージ&ブロアー回収方式 |
| 静電除去装置 | 標準装備 |
| 洗浄口数 | 2口 |
| 洗浄時間 | 1.0～12.0秒タイマー設定 |
| エアーパージフィルタ | エアーマイクロミストフィルタ(0.01μmエレメント) |
| ブロアー回収フィルタ | 乾式フィルタ |
| ユーティリティ | AC100V 15A、エアー0.5Mpa以上　300NL/分以上 |

Factory Automation & Robotics
株式会社 ウイスト

〒619-0237　京都府相楽郡精華町光台3丁目2番26号
TEL(0774)98-6767(代)　FAX(0774)98-6768
ホームページ　http://www.wist.co.jp

## 高精度サーボ充填機　CPS,LPS,CPRシリーズ

水～クリーム状の液体、粘体を１台で定量充填できしかも瞬時に品種切り替えが可能!!

液体充填時

粘体充填時

サーボノズル上下装置付

### 特　徴

**■広範囲な粘度対応**
１台で水～クリーム、あん、味噌状の粘体迄充填できますので中間粘度のペースト状の液体も確実に充填できます。

**■床置きタンクからの直引き充填が可能**
トリートメント、リンス、カレー、ミートソース程度の粘体も高い自吸力により直引き充填できますので上ホッパーへの供給作業や補給ポンプを使用せずに簡単に充填作業が行えます。

**■具材混入充填が可能**
スクラブクリーム、カレー、ミートソース、ビーフストロガノフ等具材をつぶさずに充填ができます。

**■分解洗浄が可能**
接液部が本体より完全に分離でき、しかもサニタリー構造なので工具なしで簡単に分解洗浄、滅菌が行えます。

**■瞬時に品種切り替え可能**
一度充填したものは、充填量・速度等、99品種記憶しますので品種替え時の煩わしい調整作業が無くなります。

**■なめらかな吐出、サックバック機能付き**
液の吐出時、飛び散り・泡立ちを防ぐなめらかな吐出機能と、液だれ・糸引きを防止するサックバック機能が標準装備されています。

**■移動、高さ調整が簡単**
上下リフター式ワゴンの組み合わせで作業場所に簡単に移動でき、作業高さの調整が行えます。

**■豊富なノズル**
充填シーン、充填物に合ったノズルを豊富に準備しております。

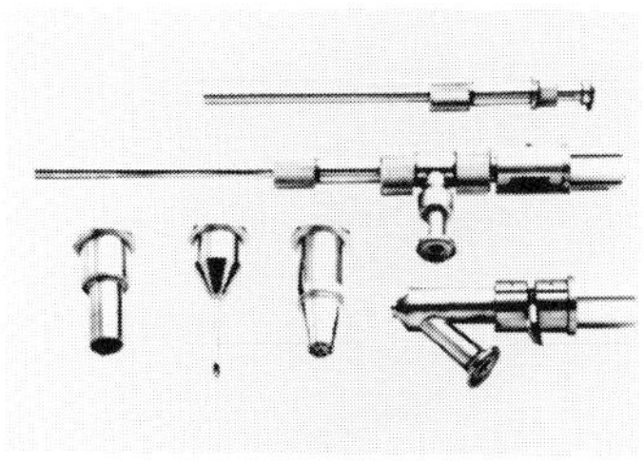

豊富なオプションノズル

パウチ充填例

| 機種名 | ヘッド数 | 充填量 | サーボ駆動 | 品種記憶 | ホッパー直乗 | リフターワゴン | 左右個別量調整 | 備考 |
|---|---|---|---|---|---|---|---|---|
| LPA-2001 | 1 | 20～220cc | | | | | | 1シリンダー/1エアー駆動 |
| LPS-101 | 1 | 1～10cc | ● | ● | | | | 1シリンダー/1サーボ駆動 |
| LPS-301 | 1 | 3～30cc | ● | ● | | | | |
| LPS-801 | 1 | 8～80cc | ● | ● | | | | |
| LPS-2001 | 1 | 20～220cc | ● | ● | | ● | | |
| CPS-300S | 1 | 5～300cc | ● | ● | ● | ● | | |
| CPS-300W | 2 | 5～300cc | ● | ● | ● | ● | | 2シリンダー/1サーボ駆動 |
| CPS-500S | 1 | 10～500cc | ● | ● | ● | ● | | 1シリンダー/1サーボ駆動 |
| CPS-500W | 2 | 10～500cc | ● | ● | ● | ● | | 2シリンダー/1サーボ駆動 |
| CPS-1000S | 1 | 10～1000cc | ● | ● | ● | ● | | 1シリンダー/1サーボ駆動 |
| CPS-1000W | 2 | 10～1000cc | ● | ● | ● | ● | | 2シリンダー/1サーボ駆動 |
| CPR-300W | 2 | 5～2000cc | ● | ● | ● | ● | ● | 2シリンダー/2サーボ駆動 |
| CPR-500W | 2 | 10～3000cc | ● | ● | ● | ● | ● | |
| CPR-1000W | 2 | 10～6000cc | ● | ● | ● | ● | ● | |

WIST
Factory Automation & Robotics
株式会社 ウイスト
〒619-0237　京都府相楽郡精華町光台3丁目2番26号
TEL（0774）98-6767㈹　FAX（0774）98-6768
ホームページ　http://www.wist.co.jp

## WR-300S充填機

クリーム、軟膏の回転充填と液体充填の複合機

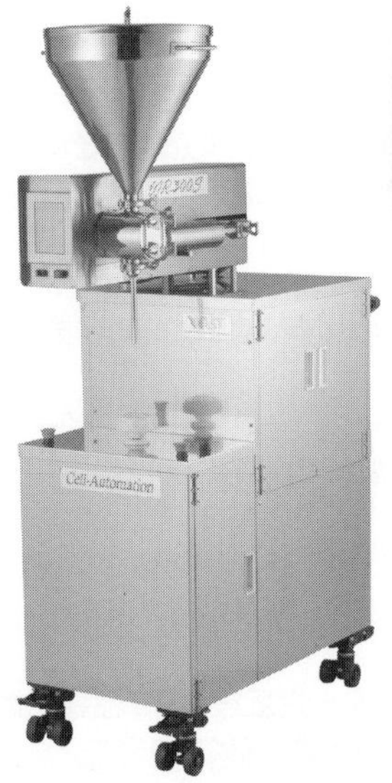

回転充填サンプル

### 特徴

■肩の張ったデザインや、高粘度なクリームの充填もボトルを高速回転させ、簡単に充填できます。
■１回の充填で、胴部と口部は個別に回転速度を設定できるので、口元まできれいに充填できます。
■全動作をACサーボモータで制御しているので、カム等の交換部品が無く99品種まで製品を記憶し、材料の粘度変化に対する修正も簡単に行えます。
■１台で粘度物は回転充填、液物はタンクからの直吸い手充填と複合して使用できます。

| | |
|---|---|
| WS-300S | 10.0～330.0cc　デジタル可変 |
| WR-500S | 10.0～550.0cc　デジタル可変 |
| WR-1000S | 30.0～1100.0cc　デジタル可変 |
| 充填方式 | ACサーボ駆動によるピストン式容積充填 |
| ボトル回転/昇降部 | 回転:MAX1500rpm2段変速　サーボ駆動　/　昇降:MAX120mmST　サーボ駆動 |
| 品種記憶数 | 99品種:充填量・速度・なめらかさ・サックバック・昇降位置・回転速度 |
| 接液材質 | SUS316、バイトン、樹脂 |
| 充填能力 | クリーム充填時15～30ヶ/分、液体充填時10～25本/分（液質にて変動） |
| 安全装置 | ホルダー回転時真空吸着にて固定、非常停止スイッチ、両手押しボタン |
| ユーティリティ | AC100V 15A（1000ccは200V）、エアー　0.5Mpa以上 |

## 高精度ストレートチューブサーボ充填機

機動力、洗浄性にすぐれた

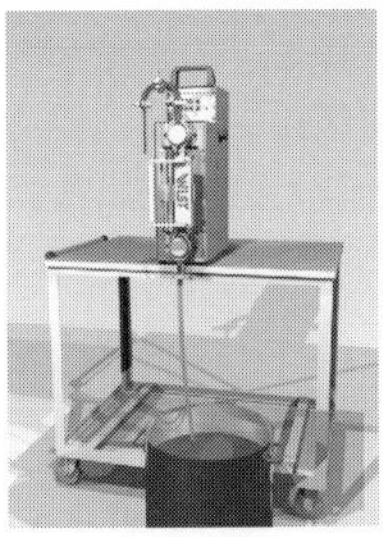

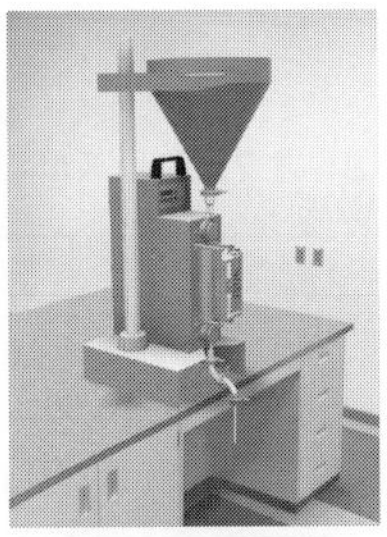

## TPS-301/TPS-201/TPS-101

### 用　途

「低粘度製品の充填においての洗浄作業の合理化」
「小規模充填の低コストな入門機として」
「研磨剤の充填や色移り、におい移りの激しい製品の充填に」
「分解洗浄のバリデーションレス化」

### 特　徴

・チューブ充填機のメリットはそのままにチューブを加圧してしごくのでは無く、ソフトに加圧して液送を行うのでチューブのよれやたくれが無いので生産中での充填量変化がなく高精度。
・しごかないためチューブが長寿命
・コントローラー一体型でも前面巾寸法は173mmときわめてコンパクト
・自由度の高いノズルホルダーやフットスイッチが本体に標準付属しているので移動が簡単。
・WIST充填機の豊富なアクセサリーが使用できるので比較的粘度のある製品や糸引きの製品にも対応可能
　（大径吸引ホース、上ホッパー、シャットノズル等）
・フルデジタルサーボ制御なので　液面追従ノズル昇降と同期充填も可能
・オプションにて液面規制充填、重量充填可能
・AC100Vのみで充填作業が可能

| 機　種 | TPS-301 | TPS-201 | TPS-101 |
|---|---|---|---|
| 充填量(ml) | 5.0～2000.0 | 2.0～100.0 | 0.2～10.0 |
| 品種記憶 | 99品種（品種：0は液送ポンプとして使用可能） | | |

WIST
Factory Automation & Robotics

**株式会社 ウイスト**

〒619-0237　京都府相楽郡精華町光台3丁目2番26号
TEL（0774）98-6767㈹　FAX（0774）98-6768
ホームページ　http://www.wist.co.jp

# 直線型回転脱泡式クリーム充填機

WR-300BF/BFT
WR-500BF/BFT
WR-6002BFT

高粘度製品に対してホルダーレスで高能力な回転脱泡充填!
洗浄も簡単で2液充填にも対応した食品対応仕様!

### 特徴

- ウイスト独自の直線型高速ボトルチェンジャはスクリュー、スターホイル等の交換部品を必要とせず、様々なボトルに対して装置が自動でセンタリングする機能によりオペレーターのスキルに頼る事なく簡単かつ高度な新製品対応力と品種切替性を実現しました。
- 肩の張ったデザインや、高粘度なクリーム製品に対してもボトルをホルダーレスにて高速回転させ、簡単かつ処理能力の高い充填が可能です。
- 1回の充填中に、胴部や口元付近など個別に充填追従高さ、吐出、回転速度を多段階に設定できるので、口元まできれいに充填できます。
- 全動作をACサーボモータで制御しているので、カム等の交換部品が無く120品種まで製品を記憶し、材料の粘度変化に対する補正も簡単に行えます。
- 今回新たに2連式のBF誕生により品種対応力はそのままに最大60本/分の高能力対応も可能になりました。

写真はWR-6002BFTです

〈仕様〉

| | WR-300BF/BFT | WR-500BF/BFT | WR-6002BFT |
|---|---|---|---|
| 充填量 ※1 | 10~330cc | 10~550cc | 10~660cc |
| 充填ヘッド | 1 | 1 | 2 |
| ボトル逆さ検知 | オプション | オプション | ○ |
| 機械能力 ※2 | 30~40ヶ/分 | 30~40ヶ/分 | 50~60ヶ/分 |
| 充填方式 | ACサーボ駆動によるピストン式容積充填 | | |
| ボトル回転/昇降部 | 回転:MAX1500rpm 多段階変速 サーボ駆動<br>昇降:ストロークサーボ駆動 | | |
| 品種記憶数 | 120品種 | | |
| 接液部材質 | SUS316 バイトン 樹脂 | | |
| 安全装置 | ホルダー回転時求心チャックにて固定、非常停止スイッチ | | |
| ボトルチェンジャ | サーボ駆動式サイドベルト方式 | | |
| 対象ボトル | φ28~φ100mm H:15~200mm | | |
| ユーティリティ | 電気:AC200V 3相 30A エアー:0.5Mpa以上 | | |
| オプション | 洗瓶機能、クリーム用強制シャットノズル、接液部:SUS316L仕様<br>特殊サイズボトル対応、1000cc充填仕様 | | |

※1 デジタル可変 ※2 液質にて変動

WIST
Factory Automation & Robotics
株式会社 ウイスト
〒619-0237 京都府相楽郡精華町光台3丁目2番26号
TEL(0774)98-6767(代) FAX(0774)98-6768
ホームページ http://www.wist.co.jp

# WIST サーボキャッパー SC-3 シリーズ

**抜群の新製品対応力を誇るコンパクトなインラインキャッパー 生産シーンに合わせ4機種をラインナップ!**

SC-3TR
SCR-3
SC-3
SC-3GS

## SC-3

ウイストサーボキャッパーは多品種な生産はもちろんの事、新製品にも柔軟に対応し、高品質なキャップの締め付けと省力化効果を実現します。

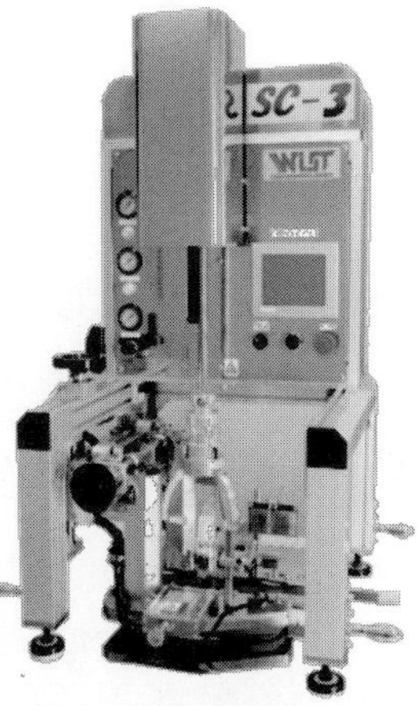


| | |
|---|---|
| トルク調整範囲 | 0.8～4.0　デジタル設定 |
| トルク制御方式 | サーボコントロール |
| 品種記憶数 | 120品種 |
| ボトル位置決め方式 | ピッチメーカー® |
| 対応ボトル径 | φ30～φ110㎜ |
| 対応ボトル肩高さ | 肩高さ　S:30～80㎜　M:60～180㎜ |
| | 全高240㎜　(特殊対応可) |
| 能　　力 | フィンガーチャック時　MAX　40本/分 |
| | ローラー時:MAX　50本/分 |
| ユーティリティ | AC100V　15A　エアー　0.5MPa以上 |
| 装置寸法 | L=712　W=676　H=992 |

## SCR-3

ボトルマーク合わせ機能や仮締本締等の合理化機能を備えたインテリジェンスサーボキャッパー

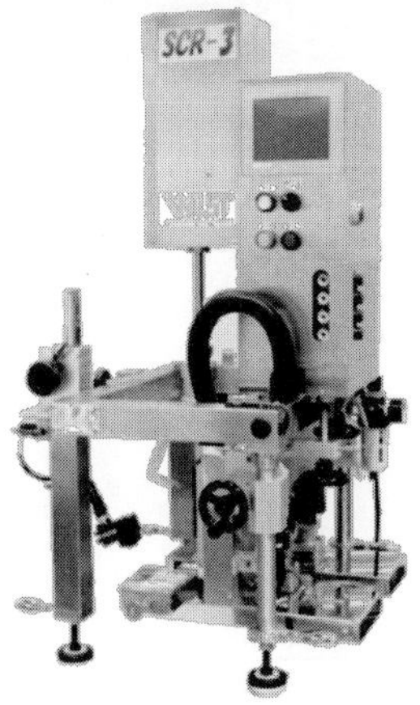


| | |
|---|---|
| トルク調整範囲 | 0.8～4.0　デジタル設定 |
| トルク制御方式 | サーボコントロール |
| 品種記憶数 | 120品種 |
| ボトル位置決め方式 | ピッチメーカー® |
| 対応ボトル径 | φ30～φ110㎜ |
| 対応ボトル肩高さ | 肩高さ　S:30～80㎜　M:60～180㎜ |
| | 全高240㎜　(特殊対応可) |
| 能　　力 | フィンガーチャック時　MAX　40本/分 |
| | ローラー時:MAX　50本/分 |
| | 仮締/本締　MAX　30本/分 |
| ユーティリティ | AC100V　15A　エアー　0.5MPa以上 |
| 装置寸法 | L=560　W=560　H=1116.5 |

## SC-3TR

お客様のコンベアと瞬時に同期し、ボトル追従式キャッピングが行えます。
これによりボトルを停止させる事無くキャッピングが行えるので転倒しやすいボトルやジャーサンプル品のように極端に背の低い製品のキャッピングも可能です。

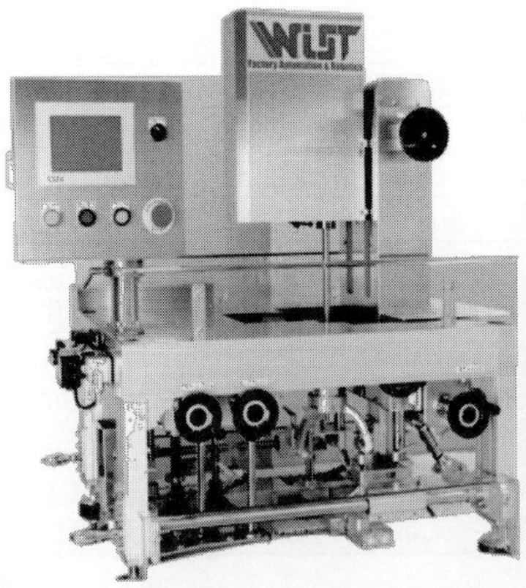


| | |
|---|---|
| トルク調整範囲 | 0.8～4.0　デジタル可変 |
| トルク制御方式 | サーボコントロール |
| 品種記憶数 | 120品種 |
| ボトル位置決め方式 | ピッチメーカー® |
| 対応ボトル径 | φ20㎜～φ110㎜ |
| 対応ボトル肩高さ | 4㎜～160㎜　　全高:200㎜ |
| 対応キャップ | 丸:φ16㎜～50㎜　楕円、角は2指チャックにて対応可能 |
| 能　　力 | フィンガーチャック時:MAX　45本/分 |
| | ローラーチャック時:MAX　55本/分 |
| ユーティリティ | AC200V　20A、エアー0.5MPa以上 |
| 装置寸法 | L=740　W=600　H=869 |

WIST Factory Automation & Robotics
株式会社 ウイスト
〒619-0237　京都府相楽郡精華町光台3丁目2番26号
TEL (0774) 98-6767㈹　FAX (0774) 98-6768
ホームページ　http://www.wist.co.jp

## リニアシャトル搬送式パウチ／スパウトパウチ／ボトル兼用充填装置　WPSB-2LS

最新技術のリニアモーター駆動シャトルと
WIST作業ユニットのコラボレーション

### 特徴

- ●パウチ充填シーラーとスパウトパウチ、ボトル充填キャッパー兼用機
- ●ボトル搬送も2つのシャトルで直径に合わせて搬送しますのでボトルの対応巾が拡張
- ●サークルベースマシンに作業時間とステーション数を任意に設定できますのでコンパクト
- ●シャトルのペア運用でチャックアーム製品巾、開口ストロークはデジタル設定で記憶
- ●完璧な液面追従充填により高速充填で高能力
- ●パウチ搬送時制振制御により高速搬送でもパウチが振られず、液面の波立ちを抑制
- ●パウチシールは噛み込み強度、シール外観、簡単なシール条件設定、そしてサステナブル社会に向けて現在注目されているモノマテリアルに対応可能な超音波シール方式とベルト式シーラーから選択可能

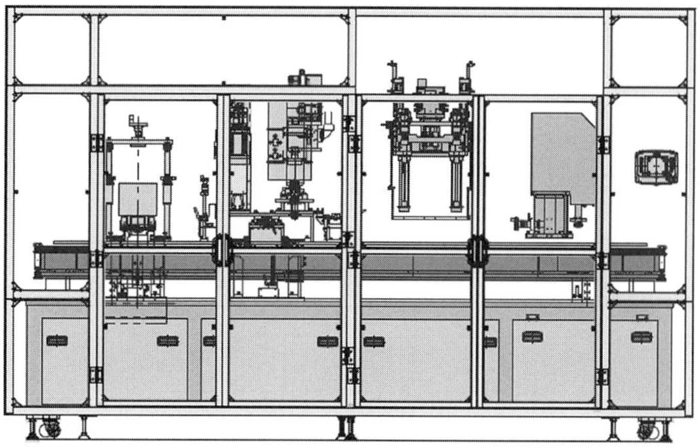

〈仕様〉

| | |
|---|---|
| 生産能力 | 20袋／分　ボトル: 20本／分 |
| 充填方法 | 液面追従充填 |
| 充填ヘッド | 2 |
| 充填量 | 30〜1100cc |
| キャッピング | サーボキャッパー |
| 自動排出 | 有 |
| ベースマシン | リニアシャトル搬送式(B&R社) |
| シート方式 | 超音波式シール |
| スパウトパウチ寸法 | 巾:60〜160mm　全高:140〜300mm |
| パウチ寸法 | 巾:100〜170mm　全高:140〜300mm |

| | |
|---|---|
| ボトル寸法 | ボトル径:φ30〜φ70mm<br>肩高さ:60〜220mm　全高:80〜250㎜ |
| キャップ寸法 | φ14〜φ40mm |
| 接液部材質 | SUS316　バイトン　PEEK、ニューライト |
| ユーティリティー | 電源:3相 AC200V 100A<br>エアー:0.5MPa以上 900L/min |
| 対象商品 | パウチ／スパウトパウチ／ボトル |
| オプション | ボトル反転エアー洗瓶、中栓、キャップ自動供給 |

## 充填オートティーチング

機械調整技術者不足の現場でも高速液面追従充填の条件出しが一発解決!
WIST定番『液体自動充填装置』に搭載可能!!
いびつなデザインのボトルも最適な液面追従のティーチングがフルオートで行えます。

### 特徴

- ●工場拡張に伴う機械調整技術者の分散、不足により予定生産の抹消化が大きな課題となっていますが、『充填オートティーチング機能』により現場の作業者で即、高速液面追従充填を実現します。
- ●新製品のボトルをセット、充填量を入力、ボタンを押せばノズル昇降／充填を自動で行います。同時に最適なティーチングを機械が自動で行います。
- ●さらにボトルの高さ等も自動でセンシングし、待機位置、瓶口位置等も自動でティーチングしますので、新しいボトルを置いて、ボタンを押せば、約30秒でティーチングが完了します。
- ●ボトルの中が見えない着色ボトルも一発でティーチング可能です。
- ●定番のピストン方式の充填機や質量流量方式の充填機にも搭載可能です。

### 充填オートティーチングオプション付属機器

| | |
|---|---|
| オートティーチング用センシングノズル&コントローラ | 1セット |
| オートティーチング用ソフトウエア | 1セット |

Factory Automation & Robotics
株式会社 ウイスト
〒619-0237　京都府相楽郡精華町光台3丁目2番26号
TEL（0774）98-6767㈹　FAX（0774）98-6768
ホームページ　http://www.wist.co.jp

## ボトル自動反転エアー洗浄&充填装置　WBSRシリーズ

新製品対応力を極限まで追求したボトル自動反転エアー洗浄&充填装置

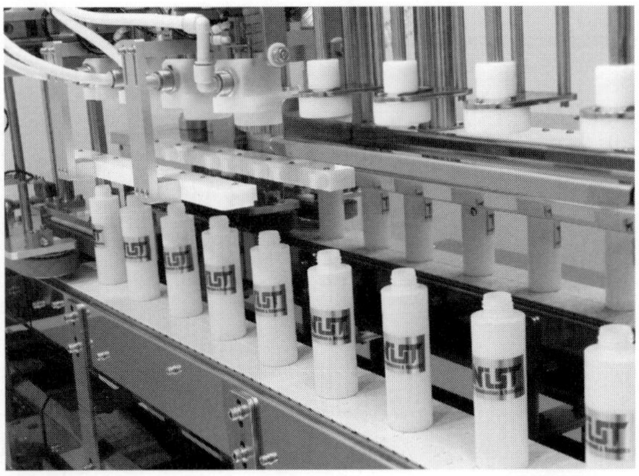

### 特徴

■新製品対応力、品種対応力を極限まで追求した、コンパクトな直線型ボトル追従式自動反転エアー洗浄&充填装置です。
■新開発ピッチメーカー®により、スクリュー、スターホイル、ホルダーを使用せずにどんな形状のボトルも定ピッチに切出し、安定した搬送を行います。
■交換部品が必要無いので、新製品に即対応でき、交換部品の費用がかかりません。
■一度生産した製品は、洗浄条件、充填量、速度、ノズル追従条件等を、120品種まで記憶します。
■粘度対応巾の大きなサーボ充填機を搭載していますので、液物から粘体まで巾広い製品に対応します。又各シリンダー別にサーボを搭載していますので運転中でも簡単に量の補正が行えます。
■エアー洗浄は新開発の正逆噴射ノズルを指定位置まで挿入し反転動作を行いながらエアー洗浄するので肩の張ったデザインのボトルであっても肩部も確実に洗浄します。

※「ピッチメーカー®」はウイストの登録商標です

〈仕様〉

| | |
|---|---|
| 充填量 | 10～500cc、20～1000ccを選択 |
| 洗浄方式 | 反転姿勢状態でのクリーンエアーパージ&ブロアバキューム |
| 充填方式 | 強制切替バルブ式ピストン充填方式 |
| 能力 | WBSR-2　20～30本／分　WBSR-3　30～40本／分<br>WBSR-4　40～50本／分　WBSR-6　60～70本／分<br>WBSR-8　80～90本／分 |
| 品種記憶数 | 120品種 |
| 対応ボトル形状 | 丸、角、楕円、その他自立するほとんどのボトル |
| 対応ボトル径 | φ20mm～φ110mm |
| 対応ボトル高さ | H=60mm～220mm　※特殊製作可 |
| 検知機能 | ノーボトルノーフィル　ノズル衝突検知 |
| オプション | 洗瓶部:左流れ／右流れ、<br>エアーパージフィルタ:ポール社カートリッジフィルタ<br>排気フィルタ:準HEPAフィルタ、充填機:チェック弁式ガラスシリンダ仕様 |
| ユーティリティ | AC200V　3相　エアー0.5MPa以上 |
| エアー洗浄フィルタ | エアーパージ:コガネイMMFフィルタ(0.1μm)排気フィルタ:乾式中性能フィルタ |

Factory Automation & Robotics
株式会社 ウイスト
〒619-0237　京都府相楽郡精華町光台3丁目2番26号
TEL (0774) 98-6767(代)　FAX (0774) 98-6768
ホームページ　http://www.wist.co.jp

## スパウトパウチ充填キャッピング装置　　WP-4FC

様々な製品への対応力を持ち、高生産性ながら省人化を実現したスパウトパウチ充填キャッパー

### 特徴

- 充填、キャッピングベースマシン共にWISTのサーボ技術で、抜群の新製品対応力、品種切替性を発揮し、専門知識やスキルのないパートさんでも容易に扱う事が出来、高い生産性を実現します。
- 手作業で取り扱いづらいスパウトパウチの充填、キャッピング作業をコンパクトなラウンド型ベースマシンで高能力化と省人化を実現しました。
- 1人のオペレータで、スパウトパウチ供給、エアーブロー、充填、キャップ供給、キャッピング、製品排出までの作業を行う事ができ、能力約30袋/分まで対応する事が可能です。(異品種検査などのオプションも追加可能)
- スパウトパウチの搬送を連続モーションにした泡立ちやすいバルクに対応する高生産性オプションや、キャップ供給を無人化した作業補助オプションなどもありますので、様々なご希望の運用にお応えいたします。

〈仕様〉

| | WP-3FC／WP-4FC |
|---|---|
| 充填量 | 30～1100cc (2500cc オプションも有り) |
| 充填方式 | 強制切替バルブ式ピストン充填方式 |
| 接液材質 | SUS316　樹脂　バイトン |
| 品種記憶数 | 120品種　充填量、充填速度、サックバック量、ノズル昇降同期速度 |
| スパウトパウチ寸法 | 巾:～220mm　高さ:～350mm(垂直) |
| 機械能力 | 30袋／分 |
| 検知機能 | ノーボトルノーフィル、ノズル衝突検知、キャッピングトルク未知数 |
| オプション | 充填仕様変更(質量流量式充填)　検知機能追加(異品種検査など)<br>搬送仕様変更(連続モーション)　キャップ自動供給、印字機能追加 |
| ユーティリティ | 電源:AC200V　3相　40A<br>エアー:0.5MPa以上　600L/min(ANR) |

WIST
Factory Automation & Robotics
株式会社 ウイスト

〒619-0237　京都府相楽郡精華町光台3丁目2番26号
TEL (0774) 98-6767㈹　FAX (0774) 98-6768
ホームページ　http://www.wist.co.jp

## ラウンド型コンパクトマシン

## HL-1M、HL-2M、HL-2TR、HL-4TR

自立しないボトルや転倒しやすいボトルの多品種生産に最適な自在ホルダをリンク!!

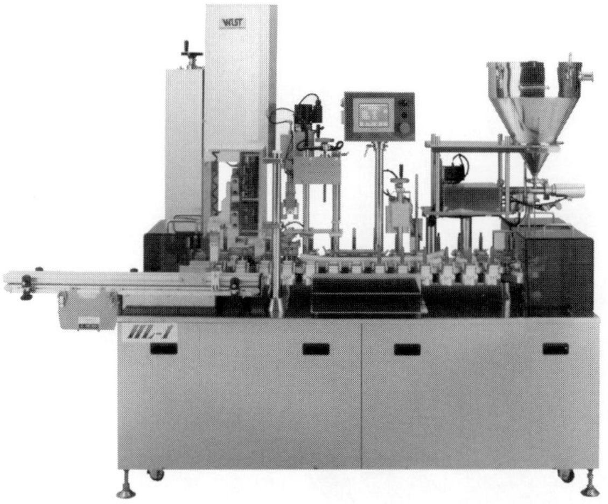

### 特徴

- ●新開発のWIST自在ホルダは独自のリンク機構と、ならいツメにより、ボトルに与圧を加えた状態でチャックして搬送しますので、マスカラのような、細くて重心の高いボトルや太さにバラツキのあるボトルでも安定して搬送する汎用性にすぐれたホルダーです。
- ●ラウンド型ベースマシンの1,2連はなめらかな間欠モーションで搬送し、4連は安定した連続モーションで搬送します。
- ●各作業ユニットをラウンド内に収める事により、驚異的な省スペース化と高いメンテナンス性を実現しました。
- ●充填、打栓、キャッピング、自動排出までの一連の工程をラウンド型のベースマシン内で完結するので、狭い場所にも設置でき、クリーンブース内への設置にも最適です。
- ●充填キャッピング条件と共に排出高さや姿勢も99品種記憶できます。

| | HL-1M | HL-2M | HL-2TR | HL-4TR |
|---|---|---|---|---|
| 能力 | 30本/分 | 30本/分 | 30本/分 | 40本/分 |
| 充填方法 | 回転脱泡充填 | 回転脱泡充填 | 液面追従充填 | 液面追従充填 |
| 充填量 | 1.0～88.0cc | 1.0～88.0cc | 5.0～200.0cc | 5.0～200.0cc |
| 充填ヘッド数 | 1連 | 2連 | 2連 | 4連 |
| 中栓打栓 | 有 | 有 | 有 | 有 |
| キャッピング | サーボキャッパー | サーボキャッパー | サーボキャッパー | サーボキャッパー |
| 自動排出 | 有 | 有 | 有 | 有 |
| ベースマシン | 間欠モーション | 間欠モーション | 連続モーション | 連続モーション |
| 対象商品 | マスカラ<br>アイライナー<br>リップグロス<br>リキッドファンデーション | マスカラ | 一般液体化粧品 | 一般液体化粧品 |
| オプション | ボトル、中栓、キャップ自動供給、 キャッピングデータ全数収集システム(アナライザー)、<br>ボトル反転エアー洗ビン機 | | | |

WIST
Factory Automation & Robotics

**株式会社 ウイスト**

〒619-0237 京都府相楽郡精華町光台3丁目2番26号
TEL(0774)98-6767(代) FAX(0774)98-6768
ホームページ http://www.wist.co.jp

## スパウトパウチ充填キャッピング装置　WR-1FCjr

スパウトパウチも一人で効率よく充填キャッピング

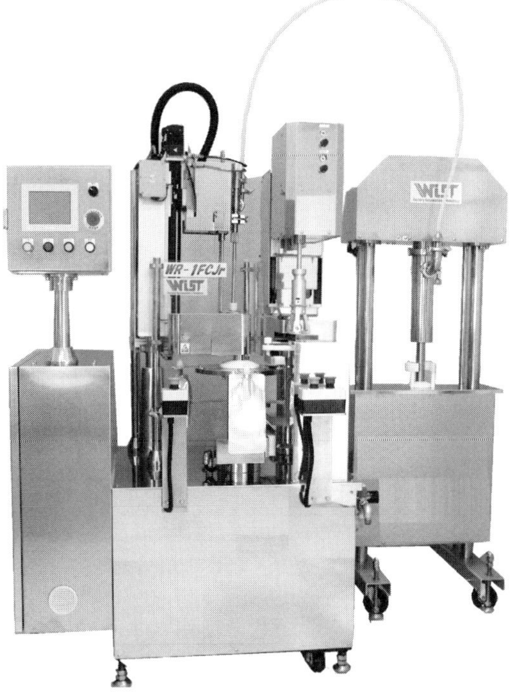


**特徴**

●WR-1FCは充填・キャッピングに加え、中栓打栓や印字等、多工程に対応しながらも作業ユニットをインデックステーブル内に収め、高いメンテナンス性とスッキリした外観を実現しています。
●WR-1FCjrは充填とキャッピングに絞ったきわめてコンパクトで低コストマシンです。
●WR-1FCjrにボトル兼用機が開発されました。ワンタッチでホルダーを差し替えるだけでスパウトパウチもボトルにも対応できます。ボトルは洗瓶、充填、キャッピングができます。

〈仕様〉

| | |
|---|---|
| 作業ステーション | 4 |
| 充填量 | 50cc～2000cc（1100cc以上は2回充填） |
| スパウト口 | 各スパウトメーカー用に対応 |
| スパウトパウチ寸法 | 巾80～200㎜　全長MAX300㎜ |
| キャップ | φ15～φ40㎜ |
| 生産能力 | スパウトパウチ:8～15袋/分<br>ボトル:10本/分 |
| ボトル寸法 | ボトル径:φ30～φ70、肩高さ:90～200、<br>全高:250mmまで |
| 接液部材質 | SUS316　バイトン　テフロン　PEEK |
| ユーティリティー | 3相 200V 20A 0.5MPa以上 300L/min |
| オプション | スパウトハンガー<br>印字 |

## 直線型Cell充填キャッパー　WB-1FCjr

人手不足に!!一人作業で高効率　コンパクトで低コストな充填キャッパー

**特徴**

●WIST独自のピッチメーカー®での搬送により高い新製品対応力と、確実な 切替再現性を実現しました。
●洗瓶～キャッピングまでを一人の作業者で行えますので高い作業効率と合理化を実現しました。
●充填はボトル形状に合わせてノズル昇降と充填機が同期して泡立ちを抑えた 同期液面追従充填、打栓はエアーシリンダー方式で打栓しますのでノズル状の尖った中栓も先端部を潰さずに打栓できます。キャッピングはトルク安定性、傷対策で評価の高いサーボキャッパーを搭載しており、これらが120品種メモリー可能です。
●極めてコンパクトな設計で設置場所を選ばず、生産能力／占有スペース値も高い効率を実現しました。
●充填機は、粘度対応巾が広いサーボピストン型、又は極限まで洗浄時間を短縮したサーボチュービング型から選択できます。又、外段取り化と前記充填機の長所を両方持たせるために2基搭載することも可能です。
●従来WISTの単体充填機をお持ちのお客様は、これを引き取り、組み込んで完全同期充填を行う事も可能です。

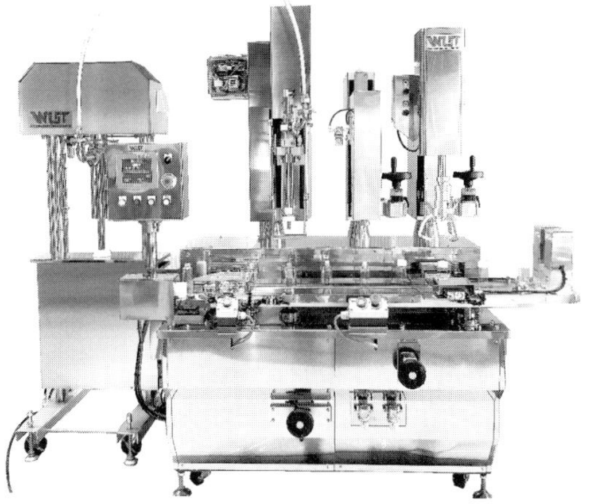


〈仕様〉

| | | |
|---|---|---|
| 本　体 | 生産能力 | 6～10本／分（充填1ヘッドにつき能力はこれに準じます） |
| | ベースマシン | 直線ピッチ送り |
| | ボトル | サーボサイドベルト式仕様 |
| | 対応ボトル寸法 | ボトル径:φ20～φ95　ボトル肩高さ:H=40～200mm |
| 充 填 機 | 充填方式 | サーボ式液面追従ノズル昇降装置 |
| | 計量方式 | 50～1100cc　デジタル設定 |
| | 品種記憶数 | 120品種（ノズル位置、充填量等） |
| 打 栓 部 | 打栓方式 | エアシリンダー方式 |
| | 論理推力 | 400N |
| | 交換部品 | 打栓ヘッド:フラットヘッド標準付属　尖りノズル用は別途製作 |

| | | |
|---|---|---|
| キャッパー部 | キャッパーヘッド | サーボキャッパー　SC-2 |
| | キャッパーチャック | チャック原点復帰、ポンプノズル方向規正付、3指チャック |
| | トルク設定 | 0.8～4.0Level（代数値）　デジタル設定 |
| ユーティリティ | 電源 | AC200V　3相　20A |
| | エアー | 0.5Mpa　以上 |
| オプション | 正立洗瓶、反転洗瓶、ストレートチュービング充填機搭載<br>4WDローラーキャッパーチャック、ウエイトチェッカー、IJP捺印・検査 | |

Factory Automation & Robotics
株式会社 ウイスト
〒619-0237　京都府相楽郡精華町光台3丁目2番26号
TEL（0774）98-6767㈹　FAX（0774）98-6768
ホームページ　http://www.wist.co.jp

## インライン型ボトルマーク合わせ装置

# BR-1

丸ボトル缶のラベル貼り、IJP、異種混入検査に高い効果を発揮!!

### 特徴

●ウイスト独自のサーボ制御式サイドベルトにより多品種な生産にも交換部品無しで瞬時に対応できます。

●ボトル外周上や天面の印刷物をカメラで直接とらえて方向を合わせますのでカラーマークセンサのように煩雑な調整が無く、レジマークの無い製品でも簡単に安定した方向合わせが可能となりました。

●カメラシステムは対象マークをマウスで囲うだけのきわめて簡単な操作で行えます。

●コンパクトな移動型フレーム構造により必要な場所に移動させコンベア上に設置する事により即生産する事が可能です。

●コンベア上に流れてくる製品を瞬時に分離、位置決め、マーク検出、方向規整を行いますので、従来、30～40本/分で2～3名を必要としていた作業を0名に省力化する事が可能となりました。

●人手作業では、方向あわせ精度に限界がある為、ラベル貼りや印字にズレが発生したり、異種混入検査においてはズレにより判定結果が不安定になりますが、本機の導入により、不良を激減する事が可能となりました。

| | |
|---|---|
| 能　　力 | MAX　80本/分 |
| 対象ワーク | φ20～φ110mm　全高 H=30～180mm |
| ユーティリティ | 電源　AC100V(アース付)　エアー0.5MPa以上 |
| そ　の　他 | パソコンをご準備ください。<br>但し、設定のみで生産中の常時接続は不要 |

## スパウトパウチラベラー

# SPL-1

スパウトパウチにラベルを美しく貼る半自動ラベラー

### 特徴

●スパウトを持ってセットするだけで自動的に美しいラベル貼りが行えます。

●しわのよりやすいスパウトパウチでも貼付面をローラー上で順次平面にして空気を抜きながら貼り付けるのでどなたでも美しいラベル貼りが行えます。

●貼り付け条件は100品種メモリーでラベルの貼付条件はデジタル設定なので多品種生産はもちろんの事、抜群の新製品対応力です。

●コンパクトな移動式フレーム付で移動が簡単です。

### 仕様

| | |
|---|---|
| 対象ラベル | ラベル台紙：20～80mm<br>長さ：30～200mm |
| 対象スパウトパウチ | 幅：80～200mm<br>全長：300mm<br>貼り付け位置：パウチ上端部より30mm以上<br>但し、スパウト取付根本の膨らみ部除く |
| ユーティリティ | 電源　AC200V　3相　10A<br>エアー：0.5MPa　50ℓ/min　以上 |
| オプション | ラベル台紙巾特殊<br>スパウト寸法特殊<br>100V仕様 |

Factory Automation & Robotics
株式会社 ウイスト
〒619-0237　京都府相楽郡精華町光台3丁目2番26号
TEL（0774）98-6767㈹　FAX（0774）98-6768
ホームページ　http://www.wist.co.jp

# 移動式協働ロボットパレタイザー
# MPR-25

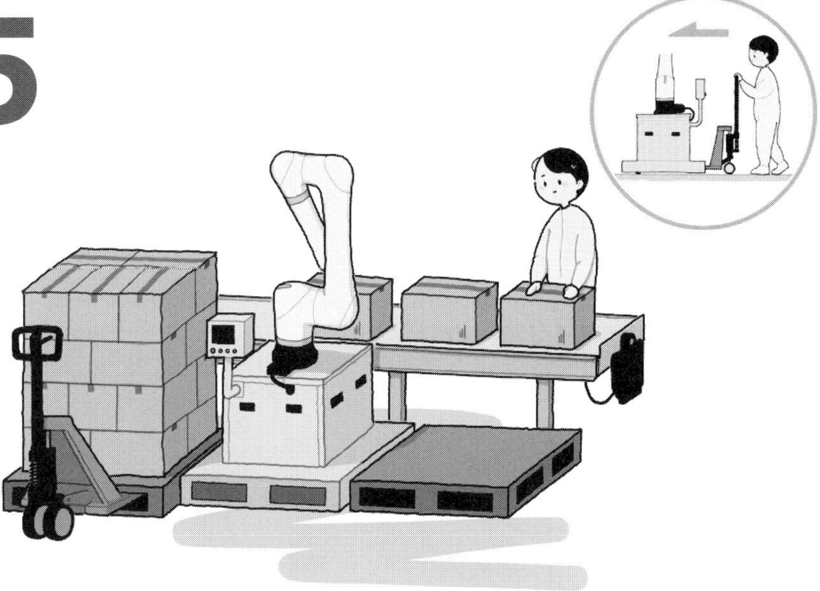

## 簡単操作
WITS 簡単ティーチングによりタッチパネルの操作で、積み付けパターンの選択、取り位置、置き位置を設定。位置設定の調整や修正が簡単操作で変更可能！新品種にも簡単対応！

## 低コスト
全機種固定型協働ロボットパレタイザーの約35%ダウン！

## 新製品対応力
簡単ティーチング機能搭載で小ロット品や常に新製品対応が必要な受託メーカー様にも導入していただきやすくなりました

## 超省スペース
箱積み用パレットと同寸法、同形状の1100㎜角を架台とし、パレット移動用のパレットリフターでパレタイザーも移動してアンカー固定無しで使用可能！

## ■仕 様

| | |
|---|---|
| 用　途 | 段ボールのパレットへ積付け作業 |
| ロボット | FANUC 社製<br>協働ロボット CRX-25iA |
| ロボット可搬質量 | 30kg |
| 対応ワーク | 段ボール箱 |
| 対応ワーク質量 | 約 22kg *1 |
| パレット寸法 | 1100㎜×1100㎜ |
| 積付け高さ | MAX 約 1600 ㎜ *2 |
| 処理能力 | 4～5箱 |
| オプション | レーザースキャナ、コンベア |
| ユーティリティー | 3相 200V<br>20A 0.5～0.7MPa 600L/min |
| 総重量 | 約680kg |

*1 ロボットハンドの選定により対応ワーク質量は変動があります
*2 ワーク等の条件により数値は変動する可能性があります

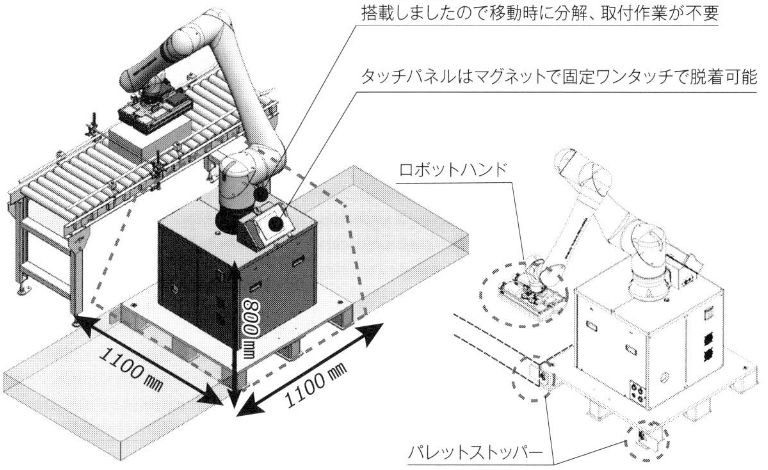
ロボット架台に全てのコントローラーを
搭載しましたので移動時に分解、取付作業が不要
タッチパネルはマグネットで固定ワンタッチで脱着可能
ロボットハンド
800㎜
1100㎜
1100㎜
パレットストッパー

＊製品供給コンベアと積付け用パレットはお客様設備です　＊パレットストッパーにパレットをセットします

## *WIST* 簡単ティーチング標準搭載

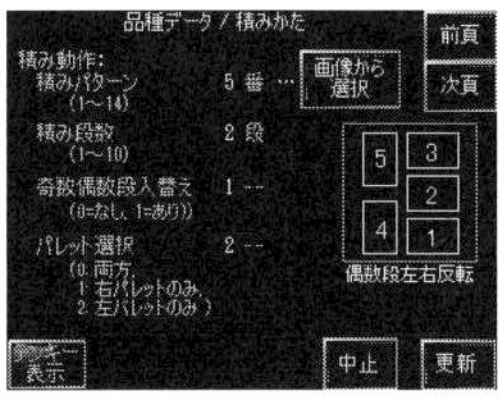

箱のLWH寸法を入力して積付けパターンを選ぶだけで新品種も簡単に積付ける事ができます

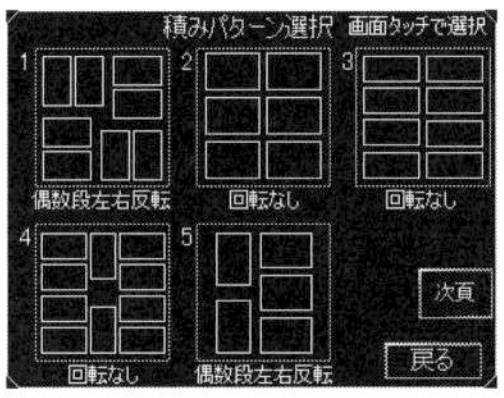

箱の取り位置や置き位置などロボットが動作する上で品種ごとに調整が必要な位置も タッチパネルから変更できます

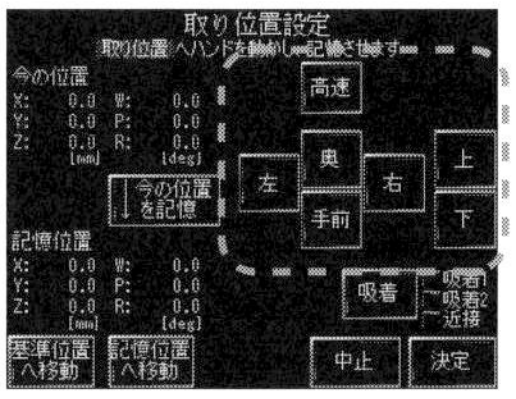

画面上のボタンでロボットを動かし実際の動作を見ながら位置を記憶させる事ができます

## 導入実証『お試しレンタル』
ロボット導入不安に『お試しレンタル』で実際に現場で使用していただき、新製品のティーチング等も体験

導入前に
しっかりと
実証テスト
可能な環境を
整えております

お問い合わせは
こちらから

Factory Automation & Robotics
株式会社 ウイスト
〒619-0237　京都府相楽郡精華町光台3丁目2番26号
TEL（0774）98-6767㈹　FAX（0774）98-6768
ホームページ　http://www.wist.co.jp

## 〔変革〕の充填機
# 防爆型液体用充填機

| ロードセル方式 | 音叉方式 |
| --- | --- |
| KT-112-HXX 型 | GZ-112-DEX 型 |

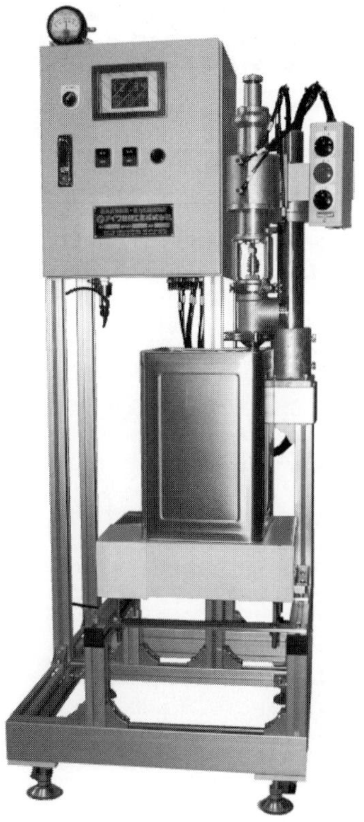

- 革命的な機能で高精度充填
- 新機能の防滴充填弁採用
- 音叉式計量機採用で超高精度充填
- 全機種USBメモリー取出し可能
- 各々の品種に応じて100品種迄一括登録

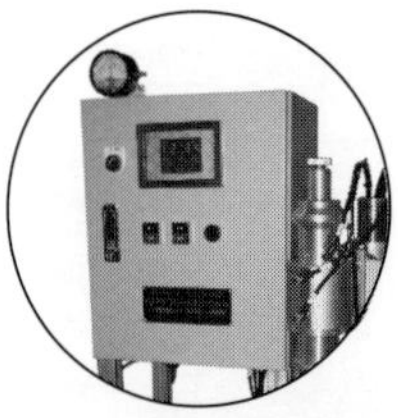

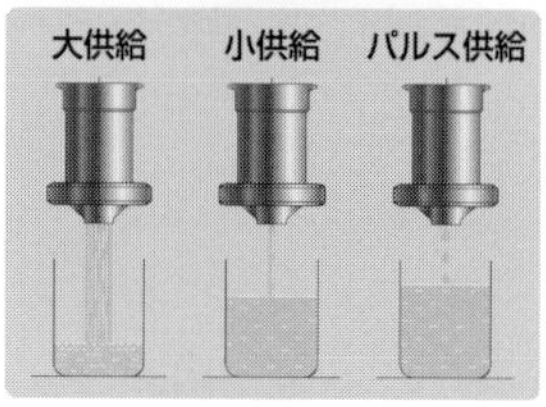


# 18ℓ缶用全自動充填装置〈防爆仕様〉

**信頼性の高い全自動充填装置を中心に、新しい制御装置、数多くの優れた周辺機器で構成されています。**

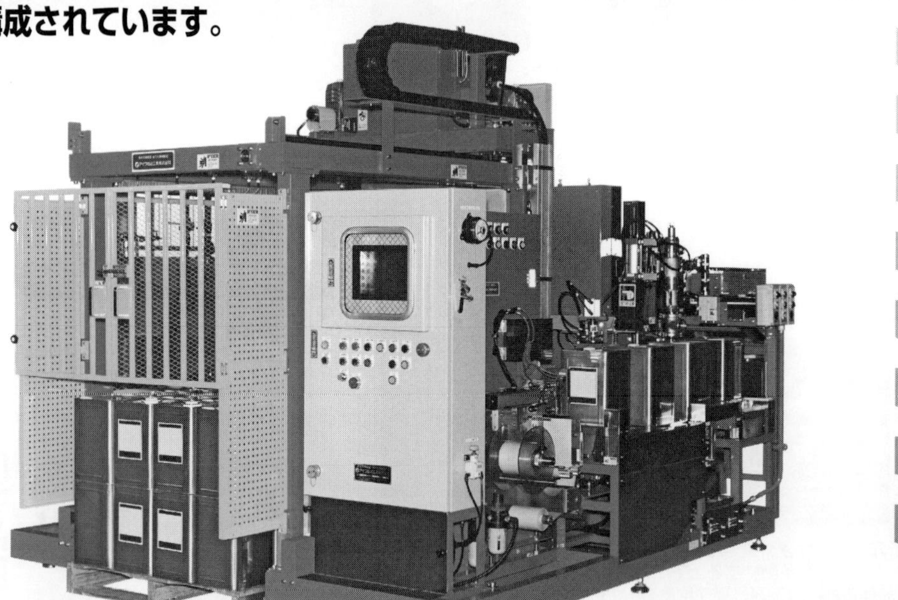

- 空缶ストック
- アンキャッパー
- 自動充填機
- 重量チェック
- キャッパー
- ラベラー
- パターン組
- パレタイザー

18ℓ缶用全自動充填装置〈防爆仕様〉

**アイワ技研工業株式会社**

本社・工場　〒649-6274　和歌山市金谷221　電話 073(477)4288㈹　FAX 073(477)2678

E-mail　mail@aiwa-giken.com

# 18ℓ缶用 空缶ストック供給装置

本システムは空缶ストック用ローラー上に5段積みの6缶結束品を積み込むだけで、
6缶結束された缶のヒモを切り、1缶単位で自動的に排出するシステムです。
非常にコンパクトで、かつ安価に自動化できます。又、立体方式のため、
空間利用効率がアップします。

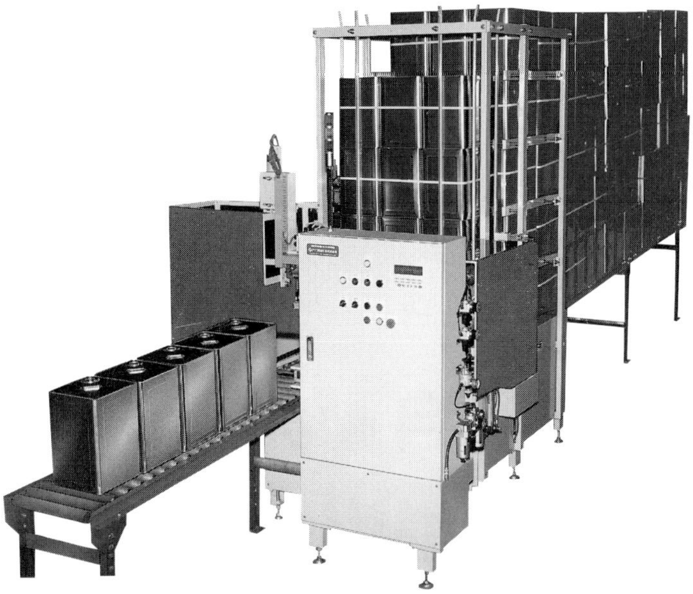

**空缶ストック**
6缶×5段×10列(300缶)
6缶×6段×10列(360缶)

**アンスタッカー**
6缶結束品の5段積より1段のみ取り出し、バンドカッターに送り出します。

**バンドカッター**
6缶結束された缶のヒモを切り、1缶単位で排出コンベアーへ自動的に排出されます。
(充填機側の要求に応じて、空缶の供給を行います。)

# ペール缶用 空缶ストック供給装置

空缶ストック用ローラーに10段積の
空缶を積込むだけで、10段積より
1缶ずつ自動排出され充填機に供給されます。

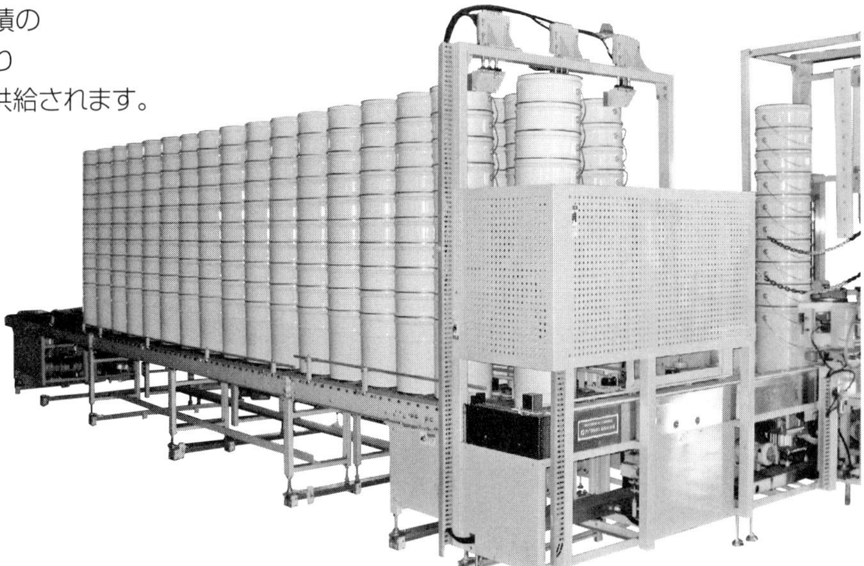

**空缶ストック**
10缶×25段×3条(750缶)

**アンスタッカー**
10段積品より一缶のみ
取り出し充填機に送り出します。

**能　力**
300缶〜400缶／H

アイワ技研工業株式会社

本社・工場　〒649-6274　和歌山市金谷221　電話 073(477)4288(代)　FAX 073(477)2678

E-mail　mail@aiwa-giken.com

# 18ℓ缶用全自動充填システム

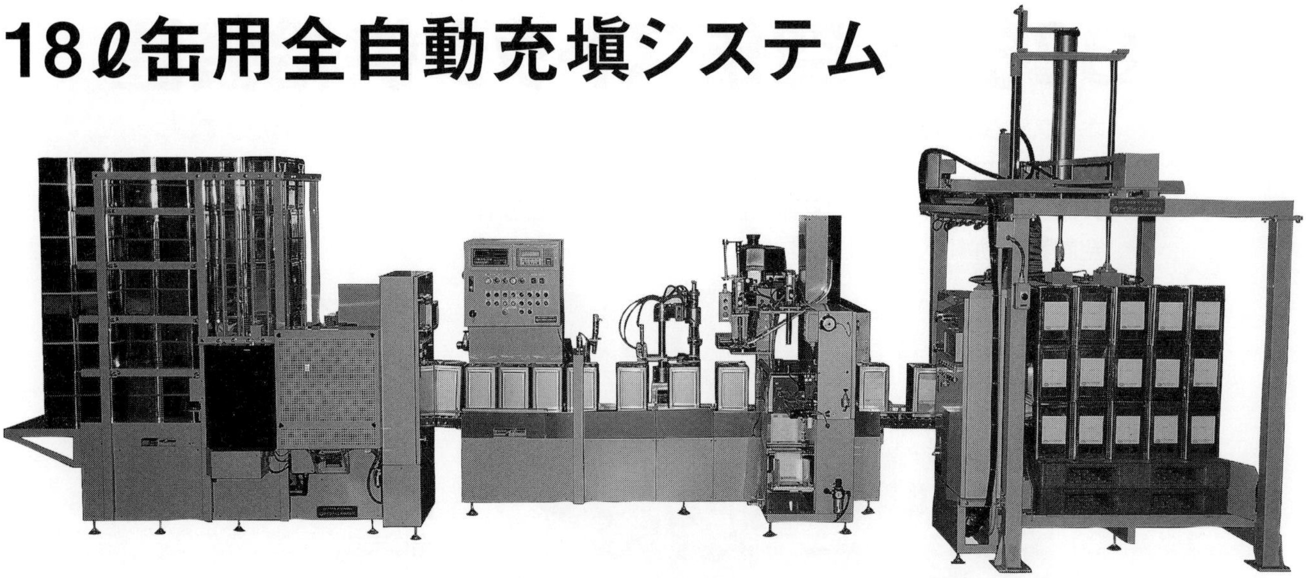

●空缶ストック・バンドカッター　●仮キャップ取り・充填・キャッピング・ラベラー　●パレタイザー

# ペール缶用自動充填システム

## ペール缶用2連式充填機

ペール缶用空缶ストック供給装置よりの容器に2ヘッド方式で自動充填致します。

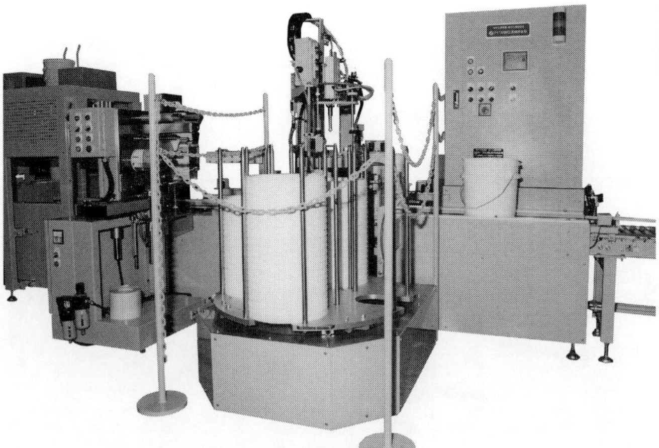

## ペール缶用キャッパー及びラベラー

自動充填機よりの充缶にキャップを封入してラベルを貼付けます。

**アイワ技研工業株式会社**

本社・工場　〒649-6274　和歌山市金谷221　電話 073(477)4288(代)　FAX 073(477)2678

E-mail　mail@aiwa-giken.com

# 全自動ドラム缶充塡装置

本装置は、搬送コンベアーより供給された空ドラム缶の注入口の検出・風袋消去充塡・キャッピング・重量チェック・排出まで全自動で行います。

## ■システム導入の5大メリット

**●省人化**
空缶搬入から注入口検知・充塡・キャッピング・搬出まで、全自動でできます。

**●コストダウン**
人件費負担がずっと軽くなり、大幅なコストダウンができます。

**●品質の向上**
正確な軽量を自動的に行いますので、過不足のない充塡ができます。
充塡する液体の品種切替が、簡単にでき、間違えることもありません。

**●安全性の向上**
作業員が空缶や充缶を持ち上げたりする力作業がありませんので、思わぬ転倒事故や腰痛を防げます。

**●生産性の向上**
搬入から充塡、搬出まで全自動で行いますので生産力増強になります。

**主仕様**

| | |
|---|---|
| 使用範囲 | 10kg~300kg |
| 最小目盛 | 100g |
| デジタル表示 | □□□.□kg |
| 充塡弁 | SUS304、テフロン |
| 能力 | 約30~40缶/H |
| 精度 | ±1/1,000（液圧一定） |
| 粘度 | 10,000cps以下 |
| 液圧 | 0.5~1.5kg/cm² |
| 電源 | 200V、50/60Hz |
| 使用量 | 3KVA |
| エアー源 | 5kg/cm² |
| 使用量 | 500Nℓ/min |
| 適応ドラム缶 | JIS Z1601 |
| 機械重量 | 2,300kg |


アイワ技研工業株式会社

本社・工場　〒649-6274　和歌山市金谷221　電話 073(477)4288(代)　FAX 073(477)2678

E-mail　mail@aiwa-giken.com

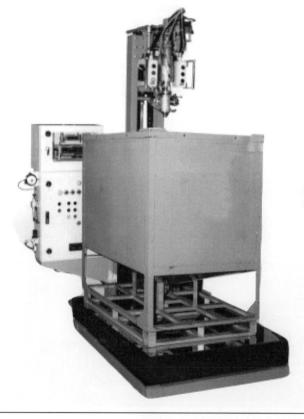

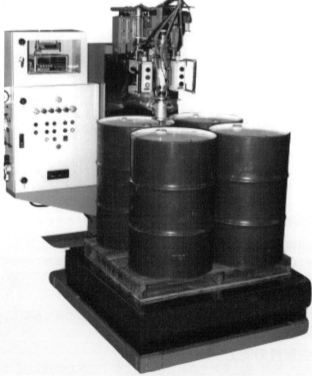

## PC-1000型充填機
## （粉・粒体充填機）

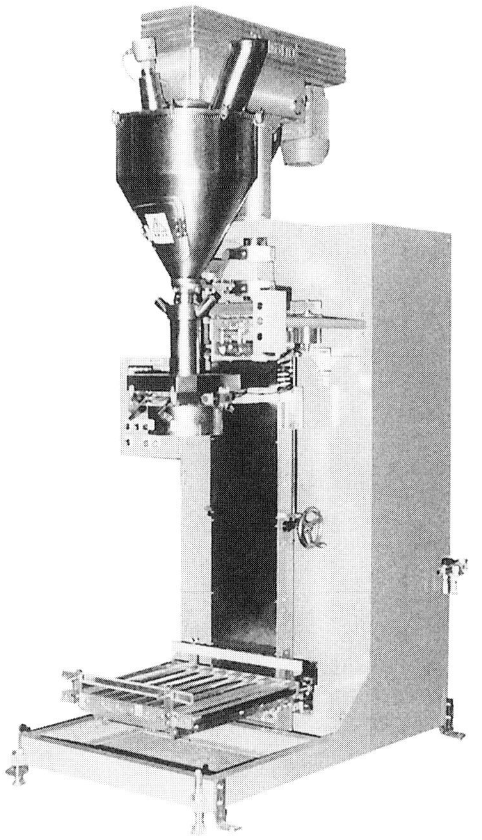

### 特　徴

PC-1000型充填用オーガーヘッドは、本機のみの半自動充填、又はフルオートマチックタイプの場合の充填ヘッドとして多目的に設計されています。
充填オーガー駆動モーターはインバーターに依って簡単に変速できます。又、パルスリット装置及びパルスデジタル表示部がついています。
オーガー駆動のための電磁クラッチ、ブレーキのコントロールは特に高精度の電気回路によって行われます。

### 仕　様

●使 用 例　薬品、食品、その他
●充填物の種類　粉・粒体の缶、瓶、袋等への充填
●能　　力　充填時間　0.5～2秒/1ショット
●計量・充填範囲　5kg～20kg
●計量・充填方式　パルスリセット方式
●機械寸法　長さ1,100㎜　幅1,000㎜
●重　　量　250kg
●使用電力　3.5kW

## PC-200型充填機
## （粉・粒体充填機）

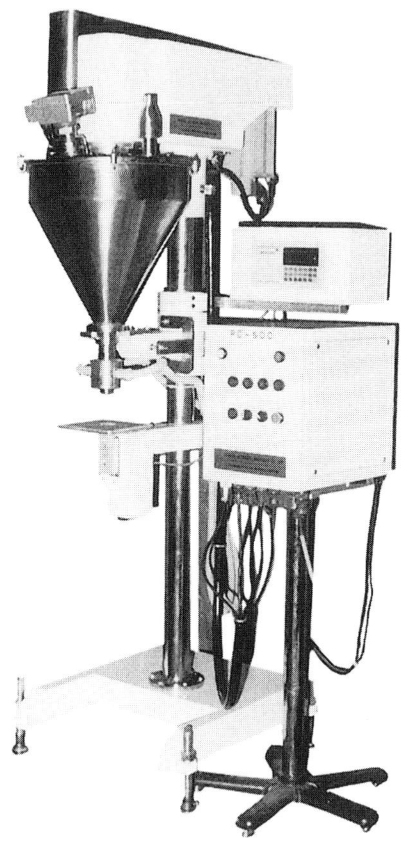

### 特　徴

PC-200型充填用オーガーヘッドは、本機のみの半自動充填、又はフルオートマチックタイプの場合の充填ヘッドとして多目的に設計されています。
充填オーガー駆動モーターはインバーターに依って簡単に変速できます。又、パルスリット装置及びパルスデジタル表示部がついています。
オーガー駆動のための電磁クラッチ、ブレーキのコントロールは特に高精度の電気回路によって行われます。

### 仕　様

●使 用 例　薬品、食品、その他
●充填物の種類　粉・粒体の缶、瓶、袋等への充填
●能　　力　充填時間　0.5～2秒/1ショット
●計量・充填範囲　5kg～2kg
●計量・充填方式　パルスリセット方式
●機械寸法　長さ1,100㎜　幅1,000㎜
●重　　量　200kg
●使用電力　3.5kW


# 有限会社マツタカキカイ

〒273-0111　千葉県鎌ヶ谷市北中沢2-14-13
TEL 047（402）4822　FAX 047（402）4823
E-mail：matsutaka@ce.wakwak.com

# 錠剤計数充填機
# TCF-48-30-T型
## （テーブルタイプ）

### 1）特　長

計数はスラット方式により行います。
スラットのポケット形状は高精度の計数を可能にする為、「錠剤（糖衣錠、素錠）」・「ハードカプセル」・「ソフトカプセル」に最適な形状にデザインされています。
錠剤の形状・寸法変更等が発生した場合、豊富な実績があり適切な部品の選択及び錠剤の扱いノウハウ等を敏速に提供できます。

①オペレータに対する配慮
- ・部品交換：約20分
- ・交換部品：軽量
- ・再現性：基本的に工具は不要です

②信頼性
- ・充填性：錠剤をタテ方向に規整している為充填性がよく錠剤にストレスがかからない
- ・充填数：スラットの組み合わせにより錠数を設定
- ・欠錠チェッカーは、タッチ式としスラットポケット内の錠剤の有無を検出

③清掃・洗浄
- ・清掃：機械内部は容易に手拭きが行えます
- ・洗浄：ぬるま湯で洗浄可能です

### 2）仕　様

| | |
|---|---|
| 計数能力 | 常用毎分8,000錠 |
| 機械寸法 | 幅w1200（制御盤含む）×奥行きd1400×高さh1600mm |
| 重　　量 | 約400kg |
| 用　　役 | 三相200V.10A |

SC型（コンベヤタイプ）

| | 機械型式 | 計数能力 | 機械寸法（w×d×h）mm | 用　役 | |
|---|---|---|---|---|---|
| | | | | 電　源 | 圧　空 |
| 1 | TCF-48-30-SC | 9000錠／分 | 930 ×1400×1700 | 200V.15A | 5Nℓ/min |
| 2 | TCF-60-30-SC | 9600錠／分 | 930 ×1600×1700 | 200V.15A | 5Nℓ/min |
| 3 | TCF-60-40-SC | 13000 錠／分 | 1000×1600×1700 | 200V.15A | 5Nℓ/min |
| 4 | TCF-60-50-SC | 16000 錠／分 | 1100×1600×1700 | 200V.20A | 5Nℓ/min |

MAM 目黒自動機株式会社

本社・工場　〒213-0031　神奈川県川崎市高津区宇奈根744-1
TEL:044-833-4488　FAX:044-833-4420
http://www.mam-meguro.co.jp/

製袋充塡機

# ストリップ包装機 SP-220HS型

本機は目黒自動機が多種多量生産の製薬メーカーにもっとも適した包装機を主眼として設計、製作しました。包装能力だけを高くした高価な専用機ではありません。汎用性と生産性をじゅうぶんに生かした操作の大変楽な機械です。

## ●特　長

・供給整列部およびダイロールの交換が楽に行えるスペースを設けてあります。
・外形の異なるダイロールが使用でき、多種類のご希望寸法通りの製品が得られます。
・短時間で部品交換が行え、調整が簡単になりました。
・各タイミングの調整はハンドルにより運転中でも行えます。
・供給部は特殊フィーダーを採用、整列供給能力は最高1列毎分200錠（平錠）で、しかも錠剤の破損がありません。
・切断および横ミシン装置は回転式です。
・回転軸受はすべて無給油式です。

## ☆オプション

欠錠チェッカー、欠錠シート排除装置、集積装置。

## ●仕　様

| | |
|---|---|
| 包装内容品 | 糖衣錠、裸錠、カプセル |
| 包装寸法 | シール有効幅240㎜(4～8列並包装) |
| 能力 | 600～1,200錠／分 |
| モーター | 1／2HP |
| 電力 | 2kW |
| 付属装置 | 自動温度調節器、断線警報器、計数装置、連数カット装置(0～9)包材終了停止装置、冷却ファン |
| 据付面積 | (高さ)1,800×(巾)1,100×(長さ)1,600㎜ |

目黒自動機株式会社

本社･工場　〒213-0031　神奈川県川崎市高津区宇奈根744-1
TEL:044-833-4488　FAX:044-833-4420
http://www.mam-meguro.co.jp/

自動供給装置内蔵

# 高速型全自動テープ結束機

## SPA-2000SF型 [ 小袋自動投入装置(型式KD-820)を後付可能です。(他にテープ結束機単体のSPA-2000S型も用意しております。) ]

### 結束能力40束／分を実現

高速化された縦ピロー包装機（毎分最高80袋）に対応。余裕の安定高速運転を可能にしました。(Max.45束／分以上）前面を開けるU字結束も可能です。

### 驚異のコンパクト設計

自動供給装置を内蔵、結束機と一体化に依りコンパクト化に成功。従来型機（当社比）と比較し設置面積で約40%減を実現しました。

### 優れた操作性、安全性

タッチパネル方式で、必要な情報を瞬時に得られ、安全対策も万全です。又、品種交換の際、簡単な操作で最短のスタートが可能です。

特許出願中

### 特　　徴

- テープで強く締めたくない商品をソフトに2段又は3段重ね、確実に結束します。
- オプションとして強く、無理なく確実に結束する機構も用意しております。
- 結束テープの長さを自由に変更出来ます。
- ACサーボモーター 3台搭載に依りスムーズかつスピーディーな運転を実現しました。
- 反転装置（オプション）に依り結束形態を反転出来ます。

### 用　　途

- ウインナーソーセージ、平袋、巾着袋
- 各種スライスパック、ハンバーグ等
- ちくわ、ハンペン、うどん類、その他

### 仕　　様

| | |
|---|---|
| ●能力 | 40束／分（Max.45束／分以上） |
| ●被結束物寸法 | 長さ　70mm～300mm |
| | 巾　90mm～150mm |
| | 高さ　20mm～100mm |
| ●テープの巻き方 | 裏面オーバーラップ型 |
| ●テープ | 自己粘着性プラスチックテープ |
| | （巾15mm～30mm） |
| ●テープ長さ | 500m、1000m |
| ●動力 | 3相　200／220V |
| | 50／60Hz 約3KW |
| | 空気源0.5MPa 200NL／分 |

株式会社 小坂研究所

本　　社　〒101-0021 東京都千代田区外神田6-13-10 プロステック秋葉原
TEL.(03)5812-2081(代) FAX.(03)5812-2085

本社営業部　〒101-0021 東京都千代田区外神田6-13-10 プロステック秋葉原
TEL.(03)5812-2011(代) FAX.(03)5812-2015

URL:http://www.kosakalab.co.jp

Kosaka Laboratory Ltd.

**Head Office**/Pros Tech Akihabara,
6-13-10, Sotokanda, Chiyoda-ku, Tokyo. Japan
Postal:101-0021
Phone:03-5812-2081 Fax:03-5812-2085

**General Headquarter**/Pros Tech Akihabara,
6-13-10, Sotokanda, Chiyoda-ku, Tokyo. Japan
Postal:101-0021
Phone:03-5812-2011 Fax:03-5812-2015

**SPAシリーズの決定版　シンプル機構で結束能力を更にアップ**

# テープ結束機SPA-2000S型

◆コンパクトで高性能（MAX.35束／分）、多品種対応型です。

◆簡単で安全な前面操作設計の連続型全自動結束機です。

◆小型軽量、女性でも簡単に移動出来ます。

◆全自動ライン化を実現　合理化、省力化に最適です。

（自動供給装置KTCシリーズ3機種の中から工場のスペースや用途に合せ設計施工いたします）

**特許出願中**

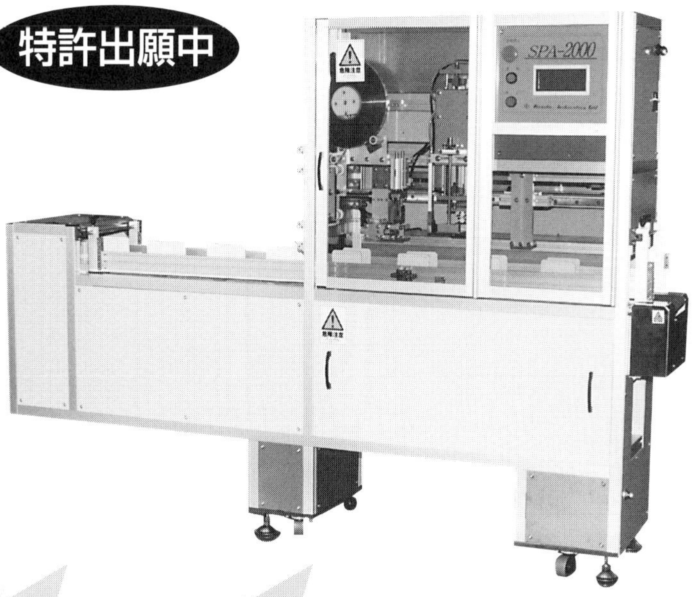


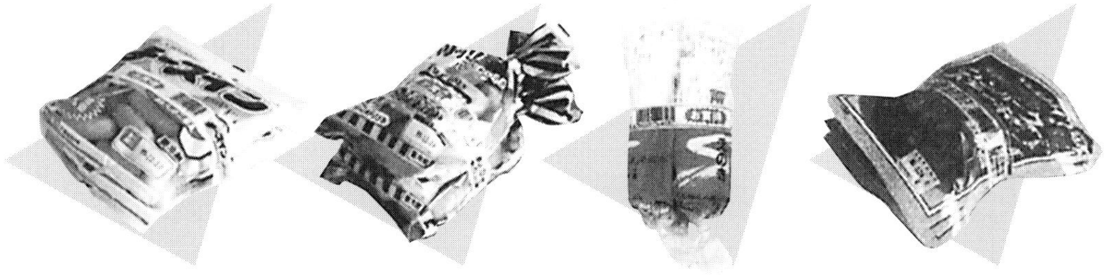

## 特　　徴

●テープで強く締めたくない商品をソフトに２段又は３段重ね、確実に結束します。

●スピード調整とバスケット巾の調整も簡単な操作で可能です。

●オプションとして強く、無理なく確実に結束する機構も用意しております。

## 用　　途

●ウインナーソーセージ、平袋、巾着袋

●各種スライスパック

●ハンバーグ、ミートボール

●各種惣菜パック

●ちくわ、ハンペン、うどん、エノキダケ、その他

## 特　　徴

| | |
|---|---|
| ●能力 | 35束／分（最高） |
| ●被結束物寸法 | 幅　80〜140mm |
| | 高さ　10〜110mm |
| | 長さ　100〜250mm |
| ●テープの巻き方 | 裏側にてオーバーラップ形、裏開き |
| ●テープ | 自己粘着性のプラスチックテープ<br>幅20mm（標準） |
| ●テープ長さ | Max1000m |
| ●動力源 | 三相、200／220V、50/60Hz、150W |
| | 空気源:0.5MPa　150ℓ(Normal)／分 |

株式会社　小坂研究所

本　　社　〒101-0021　東京都千代田区外神田6-13-10　プロステック秋葉原
TEL.(03)5812-2081(代)　FAX.(03)5812-2085

本社営業部　〒101-0021　東京都千代田区外神田6-13-10　プロステック秋葉原
TEL.(03)5812-2011(代)　FAX.(03)5812-2015

URL:http://www.kosakalab.co.jp

Kosaka Laboratory Ltd.

**Head Office**/Pros Tech Akihabara,
6-13-10, Sotokanda, Chiyoda-ku, Tokyo. Japan
Postal:101-0021
Phone:03-5812-2081 Fax:03-5812-2085

**General Headquarter**/Pros Tech Akihabara,
6-13-10, Sotokanda, Chiyoda-ku, Tokyo. Japan
Postal:101-0021
Phone:03-5812-2011 Fax:03-5812-2015

# シブヤのボトリングシステム
## Shibuya's Bottling Systems

PETボトル無菌充填システム

軟質チューブ容器充填システム

サーボスクリューキャッパ

コンテナ洗浄・充填システム

シブヤのボトリングシステムは、世界中に広く普及している経済性に優れたシステムです。豊富な経験と先進の技術力で、さまざまな包装形態に合わせた機械が設計・製作されていますので、高い生産性と省人化を実現する高度なボトリングシステムを構築することができます。また、単独の機械も製作しています。

### 主要製品

**ボトリングシステム**
- ・ケーサ
- ・アンケーサ
- ・アンスクランブラ
- ・ボトル滅菌機
- ・エアクリーナ
- ・リンサ
- ・洗びん機
- ・フィラ
- ・キャッパ
- ・ラベラ
- ・パストライザ
- ・検びん機
- ・パレタイザ
- ・デパレタイザ

**製薬設備システム**
- ・アンプル充填ライン
- ・バイアル充填ライン
- ・バイアル粉末充填ライン
- ・ソフトバッグ製袋充填ライン
- ・アンプル・バイアル兼用充填ライン
- ・シリンジ充填ライン
- ・ネストシリンジ充填ライン

**洗浄設備システム**
- ・コンテナ洗浄・充填システム
- ・ケース洗浄システム
- ・オリコン洗浄システム
- ・シッパー洗浄システム
- ・パレット洗浄システム
- ・焼成型洗浄システム
- ・タンク洗浄システム
- ・超音波洗浄システム
- ・マルチ洗浄機
- ・熱水・気流ジェット洗浄機

**再生医療システム**
- ・細胞培養アイソレータ
- ・ロボット細胞培養システム

世界のトップを走る技術のシブヤ

Shibuya

**澁谷工業株式会社**

プラント営業統轄本部

| | | |
|---|---|---|
| 本社営業部 | 〒920-8681 金沢市大豆田本町 | TEL076-262-1202 |
| 東京営業部 | 〒161-0031 東京都新宿区西落合1-20-14 | TEL03-3950-2112 |
| 関西営業部 | 〒662-0927 兵庫県西宮市久保町10-6 | TEL0798-33-4131 |
| シブヤ精機㈱ | 〒791-8042 松山市南吉田町2200 | TEL089-971-4013 |
| シブヤパッケージングシステム㈱ | 〒920-0172 金沢市河原市町2 | TEL076-256-5500 |

www.shibuya.co.jp/

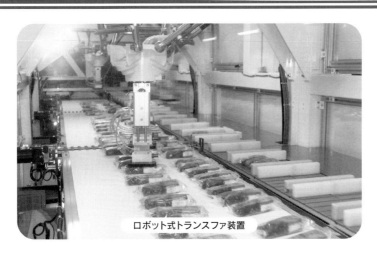

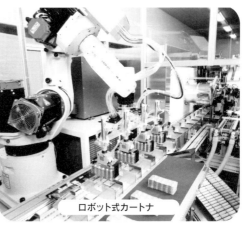

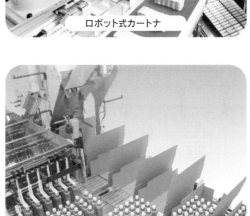

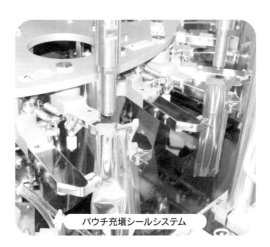

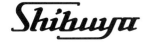

# 次世代搬送型システム リニアコンベア搭載

PTPツート 100〜1,000錠対応

写真はカートナーMKY-10と連結しております。 Mro-100は写真左側のみとなります。

カートナー連動　新自動供給機

# Mro-100

仕様

- 製品1,2,3,5個対応、2,3,5個は小端立て可能
- 取扱い製品サイズ

【3個入れ小端立て時】
W=25〜50mm
H=25〜40mm
L = 100〜180mm

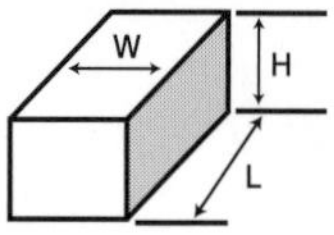


その他の入数時のサイズに関しては弊社営業へご相談下さい。

- 重　　量　約1,000kg
- 電　　源　三相200V　15kVA
- エアー源　0.5MPa/cm² 180リットル/min(ANR)

シンプル構造　コンパクト設計　リニアコンベア

## ●特徴

■ワークのたてよこ。前工程とのタイミングを選ばない
■搬送部にリニアコンベア・パラレルリンクロボットの併用で瞬時に型替が可能
■サイズ変更、入数変更がタッチパネルからの入力で可能
■製品受取、小端立て、摘み取りなど作業揚所の位置決めが自由自在

【リニアコンベヤ…BECKHOFF製 XTS】
✓MAX秒速4Mの移動速度（荷重なしの場合）
✓モジュ ール式で最大10Mまで延長可能

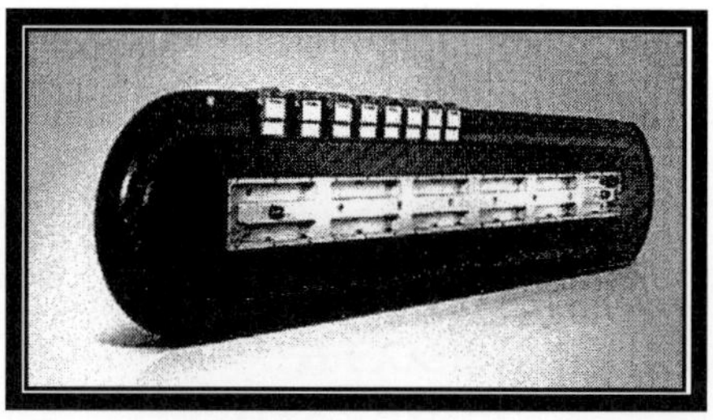

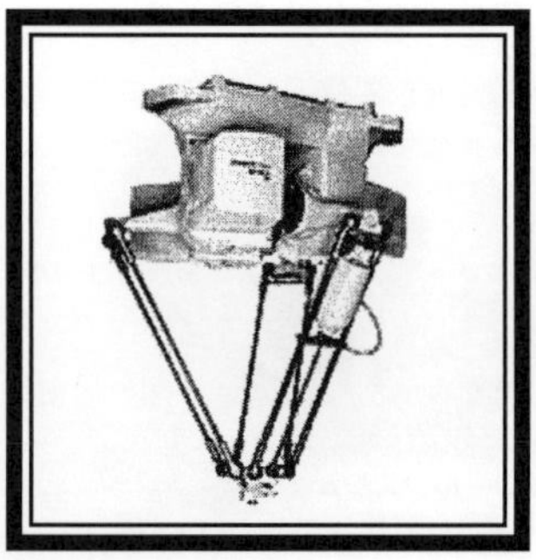

【パラレルリンクロボット(FANUC製 M-2iA/3S】
✓4軸仕様
✓可搬質量: 3.0kg (ツール含む)
✓ハンド部1-5個の吸善装置搭載（美木多機械製）

# MKD-Rb series

2L1C
2022年 新発売
New model

## ■ロボ・ケーサー（段ボールケーサー）

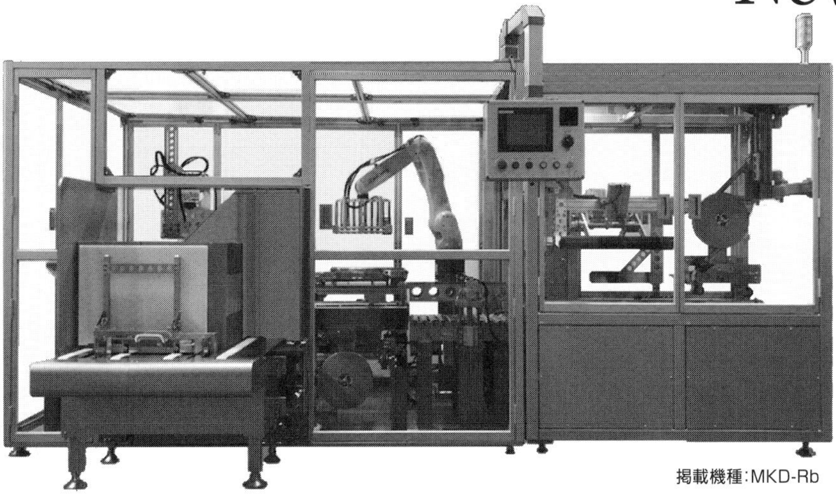

掲載機種：MKD-Rb

### 主仕様（MKD-Rb型）

| | |
|---|---|
| 適用製品 | 医薬品 化粧品 食品 機械部品 雑貨 など |
| 段ボール寸法 (L, H, W) | W=150～350mm　内寸<br>H=100～300mm　内寸<br>L=200～550mm　内寸 |
| 能　力 | 5～10ケース/分 |
| 重　量 | 2.500kg |
| オプション | 各種製品供給装置　インクジェットプリンタ<br>印字検査装置　各種検査装置 |

※上記のカートン寸法範囲以外をご希望される場合は、下記に記載の〔株式会社ミキタ〕までお問合せ下さい

### 特　徴

- ■多関節ロボットを利用し段ボール箱の取出から製函までを一連で行う為、コンパクトなケーサーを実現
- ■タッチパネルにW･H･L寸法を入力するだけのオートサイズチェンジ機能を搭載し型替えの作業時間と手間を軽減
- ■供給コンベヤやマガジンを増設する事により異なる箱サイズ･異なる系列の混在生産を可能にします
- ■多関節ロボットを利用する事で様々な供給方向･供給段数に対応可能

段ボールマガジン

製品挿入

段ボール封緘

### 包装工程フロー図

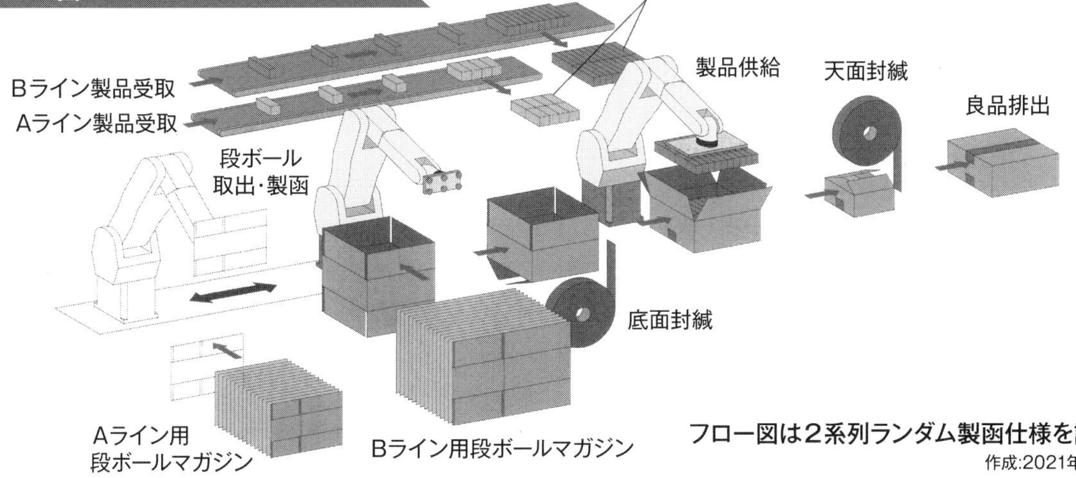


フロー図は2系列ランダム製函仕様を記載

作成:2021年12月

JQA-QMA12071
ISO9001認証取得

株式会社 ミ キ タ
本社/〒594-1144　大阪府和泉市テクノステージ3丁目6番2号
TEL（0725）92-6700（代）
FAX（0725）53-5700

包装システム化をクリエイトする
株式会社美木多機械
工場/〒594-1144　大阪府和泉市テクノステージ3丁目6番2号
TEL(0725)92-6688(代)　FAX(0725)53-5600
URL…http://www.mikitakikai.co.jp

# MKW-24シリーズ

## ■ポスト投函型薄箱自動包装機

## ■主仕様(MKW-24型)

Main specifications (Model MKW-24)

| | |
|---|---|
| 適用製品<br>Application products | 医薬品(三包シール・四包シール)<br>健康食品　飲料　など |
| カートン寸法<br>Carton dimensions | W = 220 ～ 265mm<br>H = 15 ～ 25mm<br>L = 170 ～ 190mm<br>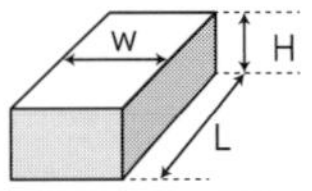<br> |
| 能力<br>Capacity | 13箱/分 (充填機能力400/分) |
| 機械寸法<br>Machine dimensions | 機幅3300×機長9200×高さ1800<br>(印字装置含む) |
| 重量<br>Weight | 約6,000kg |
| オプション<br>Options | 各種自動供給装置　捺印装置　糊付装置<br>仕切り折込装置　テープ貼り付け装置<br>各種検査装置　レーザーマーカ |

## ■特徴

- ■ポスト投函可能サイズに対応(製品高さ実績16mm)
- ■バッファ装置を設け充填機からの歯抜けにも対応
- ■仕切り供給装置にて仕切り自動折込機構を採用
- ■カートン裏面にバーコード・使用期限・製造番号等印字可能
- ■伸縮コンベヤ方式によるX線検査機用レジェクタを開発
- ■サイズ切り替えが可能
- ■包材カートリッジ方式を採用しAGVによる自動供給が可能
- ■1包ずつ確実に計数
- ■ラップラウンド方式により包材のコストダウン
- ■手作業コンベヤ接続による小ロット対応

## ■包装工程フロー図

製品イメージ

カートン供給部(写真①)

仕切り供給部(写真②)

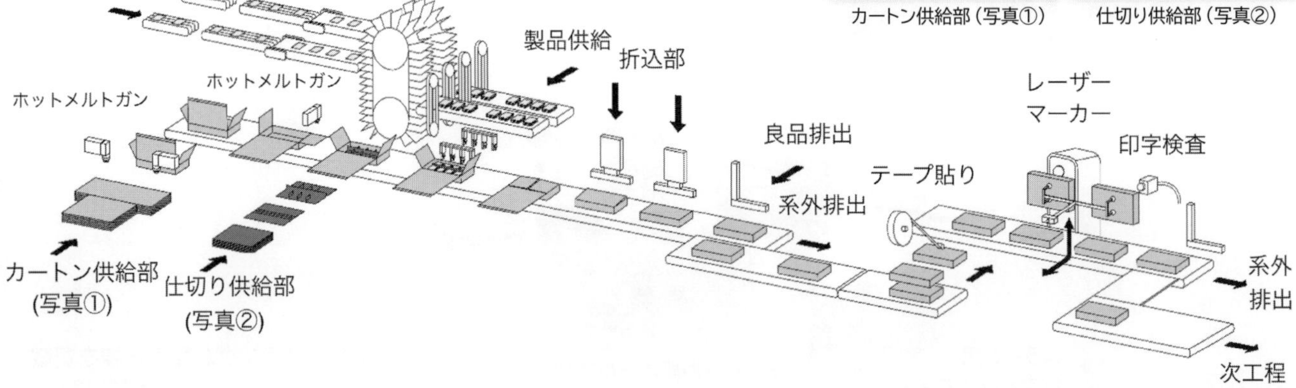

# MKR−5RG
# 高速横型連続カートニングマシン

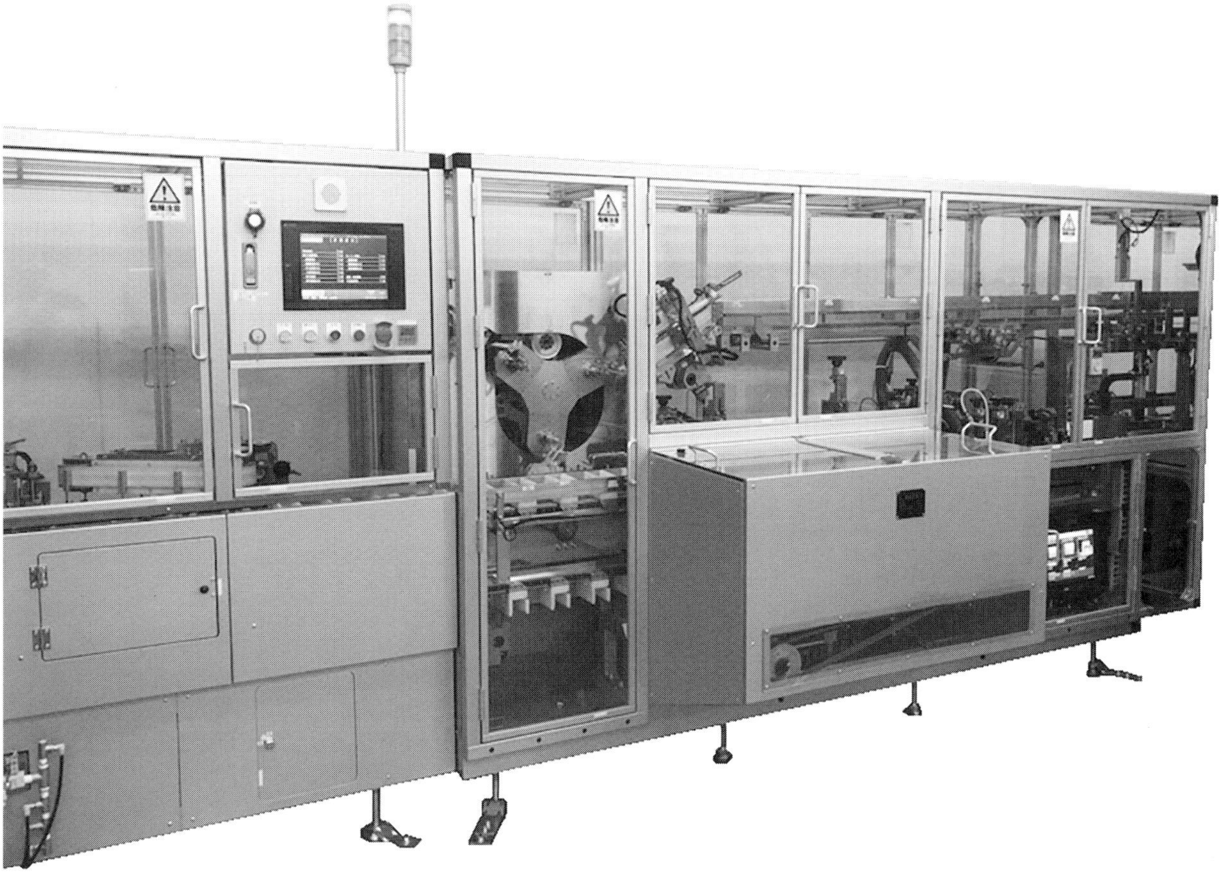

## ●特 徴

■250〜300カートン／分（MAX）の高速運転が可能。
■フレーム構造は機内に製品・各包材が落下しても
　発見しやすいバルコニータイプ
■カートン取出・製函は3ヘッドロータリー揺動式で安定製函を実現
■大容量カートンマガジン長さ3000㎜
　（厚さ1.5㎜のカートンを2000枚）
■前工程からの自動供給装置も自社設計製作できます。
■メイン駆動はメカ機構を採用しており、強固で安定稼働できます。
■Part11（電子記録・電子署名の管理）にも対応可能です。

## ■主仕様

| | |
|---|---|
| 適用製品 | 医薬品、食品、化粧品等 |
| カートン寸法 | W=50〜80㎜<br>H=20〜50㎜<br>L=110〜150㎜ |
| 能　　力 | 常用250箱／分（MAX300箱／分） |
| 重　　量 | 5000㎏ |
| 使用電力 | 19kW　3相200V |
| エアー源 | 100nℓ／min（0.5MPa） |
| オプション | 自動供給装置、添付文書供給装置、<br>印字・印字検査装置、糊付装置、<br>ロータリーストッカー |

JQA-QMA12071
ISO9001認証取得

株式会社 ミ キ タ
本社/〒594-1144　大阪府和泉市テクノステージ3丁目6番2号
TEL（0725）92-6700（代）
FAX（0725）53-5700

包装システム化をクリエイトする
株式会社美木多機械
工場/〒594-1144　大阪府和泉市テクノステージ3丁目6番2号
TEL（0725）92-6688（代）　FAX（0725）53-5600
URL…http://www.mikitakikai.co.jp

# 四方タイトシール包装機
## FA-4BT-1000型

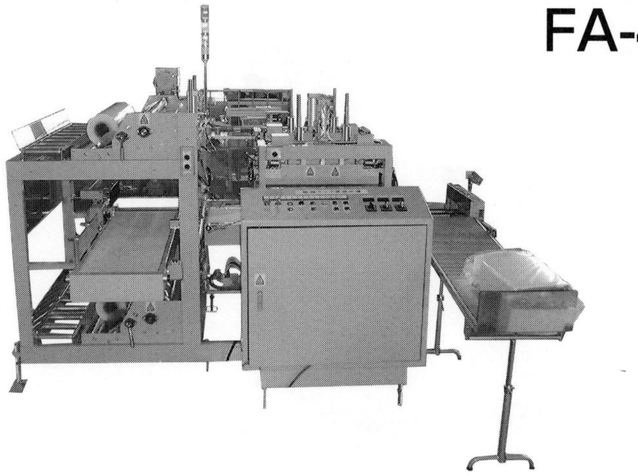

■不定形、不安定な包装物も安定に、しかも確実に四方シールし、完全な包装ができます。
■シュリンクトンネル機とのドッキングによる収縮包装機としても多くの実績を持っています。

| | |
|---|---|
| 名　　称 | 四方シール機 |
| 型　　式 | FA-4BT-1000型 |
| 使用フィルム | PEフィルム |
| 包装寸法<br>(長さ×幅×高さ) | 200~600×200~400×100~350mm |
| 包装能力 | 6パック／毎分 |
| 容　　量 | 3.5kw |
| 機械重量 | 1,200kg |
| 機械寸法<br>(長さ×幅×高さ) | 4,000×1,500×1,880mm |

工程図

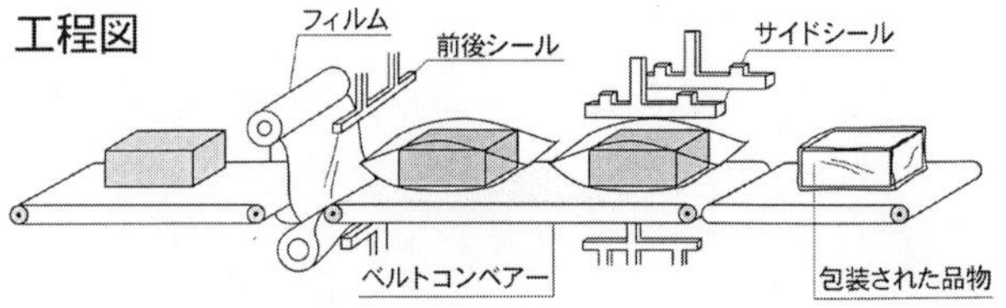


# チューブラッパー
## TW-1600型

■チューブフィルムを所定の寸法にカット・シールして袋を被せた状態の包装を行う機械です。
■ワーク高さは、ランダムに対応。
ガゼット入りチューブフィルムも使用できます。
■使用例…冷蔵庫、キャビネット等。

機械仕様

| | |
|---|---|
| 名　　称 | チューブラッパー |
| 型　　式 | TW-1600型 |
| 使用フィルム | LDPE(チューブフィルム)40~50μm1,500mm |
| 包装寸法<br>(長さ×幅×高さ) | 550~750×450~700×800~2,000mm |
| 包装能力 | 3パック／毎分 |
| 電　　源 | 3相 200／200V 160Hz 3.5kw |
| エアー源 | 0.5MPaG 350Nℓ／毎分 |
| 機械重量 | 2,000kg |
| 機械寸法<br>(長さ×幅×高さ) | 2,912×2,800×4,315mm |

機械部商品の詳細情報は　http://www.shinw.co.jp/kikaibu/

# 手動シーラー&トンネル

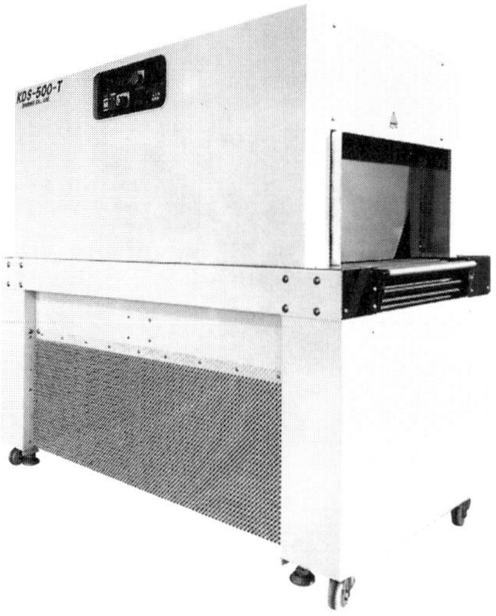

KDS-500T

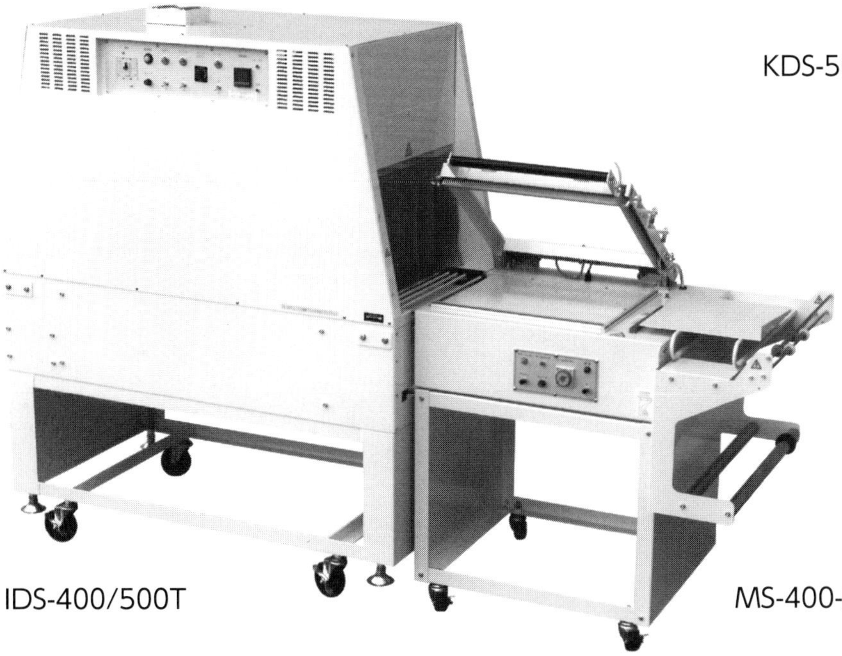

IDS-400/500T　　MS-400-L

## ●シュリンクトンネル

| | IDS-500-T | IDS-400-T |
|---|---|---|
| 使用電圧 | 3相200V | 3相200V |
| 電力ヒーター | 6.2KW | 5.0KW |
| 加熱方式 | 熱風 | 熱風 |
| 温度調整範囲 | 常温～220℃ | 常温～220℃ |
| コンベヤ速度 | ～13.4m／分 | ～13.4m／分 |
| トンネル間口(mm) | W500×L1000×H300 | W400×L900×H200 |
| 機械寸法(mm) | W683×L1150×H1500 | W583×L1160×H1400 |
| 重　量 | 235kg | 185kg |
| 備　考 | 単体、手動シーラー接続用 | 単体、手動シーラー接続用 |

## ●L型シーラー

| MS-400-L | |
|---|---|
| 使用電圧 | 単相200V |
| 使用電源(随時) | 2.0KW(瞬時) |
| シール方式 | インパル方式 |
| シール寸法(mm) | W380×L480 |
| フィルム幅(最大) | 500mm |
| テーブル面 | 上下調整可 |
| 機械寸法(mm) | W670×L960×H130 |
| 重　量 | 30kg |
| 備　考 | トンネル接続時電気供給1箇所 |

## ●全自動L型シーラー接続用トンネル

| KDS-500T | | | |
|---|---|---|---|
| 使用電圧 | 3相200V | コンベヤ速度 | ～13.2m／分 |
| 電力ヒーター | 8.0KW | トンネル間口(mm) | W500×L1100×H300 |
| 加熱方式 | 熱風 | 機械寸法(mm) | W750×L1500×H1390 |
| 温度調整範囲 | 常温～200℃ | 重　量 | 315kg |
| 備　考 | SA-450接続用 | | |

機械部商品の詳細情報は　http://www.shinw.co.jp/kikaibu/

# 野菜用フィルム包装機

## MTK-1003T

**包装機により鮮度保持効果抜群!**

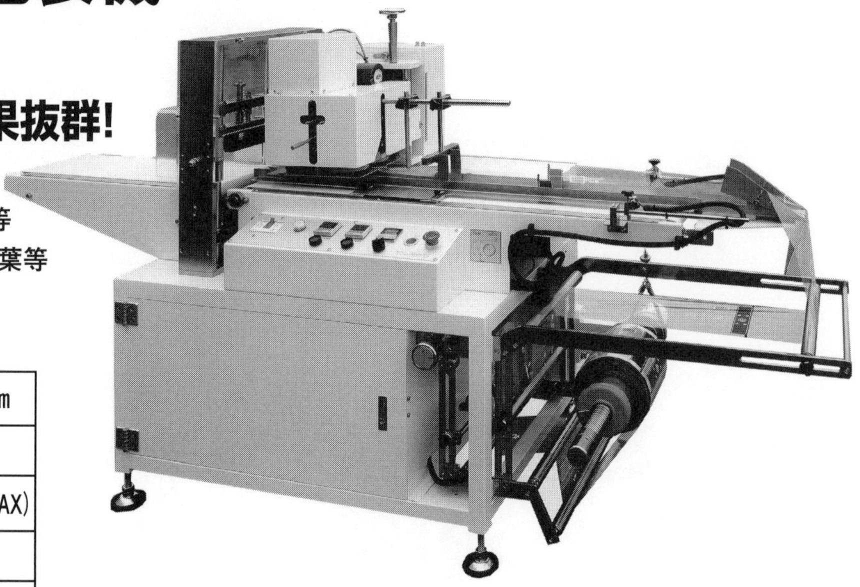

包装対象物
長物：青ネギ・白ネギ・ニラ・長芋・ゴボウ等
葉物：ほうれん草・チンゲン菜・春菊・三つ葉等
その他：なす・ニンジン・大根等

仕様

| | |
|---|---|
| 機械寸法 | L:2015㎜×W:700㎜×H:1265㎜ |
| 能　　力 | 1〜20パック／分 |
| 梱包範囲 | L:200〜850㎜×W:50〜170㎜×H:100㎜(MAX) |
| フィルム幅 | 430㎜(MAX) |
| 電　　源 | 3相200V　2kw |

※改良の為、予告無く仕様の変更を行う場合があります。

# 帯び掛けタイト包装機

## SA-2BT-450型

**環境適合素材を使用し、少量の資材でタイトに美しく確実な包装を行います。**

■独自のヒートシール方式採用により連続運転でもシールミスがありません。
■各種巾(サイズ)のフィルムが簡単に交換できます。
■商品のサイズ変更は簡単でスイーディーなハンドル調整。

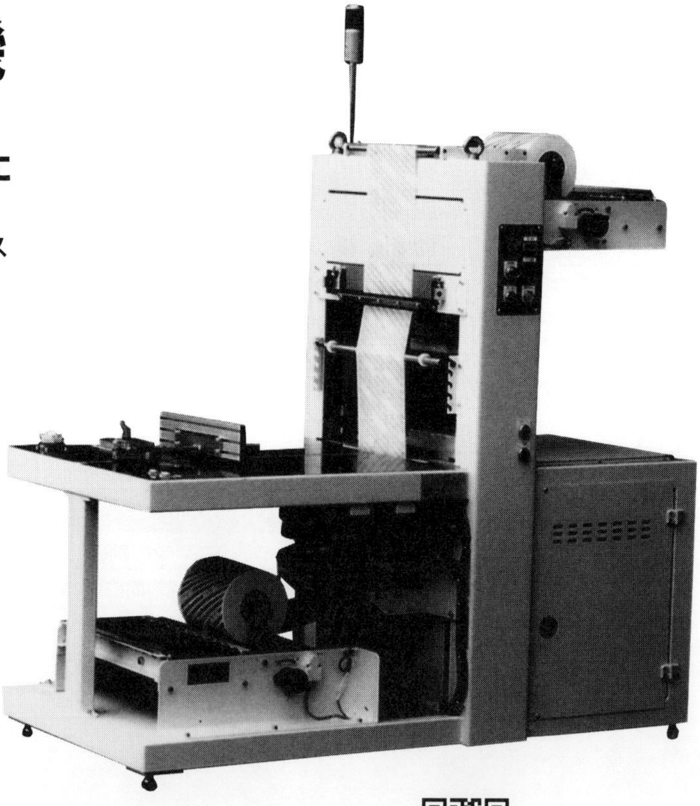

| | |
|---|---|
| 名　　称 | ギフト適性包装機 |
| 型　　式 | SA-2BT-450型 |
| 機械寸法(長さ×幅×高さ) | 1750×900×1600mm |
| 機械重量 | 約500kg |
| 包装能力 | 8〜10パック/分 |
| 商品サイズ(長さ×幅×高さ) | 150〜550×150〜650×25〜250mm |
| 商品重量 | 1〜15kg |
| 包装資材 | 特殊PEフィルム |
| フィルム寸法 | フラットロール巻 内径φ76×外径250×幅400mm<br>厚さ　0.025〜0.060mm |
| 電　　源 | 3相　200/220V 50/60Hz　1.0kw |
| エアー源 | 0.5MPaG 200Nℓ/min |

(改良のため、若干寸法が変更する場合があります。)

機械部商品の詳細情報は　http://www.shinw.co.jp/kikaibu/

包装のトータルプランナー
アグリシステムプランナー
シンワ株式会社

本　社　〒569-8512　大阪府高槻市大塚町5-1-2　☎(072)675-5973
京都工場　シンワ株式会社 機械部(京都工場)
〒614-8176　京都府八幡市上津屋136番地　☎(075)971-1571

■支社・営業所
札幌・北見・帯広・仙台・青森・郡山
東京・千葉・長野・甲信・北関東・静岡
名古屋・豊橋・大阪・高槻・岡山・広島
四国・高松・高知・福岡・北九州・熊本

http://www.shinw.co.jp

# ENDLESS SEALER

エンドレスシーラー ジュニア

## EDV Jr-25HP

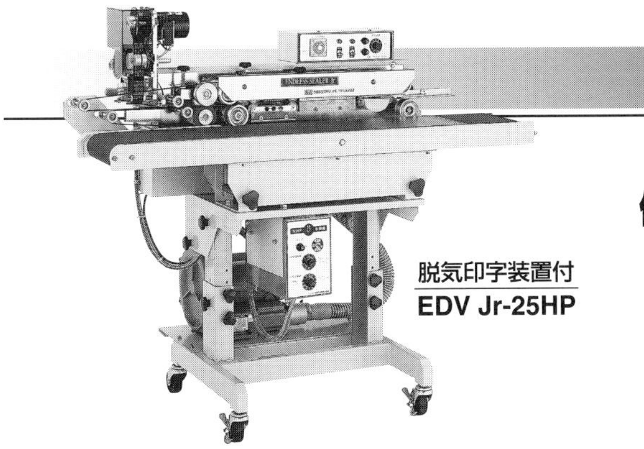

脱気印字装置付
EDV Jr-25HP

**オールマイティーに活躍。**
**使いやすさを追求した新時代のシーラー！**

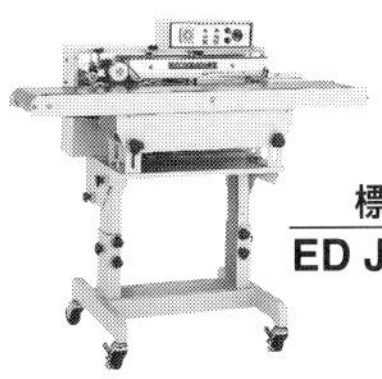

標準機
ED Jr-25,15

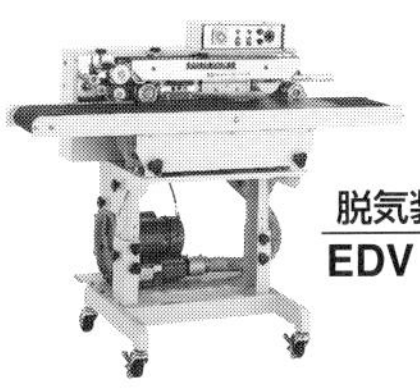

脱気装置付
EDV Jr-25

### ■仕　　様（EDV Jr-25HP）

| | |
|---|---|
| 電圧・電力 | 100V－1400W |
| シール幅 | 10／20㎜ |
| シールベルト幅 | 25㎜ |
| コンベアーベルト幅 | 200㎜ |
| シール速度 | 0～13m／分 |
| 本体寸法 | W1215×D510×H1000㎜ |
| 重量 | 100kg |

※電圧AC-200・220V、コンベアーベルト幅300・400㎜及び
ステンレス仕様も製作しております。

ミニエンドレスシーラー

## MED

**小型マシンで小さなものから大きなものまで！**

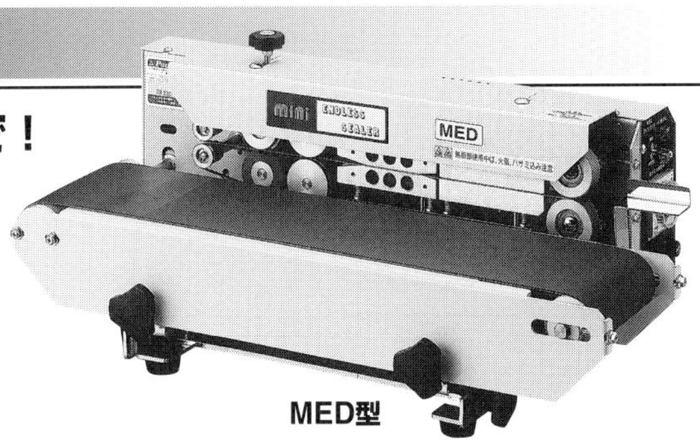

MED型

### ■仕　　様（MED）

| | | |
|---|---|---|
| 電圧・電力 | 100V 50／60Hz ヒーター容量200W×2本 | |
| シールバンド幅×熱板幅 | ポリエチレン用 15×6㎜ | ラミネート用 15×10㎜ |
| 温度調整 | 0～300℃ 電子温度調整器 | |
| コンベアーベルト幅 | 幅125×長550㎜ 前後100㎜移動可 | |
| シール速度 | MAX 0～7m／分 スピードコントローラー付 | |
| 本体寸法 | W550×D300×H250㎜ | |
| 重量 | 18kg | |

### ■オプション 印字装置（MED-HP）

| | |
|---|---|
| 電力 | 総計 510W |
| 印字装置 | モーター 6W ヒーター 80W |
| 捺印面積 | テープ幅 30㎜ 送り 6～12㎜ |
| 本体寸法 | 幅150×長340㎜ 握手 65㎜ プリンター 220㎜ |
| 重量 | 制御盤 5kg プリンター 3.5kg |

印字装置付
MED-HP

SGシーラー自動包装機綜合メーカー
**志賀包装機株式会社**

本社・第1工場
〒452-0822 名古屋市西区中小田井4丁目294
TEL（052）503-7601㈹ FAX（052）503-9680

第 2 工 場
〒452-0822 名古屋市西区中小田井4-335
TEL（052）503-7801㈹ FAX（052）503-9580

東京サテライト
〒101-0032 東京都千代田区内神田3-2-1
喜助内神田3丁目ビル101号室

# ENDLESS SEALER

## EDVG-25

### エンドレスシーラー 脱気・ガス充填モデル

●特長

エンドレスシーラージュニアに、ノズルによる脱気・ガス充填機能が付いたモデルです。
ノズルに袋を差し込むことによりシール作業と同時に脱気とガス充填が可能です。
連続的に作業が出来るので生産効率を高めます。
真空ポンプを使用しないため、脱気操作時の騒音が抑えられます。
※エアーコンプレッサー別途必要となります。

●用途

食品・珍味・菓子・工業製品　その他幅広い業界

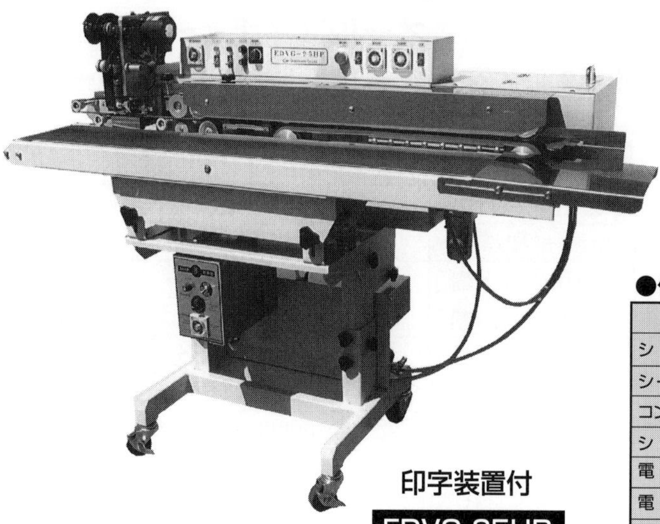

印字装置付
EDVG-25HP

●仕様

| | EDVG-25 | EDVG-25HP |
|---|---|---|
| シール幅 | 10・20㎜ | |
| シールベルト幅 | 25㎜ | |
| コンベアベルト幅 | 200㎜ | |
| シール速度 | 0～13m/分 | |
| 電圧 | 100V | |
| 電力 | 1300W | 1400W |
| 重量 | 100kg | 105kg |
| 機械寸法 | 1360×700×1000 | 1360×700×1070 |

# SOFT SEALER

## 200EN・300EN

### 菓子、食品、工業パーツ等の一般包装に適しています。

200EN

■仕　様

| | 200EN | 300EN |
|---|---|---|
| 袋材質 | PE・PP・ラミ袋 | |
| 電圧・電力 | 100V−400W | 100V−580W |
| シール幅 | 5／2㎜ | |
| シール長 | 200㎜ | 300㎜ |
| 本体寸法 | W240×D300×H170㎜ | W340×D300×H170㎜ |
| 重量 | 3.8kg | 4.5kg |

SGシーラー自動包装機綜合メーカー
**志賀包装機株式会社**

本社・第1工場
〒452-0822　名古屋市西区中小田井4丁目294
TEL(052)503-7601㈹　FAX(052)503-9680

第２工場
〒452-0822　名古屋市西区中小田井4-335
TEL(052)503-7801㈹　FAX(052)503-9580

東京サテライト
〒101-0032　東京都千代田区内神田3-2-1
喜助内神田3丁目ビル101号室

SHIGA

# 斜めピロー自動包装機
# SPM-300

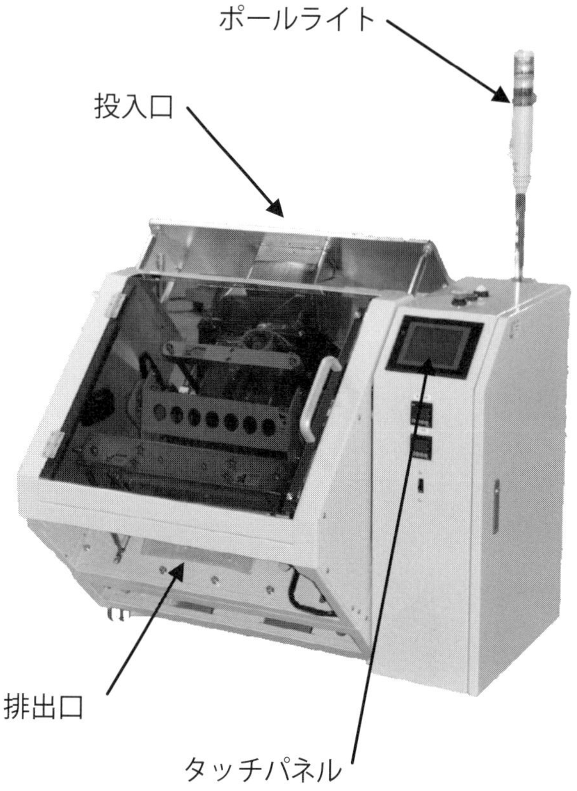


## ●特徴

SPM-300は、工業包装用に適したポリエチレンフィルム用傾斜投入型ピロー包装機です。

斜めにすることにより縦ピロー包装機のワークの落下による破損や横ピロー包装機のワーク送り不足の噛み込みが軽減されます。

特殊モーターにより1ミリ単位の設定が可能です。

ヒートシールですので高速シールできます。

計数装置、自動計量装置などとの組み合わせがシーケンサー搭載により簡単に接続できます。

また、オプション搭載の電子プリンターは、印字面積50ミリX100ミリ(最大)の印字範囲ですので、幅広い情報が転写できます。

☆ 指定色は別途で承ります。
☆ フィルムは、L-LDPE指定とさせていただきます。
☆ 電子プリンターは、別途お打ち合わせが必要です。
なにかわからないことがあればお気軽にお問い合わせ下さい。

## ●仕様

| | | |
|---|---|---|
| ●電源電圧 | AC200V | 最大電力　1500W |
| ●駆動方式 | シール部 | エアーシリンダー |
| | フィルム送り | ステッピングモーター |
| ●シール方式 | ヒートシール(縦、横共) | |
| ●温度制御 | PID制御　デジタル電子温度調整器 | |
| ●設定方法 | タッチパネル式 | |
| ●制御方式 | シーケンサー | |
| ●袋サイズ | 300ミリ幅　150ミリ~3m　長 | |
| ●包装能力 | 最大20個/min.　(150ミリ送り時) | |
| ●使用フィルム | 630ミリ幅　PE　60(80)μ | |
| | L-LDPE | |
| ●本体寸法 | 950H×1030W×1210D | |
| ●本体重量 | 300Kg(approx.) | |
| ●塗装色 | アイボリー | |
| ●付属品 | 取り扱い説明書　1部 | |
| | 縦横ヒーター　各1本 | |
| | エアーホース　5M | |

オプション

●コンプレッサー　0.75KW
●電子プリンター　印字範囲　50ミリx100ミリ(最大)

### シリーズ
VPM−503、506
※ 詳細は別途資料請求して下さい。

お断りなしに仕様を変更する場合がございます

SHIGA
SGシーラー自動包装機綜合メーカー
**志賀包装機株式会社**

本社·第1工場
〒452-0822　名古屋市西区中小田井4丁目294
TEL(052)503-7601(代)　FAX(052)503-9680

第 2 工 場
〒452-0822　名古屋市西区中小田井4-335
TEL(052)503-7801(代)　FAX(052)503-9580

東京サテライト
〒101-0032　東京都千代田区内神田3-2-1
喜助内神田3丁目ビル101号室

誠意で包む
NISSAN KIKO

# MODEL SST-450

## 帯掛けタイト包装機

作業効率と環境への配慮
低コスト&省資源
環境に優しく、人にも優しい
省『人』&省『スペース』
単品の包装にも便利

◆初めての方でも簡単にご使用頂ける対話式タッチパネル操作。
◆フルランダム対応OK（全自動タイプ SST-450）。
◆包装処理能力《スタート原点、スピードの減速⇔高速》切替機能を装備（ST-450/M）。
◆収縮包装などに必要な熱風炉は不要。消費電力の大幅ダウンが図れます。

仕　様　ST-450/SST-450

| | | |
|---|---|---|
| 梱包サイズ | W | 200〜600㎜ |
| | H | 10〜260㎜ |
| | L | 110〜550㎜ |
| 能力/分 | | MAX15Packs |
| 機械サイズ | | W1000×H1400×L1760㎜ |
| フィルム最大幅 | | エンボスフィルム　300㎜ |

# MODEL L-4050/M,L-5070/M

◆半折フィルムを使って多品種少ロット製品の包装に機動力を発揮します。
◆コンパクト設計ですからスペースをとりません。

単位：mm

| 機種 type / 仕様 spec. | | L-4050/M | L-5070/M |
|---|---|---|---|
| 包装サイズ PACKAGE SIZE | W | 100〜350 | 100〜450 |
| | H | 10〜100 | 10〜150 |
| | L | 100〜450 | 100〜650 |
| 機械能力/分 OPERATING SPEED/min. | | 8〜12PACKS/分 | |
| 機械寸法 MACHINE DIMENSIONS | W | 740 | 910 |
| | H | 1150 | 1250 |
| | L | 1350 | 1790 |
| 使用電力 POWER CONSUMPTION | | 1.5kw | 1.5kw |
| 機械重量 NET WEIGHT | | 150kg | 200kg |

誠意で包む
株式会社ニッサンキコー
NISSAN KIKO CO.,LTD.
●本社営業部・工場/〒611-0041　京都府宇治市槇島町吹前107番地　TEL.0774-22-1115　FAX.0774-20-5250
●東京支店/〒110-0016　東京都台東区台東1丁目24番1号 燦坤日本電気ビル1階　TEL.03-3837-8380　FAX.03-3837-8360
●URL：http://www.nissankiko.co.jp
NISSAN KIKO CO.,LTD.
107 FUKIMAE MAKISHIMA-CHO UJI-CITY KYOTO 611-0041 JAPAN　TEL.0774-22-1115　FAX.0774-20-5250

収納包装機

# 収縮スリーブ包装機

誠意で包む
NISSAN KIKO

**SHRINK SLEEVE PACKAGING MACHINE**

家電製品・食品・薬品・雑貨・ダンボール箱の単品又は集積etc.

## SL Pack In Box 包装機

個別包装、通信販売、各種製品等

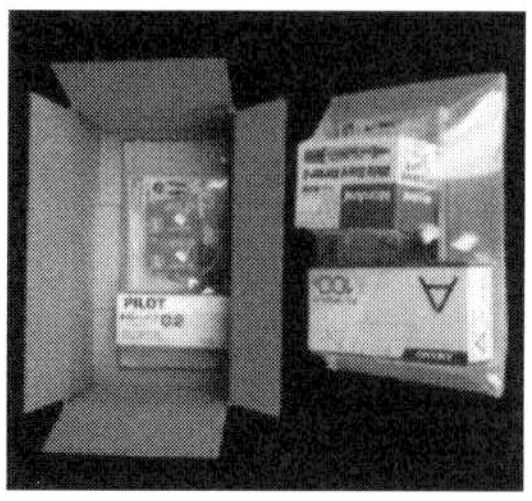


様々な複数製品のシュリンク包装を行い、集積・結束させる事により、輸送過程での緩衝材削減や包装資材の削減を実現します。製函機・封函機さらにはラベリングシステム（Pack In Box）も対応します。

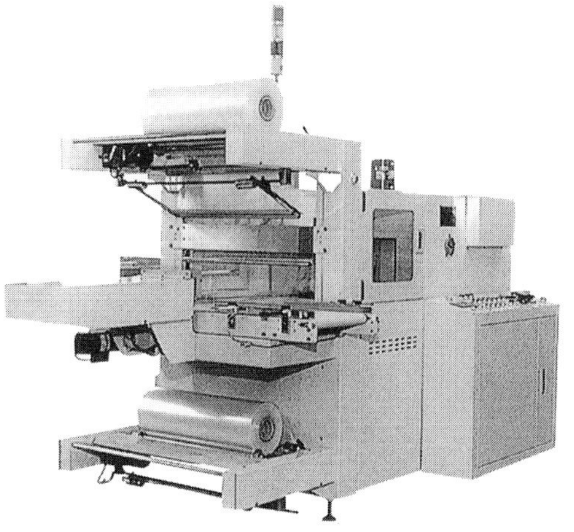

SPECIFICATION

単位：mm

| 機　種 | | SL-450LT |
|---|---|---|
| 包装サイズ | W | 150〜310 |
| | H | 30〜150 |
| | L | 100〜210 |
| 能　力　／　分 | | 20packs |
| 機　械　サ　イ　ズ | | W900×H1600×L3000 |
| 包　　材 | | 2軸幅延伸P.E.シュリンクフィルム<br>最大幅400×捲径$\phi$250 |

## MODEL SLT.SST

食品・薬品・雑貨等の箱物・かん詰・ビン詰
各種プラスチック容器入り製品の小分け包装

- ◆箱（カートン）入り単品又は集積製品を美しく包装。
- ◆省資源包装を約束するタイト機構と、収縮トンネルを一体化した省エネ省スペースタイプです。
- ◆各種集積装置と接続すればさらに高能力機としての実力をアップ。量産製品に最適です。
- ◆タイトシールだけで仕上げる仕様も用意しています。

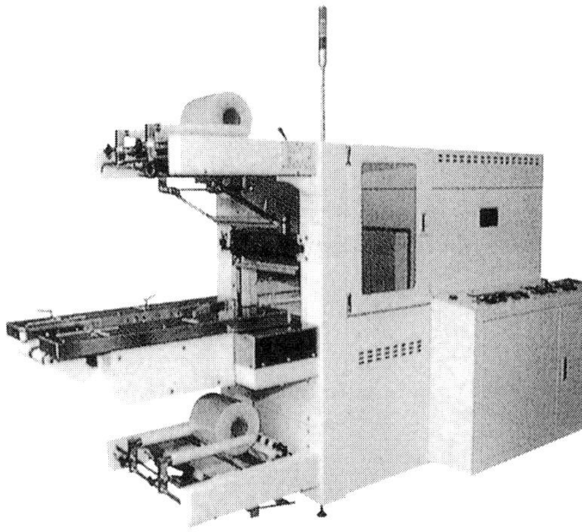

単位：mm

| | | SLT・SST-450T | SLT-650T |
|---|---|---|---|
| シール方式<br>SEALING METHO | | 平線による予熱インパルスシール<br>IMPULSE SEAL WITH RIBBON WIRE | |
| 包装サイズ<br>PACKAGE SIZE | W | 300 | 400 |
| | H | 250 | 300 |
| | L | 260 | 300 |
| 付属装置<br>ACCESSORIES | | 各種集積供給装置 フィルム自動接続装置 フィルム残量警報 フィルム終了検出<br>STORAGE AND SUPPLYING EQUIPMENT, AUTOMATIC FILM JOINT EQUIPMENT, REDUCED FILM REMAINS DETECTOR, FILM END DETECTOR | |
| 機械能力/分<br>OPERATING SPEED/min. | | 10〜30PACKS | 10〜30PACKS |
| 使用電力<br>POWER CONSUMPTION | | 8kw | 17.5kw |
| 機械重量（トンネル含む）<br>NET WEIGHT | | 950kg | 1050kg |
| 機械寸法（トンネル含む）<br>MACHINE DIMENSIONS<br>（参考数値） | W | 750 | 950 |
| | H | 1500 | 1500 |
| | L | 3000 | 3000 |
| 包装材料<br>PACKAGING MATERIALS | | 一軸延伸熱収縮性ポリエチレンフィルム<br>MONO-AXIALLY ORIENTATED THERMO SHRINKABLE POLYETHYLENE FILM | |

※上記の包装サイズは1例です。御希望サイズは御指示願います。

誠意で包む
株式会社ニッサンキコー
NISSAN KIKO CO.,LTD.

●本社営業部・工場/〒611-0041　京都府宇治市槇島町吹前107番地　TEL.0774-22-1115　FAX.0774-20-5250
●東京支店/〒110-0016　東京都台東区台東1丁目24番1号 燦坤日本電気ビル1階　TEL.03-3837-8380　FAX.03-3837-8360
●URL：http://www.nissankiko.co.jp

NISSAN KIKO CO.,LTD.
107 FUKIMAE MAKISHIMA-CHO UJI-CITY KYOTO 611-0041 JAPAN　TEL.0774-22-1115　FAX.0774-20-5250

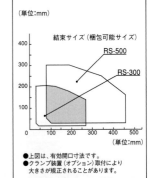

誠意で包む
NISSAN KIKO

# 平板自動収縮包装機

## AUTOMATIC SHRINK PACKAGING MACHINE

# MODEL AS,SS

**スチール製品・段ボール紙器・雨戸**
**ドア・平状板製品 等各種**

◆平板状の単体又は集積製品を自動的に四方シール（ASタイプ）又はスリーブ包装（SSタイプ）に仕上げます。
◆シュリンクトンネルに通すことにより結束性のある美しいシュリンク包装に仕上げます。
◆平板用包装機として最も多くの納入実績を誇っています。
◆右記以外の仕様も多くそろえています。

単位：mm

| | | AS-1550R<br>SS-1550 | AS-1300R<br>SS-1300 | AS-850R<br>SS-850 |
|---|---|---|---|---|
| シール方式<br>SEALING METHOD | | クロスシール：平線による予熱インパルスシール<br>CROSS SEAL：IMPULSE SEAL WITH RIBBON WIRE<br>サイドシール：熱刃によるロータリーシール&カット<br>SIDE SEAL：SEAL AND CUT WITH HOT ROTARY DISK | | |
| 包装サイズ<br>PACKAGE SIZE | W | 400～1350 | 300～1000 | 200～600 |
| | H | 10～200 | 10～200 | 10～200 |
| | L | 300～2500 | 300～2500 | 300～2500 |
| 付属装置<br>ACCESSORIES | | 収縮トンネル<br>SHRINK TUNNEL | | |
| 機械能力/分<br>OPERATING SPEED/min. | | 3～8PACKS | 3～8PACKS | 3～8PACKS |
| 機械重量（トンネル含む）<br>NET WEIGHT | | 約3500 | 約3000 | 約2800600kg |
| 機械寸法（トンネル含む）<br>MACHINE DIMENSIONS | W | 1950 | 1700 | 1350 |
| | H | 1900 | 1900 | 1900 |
| | L | 6350（AS：6800） | 6350（AS：6800） | 6350（AS：6800） |
| 包装材料<br>PACKAGING MATERIALS | | 熱収縮性ポリエチレンフィルム<br>THERMO SHRINKABLE POLYETHYLENE FILM | | |

※上記の包装サイズは1例です。御希望サイズは御指示願います。

# ストレッチ結束機

# MODEL RS-300L/M（単体）
# RS-500L/M

**柱、枠、部材セット梱包など**

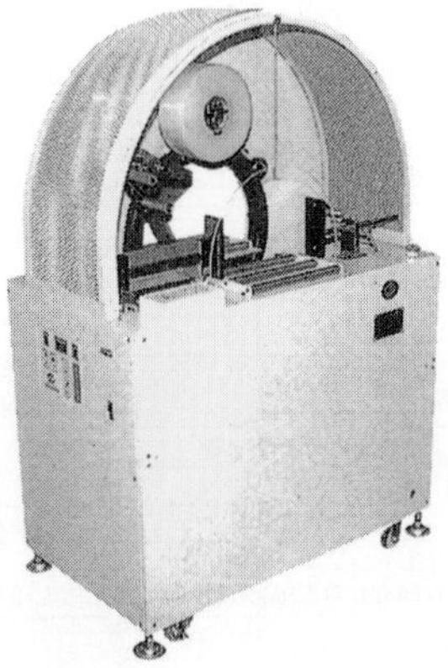

ストレッチフィルムによって部分結束し、製品ずれによるキズを防止。
必要最小限の包材で結果を発揮します。造作材の結束に最適です。

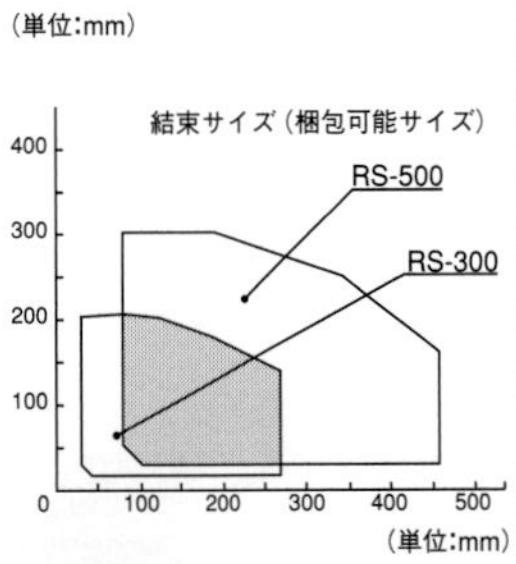


●上図は、有効開口寸法です。
●クランプ装置（オプション）取付により
大きさが規正されることがあります。

単位：mm

| 機種 | RS-300L/M | RS-500L/M |
|---|---|---|
| 能力/3回巻付け時 | 3.0秒 | 5.0秒 |
| 機械寸法 | W930×H1365×L530 | W1150×H1425×L530 |
| 巻付け箇所 | 任意 | |
| 使用電気エアー容量 | 3φ、AC200/220V（50/60Hz）、0.8kw、0.5Mpa、150nl/min | |
| 包装資材 | 特殊ストレッチフィルム（フィルム寸法 60/80/100） | |

※大型ストレッチ結束機も取り揃えております。
RS-1100型　結束サイズ　W950×H730mmまで可能

誠意で包む
株式会社ニッサンキコー
NISSAN KIKO CO.,LTD.
●本社営業部・工場/〒611-0041　京都府宇治市槇島町吹前107番地　TEL.0774-22-1115　FAX.0774-20-5250
●東京支店/〒110-0016　東京都台東区台東1丁目24番1号 燦坤日本電気ビル1階　TEL.03-3837-8380　FAX.03-3837-8360
●URL：http://www.nissankiko.co.jp
NISSAN KIKO CO.,LTD.
107 FUKIMAE MAKISHIMA-CHO UJI-CITY KYOTO 611-0041 JAPAN　TEL.0774-22-1115　FAX.0774-20-5250

収納包装機

# (eco) 収縮トンネル
# (eco) SHRINK TUNNEL

誠意で包む
NISSAN KIKO

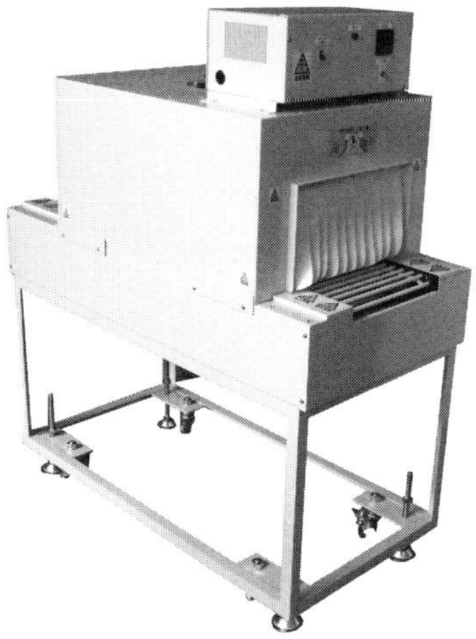

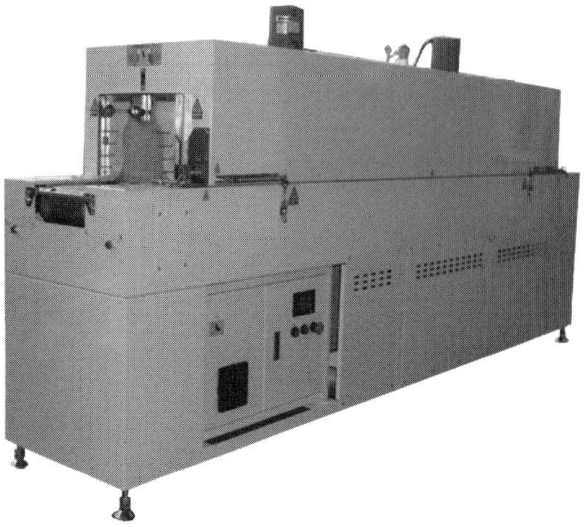

## ●特　徴

- あらゆるサイズ・形態・包装資材に応じた180機種を取り揃えています。
- フィルム包装された品物をより美しく仕上げることができます。

## ●仕　様

- 使用例
  食品、薬品、雑貨等

| ラベルシュリンク | 炉長 | 700 | | 1500 | | | 2100 | | | 2400 | | |
|---|---|---|---|---|---|---|---|---|---|---|---|---|
| | 炉内巾＼炉内高 | 200 | 250 | 200 | 350 | / | 200 | 350 | / | 200 | 350 | / |
| | 300 | ○ | | ○ | ○ | / | ○ | ○ | / | ○ | ○ | / |
| | 400 | ○ | ○ | ○ | | / | ○ | | / | ○ | | / |

| 中・小型機 | 炉長 | 900 | | | 1200 | | | 1500 | | | 2000 | | | 2400 | | | 3000 | | |
|---|---|---|---|---|---|---|---|---|---|---|---|---|---|---|---|---|---|---|---|
| | 炉内巾＼炉内高 | 250 | 350 | 450 | 250 | 350 | 450 | 250 | 350 | 450 | 250 | 350 | 450 | 250 | 350 | 450 | 250 | 350 | 450 |
| | 500 | ○ | ○ | ○ | ○ | ○ | ○ | ○ | ○ | ○ | | ○ | ○ | ○ | ○ | ○ | | ○ | |
| | 600 | ○ | ○ | ○ | ○ | ○ | ○ | | ○ | ○ | | ○ | ○ | ○ | ○ | ○ | | ○ | ○ |
| | 700 | ○ | ○ | ○ | ○ | ○ | ○ | ○ | ○ | ○ | ○ | ○ | ○ | | ○ | | | ○ | |
| | 800 | | | | ○ | ○ | ○ | ○ | ○ | ○ | | ○ | | ○ | ○ | | ○ | ○ | |
| | 900 | | | | ○ | | | ○ | ○ | ○ | | | ○ | | | | ○ | ○ | ○ |

| 高速型 | 炉長 | 1200 | | | 1500 | | | 1800 | | | 2000 | | | 2400 | | | 3000 | | | 3600 | | | 4800 | | |
|---|---|---|---|---|---|---|---|---|---|---|---|---|---|---|---|---|---|---|---|---|---|---|---|---|---|
| | 炉内巾＼炉内高 | 200 | 250 | 350 | 200 | 250 | 350 | 200 | 250 | 350 | 200 | 250 | 350 | 200 | 250 | 350 | 200 | 250 | 350 | 200 | 250 | 350 | 200 | 250 | 350 |
| | 300 | ○ | | | ○ | | | ○ | | | ○ | | | ○ | | | ○ | | | ○ | | | ○ | | |
| | 400 | ○ | | ○ | ○ | | ○ | | | | | | | ○ | ○ | | | | | ○ | | | ○ | | |

※ほんの一例です。特注品のご相談もうけたまわります。※ecoシュリンクトンネルはピロー包装機接続型、炉長1,000m以上の機種となります。

誠意で包む
株式会社ニッサンキコー
NISSAN KIKO CO.,LTD.
●本社営業部・工場/〒611-0041　京都府宇治市槇島町吹前107番地　TEL.0774-22-1115　FAX.0774-20-5250
●東京支店/〒110-0016　東京都台東区台東1丁目24番1号 燦坤日本電気ビル1階　TEL.03-3837-8380　FAX.03-3837-8360
●URL：http://www.nissankiko.co.jp
NISSAN KIKO CO.,LTD.
107 FUKIMAE MAKISHIMA-CHO UJI-CITY KYOTO 611-0041 JAPAN　TEL.0774-22-1115　FAX.0774-20-5250

# 印字・脱気装置付シール機

## KSDPG20E-15型・25型

ステンレス仕様

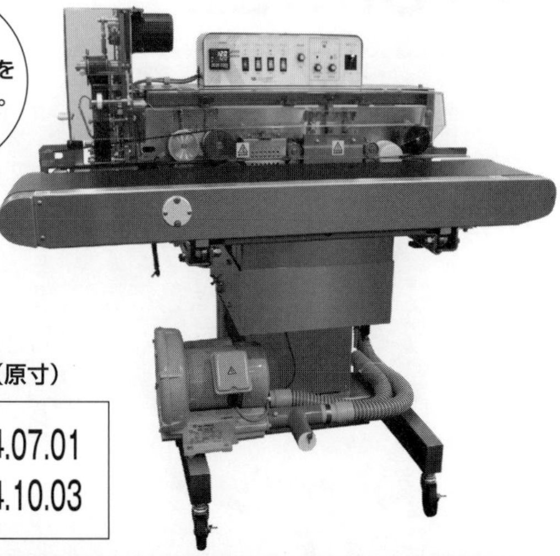

日付検査装置を装備できます。

印字見本（原寸）

製造　'24.07.01
賞味期限'24.10.03

### 特徴

①本機は、袋などの接着すべき部分をテフロンベルトではさんで移動させながら、袋の中の空気を脱気し、熱板を加熱し接着します。
②ブロワー方式にて脱気しますので、商品を傷めません。空気吸引も調整できます。脱気は、酸化防止や鮮度保持に、又は中身の固定などに有効です。そして脱酸素剤使用の場合、脱酸素効果をより一層高めることができます。
③新設計により安全性・操作性・耐久性・メンテナンス性に優れた構造となっております。
④シール圧力はフィルムの厚さに応じて最適な圧力が自動調整されます。
⑤シール温度制御はデジタル温度制御器を使用のため、フィルムに適合したシール温度が設定できます。また、設定温度と現在温度両方を表示するため温度確認が容易です。
⑥大きな商品にも柔軟に対応できるようコンベヤを手前に120mmまで引き出せるコンベヤスライドを標準装備しております。
⑦電子温度調節器を使用のため、フィルムに適合した印字温度が設定できます。
⑧印字は、標準仕様で二列の印字ができ、JIS又はご要望により指定文字の活字が提供できます。オプションで三列印字もございます。

### 仕様

| | |
|---|---|
| 電　源 | AC100V　50～60Hz |
| シール巾 | 10mm(15型)・20mm(25型) |
| シール模様 | ヨコ目・アミ目・無 |
| コンベヤベルト巾 | 200mm |
| コンベヤ上下調整巾 | 70mm |
| コンベヤスライド | 120mm |
| 回転速度(可変式) | 0～12m/分 |
| 脱　気 | リングブロー |
| 印 字 列 | 1～2列 |
| 機械寸法 | 1,173mm×535mm×1,105～1,285mm |
| 重　量 | 120.5kg(15型) |

# 印字装置付標準シール機

## KSPG20E-15型・25型

ステンレス仕様

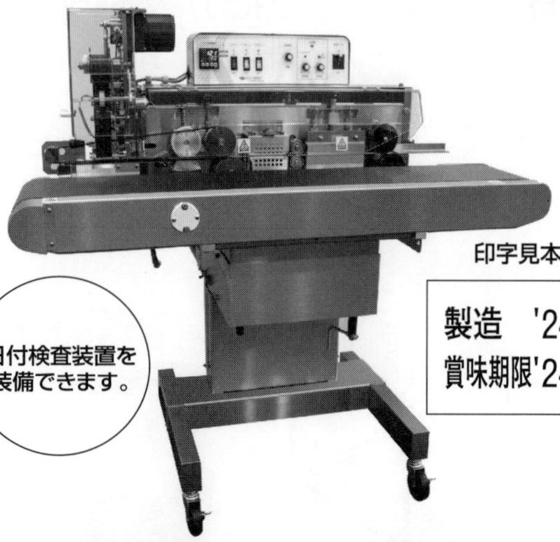

印字見本（原寸）

製造　'24.07.01
賞味期限'24.10.03

日付検査装置を装備できます。

### 特徴

①本機は、袋などの接着すべき部分をテフロンベルトではさんで移動させながら、熱板を加熱し接着します。
②新設計により安全性・操作性・耐久性・メンテナンス性に優れた構造となっております。
③シール圧力はフィルムの厚さに応じて最適な圧力が自動調整されます。
④シール温度制御はデジタル温度制御器を使用のため、フィルムに適合したシール温度が設定できます。また、設定温度と現在温度両方を表示するため温度確認が容易です。
⑤脱酸素剤対応シール機、KS20E-15H・25H型もございます。
⑥大きな商品にも柔軟に対応できるようオプションでコンベヤを手前に120mmまで引き出せるコンベヤスライドを取り付け可能です。
⑦電子温度調節器を使用のため、フィルムに適合した印字温度が設定できます。
⑧印字は、標準仕様で二列の印字ができ、JIS又はご要望により指定文字の活字が提供できます。オプションで三列印字もございます。

### 仕様

| | |
|---|---|
| 電　源 | AC100V　50～60Hz |
| シール巾 | 10mm(15型)・20mm(25型) |
| シール模様 | アミ目・ヨコ目(H型)・無 |
| コンベヤベルト巾 | 200mm |
| コンベヤ上下調整巾 | 70mm |
| 回転速度(可変式) | 0～12m/分 |
| 印 字 列 | 1～2列 |
| 機械寸法 | 1,173mm×535mm×1,105～1,285mm |
| 重　量 | 100.3kg(15型) |

# ガス置換シール機 ステンレス仕様

## KSGF20E-15/25型

**ガス充填** 脱気→ガス充填→シール工程

**ガス置換** 「脱気→ガス充填」または「ガス充填→脱気→ガス充填」を指定回数繰り返す→シール工程

**ガス循環** ガス充填しながら脱気→シール工程

### ガス置換包装を実現した高性能シール機

### 特徴

**タッチパネルから簡単設定!**

タッチパネルからガス置換・脱気設定が容易に行えます。

**PLC制御による多彩な動きを可能とするトラベリングノズル**

ノズルの長さ、ノズルの移動速度、ノズルの動くタイミングや動作範囲等は数値を入力するだけで簡単に設定することができます。

**目的に応じたガス置換包装が可能です**

脱気とガス充填は、各々タイミング・時間・回数を簡単に設定することができ、安定した高置換率を追求します。

### 仕様

| | |
|---|---|
| 電　源 | AC100V 50/60Hz |
| 電源電圧範囲 | ±10% |
| 最大消費電力 | 1,370W |
| ヒーター | 450W×2本 |
| 冷却ファン | 15W |
| モーター | 40W |
| 真空ポンプ | 400W |
| 電動アクチュエータ | 187W |
| タッチパネル | 10W |
| PLC | 14W |
| トラベリングノズル前後ストローク | 200mm |
| シール巾 | 10mm(15型) 20mm(25型) |
| シール模様 | アミ目/ヨコ目 |
| 回転速度 | 0~12m/分(60Hz) |
| コンベヤベルト巾 | 200mm |
| コンベヤ上下巾 | 70mm |
| コンベヤスライド巾 | 105mm |
| その他装備 | ガス圧力検知器・ガス圧力調整弁 |

# トラベリングノズル式脱気装置付シール機

## KSNV20E-15/25型 ステンレス仕様

### 強力脱気包装を実現した高性能シール機

### 特徴

**タッチパネルから簡単設定!**

タッチパネルから脱気設定が容易に行えます。

**PLC制御による多彩な動きを可能とするトラベリングノズル**

ノズルの長さ、ノズルの移動速度、ノズルの動くタイミングや動作範囲等は数値を入力するだけで簡単に設定することができます。

**弱い脱気包装から強力な脱気包装まで自由自在**

脱気のタイミング・時間・回数を簡単に設定することができ、商品に応じた最適な脱気を実現します。

### 仕様

| | |
|---|---|
| 電　源 | AC100V 50/60Hz |
| 電源電圧範囲 | ±10% |
| 最大消費電力 | 1,370W |
| ヒーター | 450W×2本 |
| 冷却ファン | 15W |
| モーター | 40W |
| 真空ポンプ | 400W |
| 電動アクチュエータ | 187W |
| タッチパネル | 10W |
| PLC | 14W |
| トラベリングノズル前後ストローク | 200mm |
| シール巾 | 10mm(15型) 20mm(25型) |
| シール模様 | アミ目/ヨコ目 |
| 回転速度 | 0~12m/分(60Hz) |
| コンベヤベルト巾 | 200mm |
| コンベヤ上下巾 | 70mm |
| コンベヤスライド巾 | 105mm |

容器検査・重量充填・打栓・打栓検査・ネジ締め・クリンピング・押印等を…… 一台に集約。

## 斗缶用ライン式充填キャッパー　WLF-044型

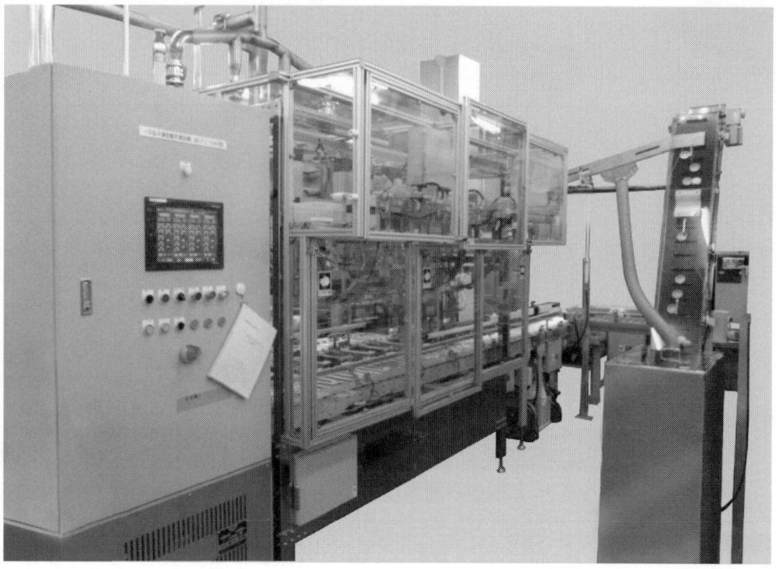

4連充填後、同機内でキャップ挿入クリンプし機外に繰り出します。

## 18ℓ缶用シール口シーマー　I-AS-U型

18リッター食用油缶等に使用されるシール口の自動巻締機です。充填機より送り込まれた缶にキャップを装着、位置決め、巻締めと全て自動で処理します。キャップソーターのホッパーには約3000枚のキャップが入ります。又、特殊型として9ℓ缶、ロイヤルキャップとの兼用型も製作します。

能　　力　毎分25缶
機械寸法　L2,000×W1,200×H2,200m/m

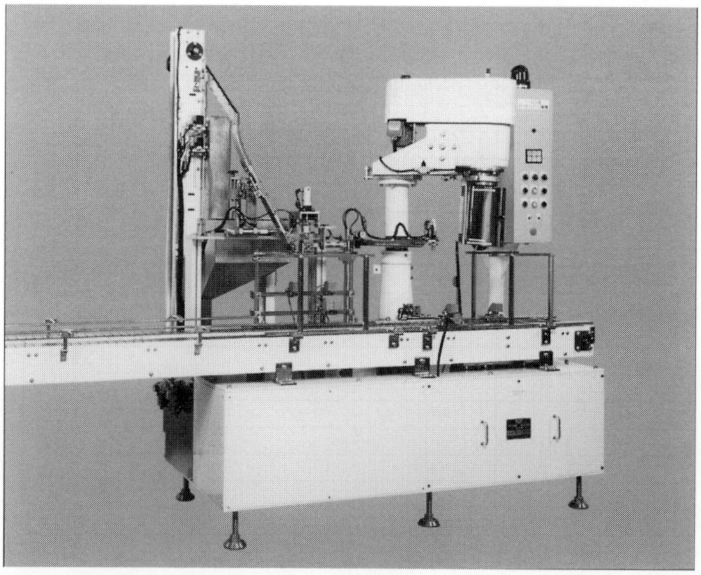

有限会社 第一技研

〒421-1121　静岡県藤枝市岡部町岡部981　TEL（054）667-3500　FAX（054）667-3275

## リークテスター（紙カン、紙カップ用高精度リークテスター） TH-24CS型

実用新案登録済

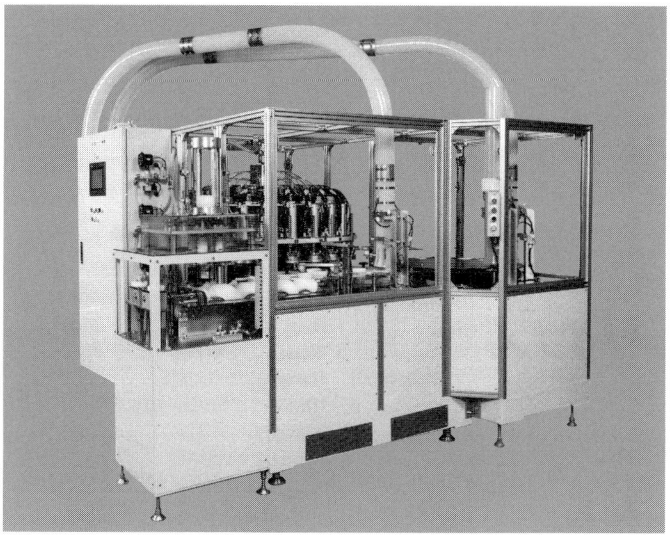

紙カップの貼付不良や破れ、ピンホールを検査する機械です。エアー封入後の圧力の変化をデジタル数値化して微少な漏れを正確に検出します。

能　　力　毎分100本～200本
機械寸法　L3,050×W2,300×H2,600m/m

## 紙カップ用カメラ検査機付オートリークテスター TH-164CAS型

紙カップ用オートレークテスターに、カップの内面、側面カメラ検査機を設置し省スペースの機械にまとめました。
これにより、生産ラインのスペースを有効に使うことが出来ます。

### 仕　様

機械寸法　L2,100×W2,650×H2,800m/m
検査容器　外径50～100m/mφ　高さ70～100m/m
検査項目　(A) リーク検査（チャンバー式）
ボトム40μのピンホールと良品との差0.2kpa以上の圧力上昇するものを検出、判定する。
サイド70μのピンホールと良品との差0.5kpa以上の圧力上昇するものを検出、判定する。
(B) カメラ検査
内面、フランジ、側面…4ピクセル以上でコントラスト20以上の異物、汚れ、キズを検出判定する。
毎分能力　常用　120本（Max 130本）

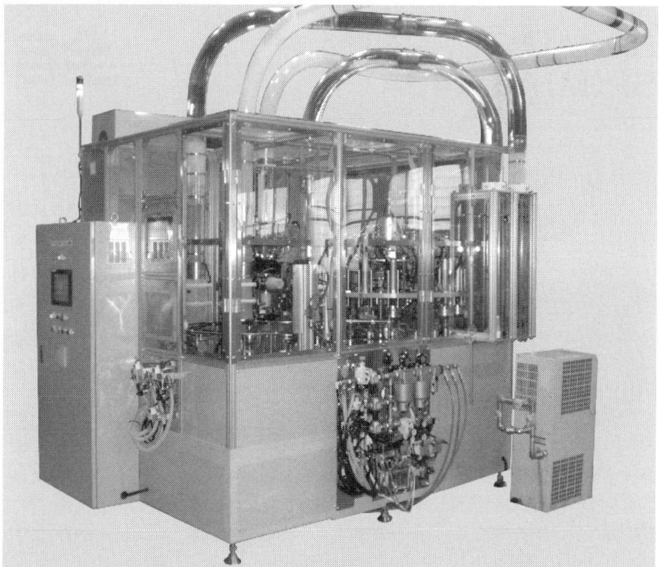

有限会社 第一技研

〒421-1121　静岡県藤枝市岡部町岡部981　TEL(054)667-3500　FAX(054)667-3275

SMH-120A
SMH-220A

# 卓上型 スキンパック(兼真空成形機)

仕様

| | SMH-120A type | SMH-220A type |
|---|---|---|
| 包装面積 | 400×300×150H | 550×400×150H |
| 包装能力 | 2回/分 | 2回/分 |
| 加熱ヒーター | 単相100V、1.5KW | 3相200V、2.4KW |
| 真空ポンプ | 単相100V、0.6KW | 単相100V、1.2KW |
| 機械寸法 | 550×600×500 | 620×750×500 |
| 重量 | 65kg | 80kg |

改良のため、仕様変更をする場合があります。

SP(M)A2-222SR
SP(M)A2-440SR

# スキンパッカー(兼真空成形機)

1.スキンパック包装機
2.真空成形機としても使用できます。

仕様

| | SP(M)A2-222SR | SP(M)A2-440SR |
|---|---|---|
| 包装面積 | 550×400×180 | 800×550×180 |
| 加熱ヒーター | 3相200V、5.2KW | 3相200V、8.7KW |
| 駆動モーター | 3相200V、0.2KW | 3相200V、0.4KW |
| 真空ポンプ | 3相200V、1.5KW | 3相200V、3.0KW |
| 加熱炉モーター | | 3相200V、40 W |
| 機械寸法 | 1600×1450×1450H | 2200×1900×1600H |
| 重量 | 約300kg | 約450kg |
| オプション | カッター式<br>フィルムカット装置 | ローラー・遮熱板 |

改良のため、仕様変更をする場合があります。

SP(M)A3-222AT
SP(M)A3-440AT

# 全自動スキンパッカー

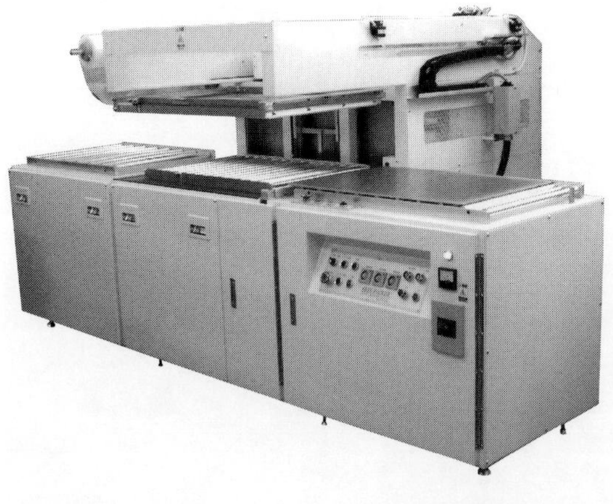

仕様

| | SP(M)A3-222AT | SP(M)A3-440AT |
|---|---|---|
| 包装面積 | 550×400×180 | 880×550×180 |
| 加熱ヒーター | 3相200V、5.2KW | 3相200V、8.7KW |
| 駆動モーター | 3相200V、0.2KW | 3相200V、0.4KW |
| 加熱炉モーター | 3相200V、25 W | 3相200V、40 W |
| 供給コンベヤーモーター | 3相200V、25 W | 3相200V、40 W |
| 真空槽モーター | 3相200V、40 W | 3相200V、60 W |
| 排出コンベヤモーター | 3相200V、25 W | 3相200V、40 W |
| 機械寸法 | 2000×1500×1500 | 3100×1900×1600 |
| 重量 | 約500kg | 約700kg |
| オプション | ワーク整列コンベヤー<br>ローラー・遮熱板 | ワーク整列コンベヤー |

改良のため、仕様変更をする場合があります。

SMA222ATC-W
SMA440ATC-W
SMA60120ATC-W

# 2パレット方式スキンパック包装機

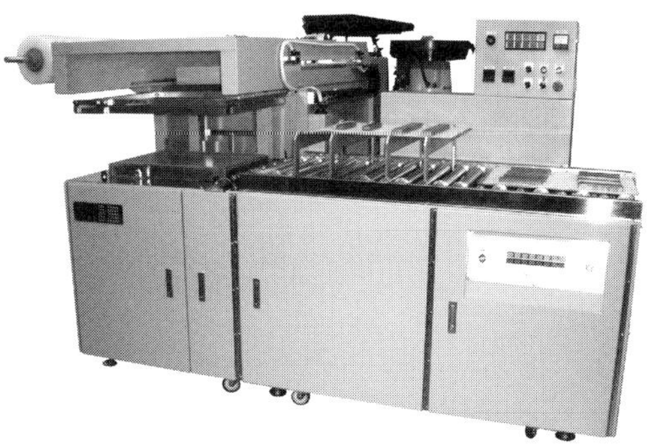

◇ワークセッティング位置を2ステーション
パレット（1）、パレット（2）が交互に自動搬送
◇従来機に比べて待ち時間が少ない
◇刃物（ナイフ）にてフェルム切断
ニオイ、ヒーター断線、溶断カスの付着がありません
◇特注機も製作致します。

仕様

| | SMA222ATC-W | AMA440ATC-W | AMA60120ATC-W |
|---|---|---|---|
| 包装面積 | L550×W400×H180 | L800×W550×H180 | L1200×W600×H180 |
| ヒーター容量 | 3相200V、5.2KW | 3相200V、8.7KW | 3相200V、13.5KW |
| 機械寸法 | 2500×1600×1440 | 3200×1850×1440 | 4500×1850×1440 |

改良のため、仕様変更をする場合があります。

TSS-4055
TSS-5580

# 連続式スキンパック包装機

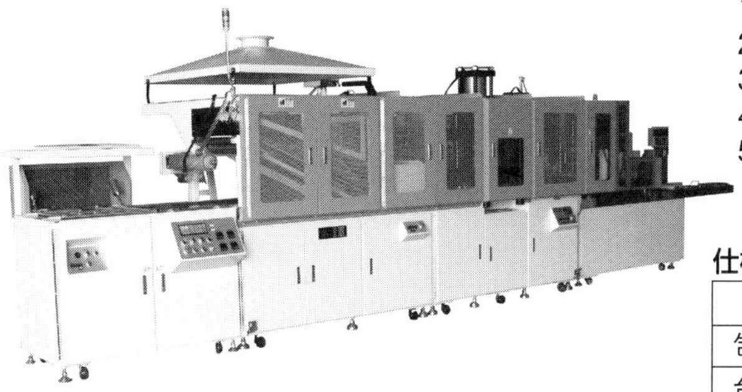

1. テンプレート式ワーク供給
2. フィルム加熱炉
3. ワーク位置確認装置
4. 油圧打抜き装置
5. スクラップ排出コンベヤ

仕様

| | TSS-4055 | TSS-5580 |
|---|---|---|
| 包装面積 | 400×550mm | 550×800mm |
| 台紙寸法 | 400×550mm | 550×800mm |
| フィルム寸法 | 460mm 紙管2or3" | 610mm 紙管2or3" |
| 機械寸法 | L4500×W1500×H1500 | L6500×W1800×H1500 |

改良のため、仕様変更をする場合があります。

SMA222ATC　SMA5555ATC
SMA440ATC　SMA6080ATC

# スキンパック包装機

1. パレット不要で作業性大幅アップ！
2. 切断はカッター方式採用…断線や溶断カス付着はありません
3. 下材はロール、自動定寸カット

仕様

| | SMA222ATC | SMA440ATC | SMA5555ATC |
|---|---|---|---|
| 包装面積 | L550×W440×H180 | L800×W550×H180 | L550×W550×H180 |
| ヒーター容量 | 3相200V、5.2KW | 3相200V、8.7KW | 3相200V、6.5KW |
| 機械寸法 | 3500×1600×1440H | 4550×1850×1440H | 3500×1600×1440H |

| | SMA6080ATC-W | SMA6080ATC-W | オプション |
|---|---|---|---|
| 包装面積 | L800×W600×H180 | L800×W800×H180 | エリアセンサー／天蓋 |
| ヒーター容量 | 3相200V、9.2KW | 3相200V、14.2KW | ワーク自動供給装置 |
| 機械寸法 | 4550×1880×1440 | 4700×2000×1440 | 作業テーブル |

改良のため、仕様変更をする場合があります。

# ブリスターパック包装機

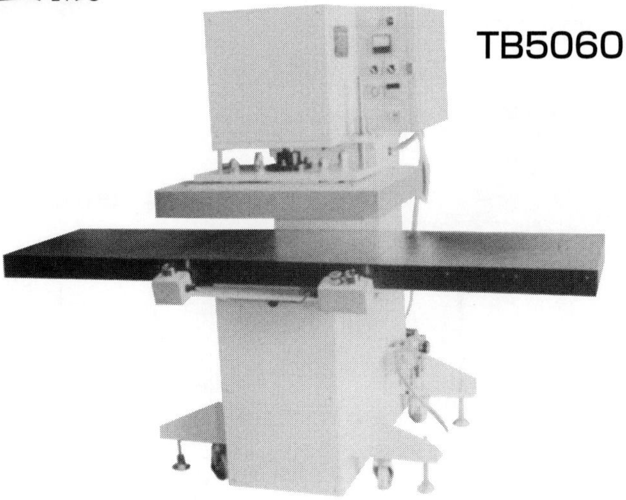

TB5060

TB3540

仕様

| | TB 3540 type | TB 5060 type |
|---|---|---|
| シ ー ル 面 積 | 250×300 | 500×600 |
| ヒ ー タ ー 容 量 | 1.5KW | 4.2KW |
| 電 源 | 100V又は200V | 200V |
| 機 械 寸 法 | W D H<br>400×800×900 | W D H<br>400×800×900 |

改良のため、仕様変更をする場合があります。

# シールトリマー TYH型

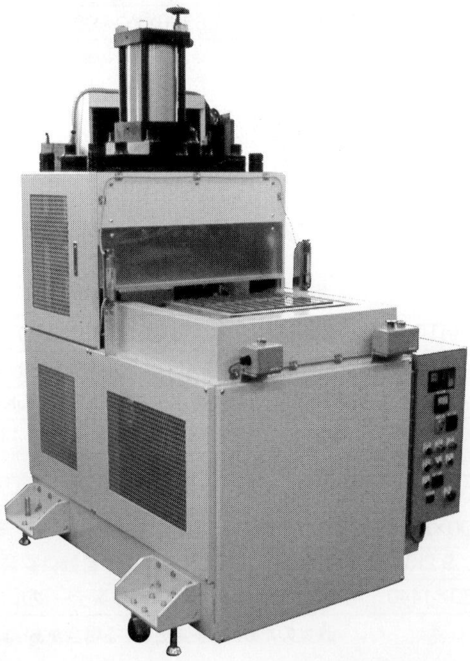

1. シールと抜きが同時にできます。
2. シールのみできます。
3. 打抜きのみできます。

仕様

| | YYH-30 type | YYH-50 type |
|---|---|---|
| シ ー ル 面 積 | 400×550 | 600×600 |
| 電 気 容 量 | 3相 200V、5KW | 3相 200V、7KW |
| 装 置 寸 法 | W1100×D1500×H1600 | W1300×D1700×H1700 |
| 重 量 | 2000kg | 2500kg |
| 水冷装置はオプションです。 | | |

改良のため、仕様変更をする場合があります。

# 印字・表示・ラベル関連機器

ラベル関連機器

印字・表示機器

# サーマルプリンタ

サーマルプリンタは、サーマルリボンのインクをプリントヘッドで熱転写して印字するデジタルプリンタで、太く濃い見やすい印字が可能です。イーデーエムでは、各種包装機組込に適した豊富なラインナップをご用意。全機種、300dpi の高品質印字で、日付や時間はもちろん高精度が要求される極小文字や各種バーコード印字にも対応します。

DT2000c

## 連続式サーマルプリンタ

高速連続式「SDX60c」・「SDX40c」、連続式「THP2000c」・「THP200c」、デュアル連続式「DT2000c」をラインナップ。

- 最大印字速度は「SDX60c」60m/分、「SDX40c」36m/ 分、「THP2000c」30m/分、「THP200c」・「DT2000c」25m/分を実現。変速するフィルム送りスピードに自動追従。
- 最大印字面積は「SDX60c」53mm(W)×150mm(L)、「SDX40c」53mm(W)×100mm(L)、「THP2000c」・「THP200c」・「DT2000c」53mm(W)×150mm(L)。
- 「DT2000c」は、従来機1台分と同等のスペースに2組のプリンタ部を備えることでリボン交換・ヘッドメンテナンスのダウンタイム"ゼロ"を実現するラインを止めないサーマルプリンタ。小ピッチ印字にも対応。

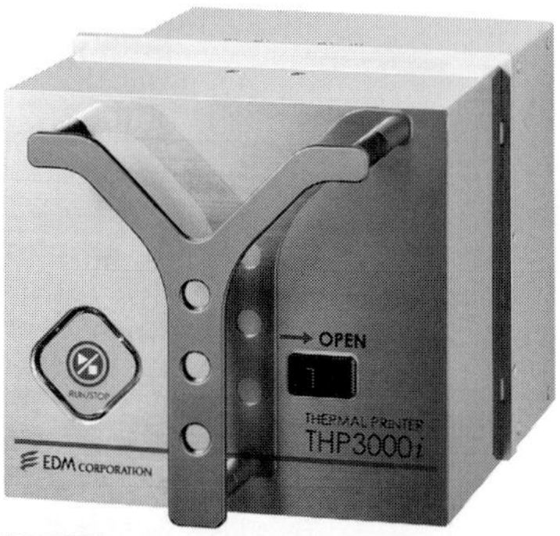


THP3000i

## 間欠式サーマルプリンタ

高速間欠式「SDX40i」、間欠式「THP3000i」をラインナップ。

- 最大印字速度は「SDX40i」36m/分、「THP3000i」22.8m/分。
- 最大印字面積は「SDX40i」・「THP3000i」53mm(W)×75mm(L)。
- リボンカセット方式採用で、サーマルリボンの素早い交換が可能。
- 「THP3000i」は、プリントヘッドのワンタッチ交換、カセット自動ロック機能等、製造現場での生産性・信頼性などをさらに向上させる新機能を搭載した新世代機。

THP400c

## 幅広サーマルプリンタ（連続式・間欠式）

ピロー包装への一括表示印字などに適した大面積印字対応モデル。幅広連続式「THP400c」、高速幅広間欠式「SDX60/128」をラインナップ。

- 幅広連続式「THP400c」は最大印字速度が 25m/分、最大印字面積が105mm(W)×250mm(L)。
- 高速幅広間欠式「SDX60/128」は最大印字速度が 42m/分、最大印字面積が 125mm(W)×75mm(L)。

**イーデーエム株式会社**

https://www.edm-net.co.jp/

●本社
〒173-0004　東京都板橋区板橋3-5-2
TEL 03-3964-4005（代）　FAX 03-3962-1252

| | |
|---|---|
| ●東京営業部（埼玉） | TEL 049-290-9095 |
| ●大阪営業所（大阪） | TEL 06-6310-7231 |
| ●名古屋営業所（愛知） | TEL 0568-73-7115 |
| ●九州営業所（福岡） | TEL 092-621-5133 |
| ●札幌営業所（北海道） | TEL 011-733-2130 |
| ●新潟出張所（新潟） | TEL 025-240-1470 |
| ●仙台出張所（宮城） | TEL 022-765-6285 |
| ●広島出張所（広島） | TEL 082-297-4746 |
| ●テクノセンター（埼玉） | TEL 049-297-7311 |
| ●テクノセンター第二工場（埼玉） | TEL 049-299-0883 |

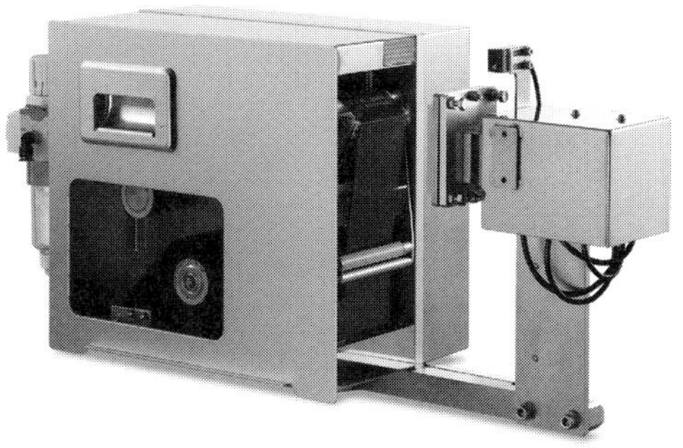

PCP200JB

## 給袋包装機用間欠式サーマルプリンタ

給袋包装機への組込に最適な「THP200J」､「PCP200JB」（検査用カメラ内蔵）をラインナップ。

- 「THP200J」はプリンタ取付スペースが狭い給袋包装機用に設計された本体と、スライド方式の採用により、リボン交換や日常メンテナンスが容易。
- 「PCP200JB」は給袋包装機の印字に割り当てられるステーション内でサーマルプリンタによる印字に加えて印字検査機による日付印字検査の実施を可能にする検査用カメラ内蔵サーマルプリンタ。

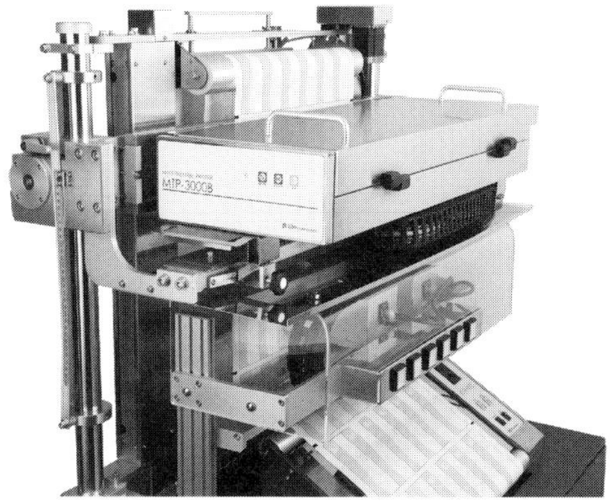

## 多列間欠式サーマルプリンタ

深絞り包装機などの多列包装機組込に最適な多列間欠式サーマルプリンタ「MTP3000B」をラインナップ。

- サーマルヘッドの上下機構にエアシリンダを採用し均一な印字圧を実現。マルチヘッド仕様（オプション）により大幅な能力アップが可能。
- 印字毎の緻密なリボン送り制御により、サーマルリボンの効率的な消費を実現。

## カラータッチパネルコントローラ "EUI2"

操作インタフェースには、新型カラータッチパネルコントローラ "EUI2" を採用。従来型コントローラ "EUI" のわかりやすさはそのまま、機能拡張、操作画面の高精細化、画面の応答速度アップなど現場での操作性向上が図られた端末です。

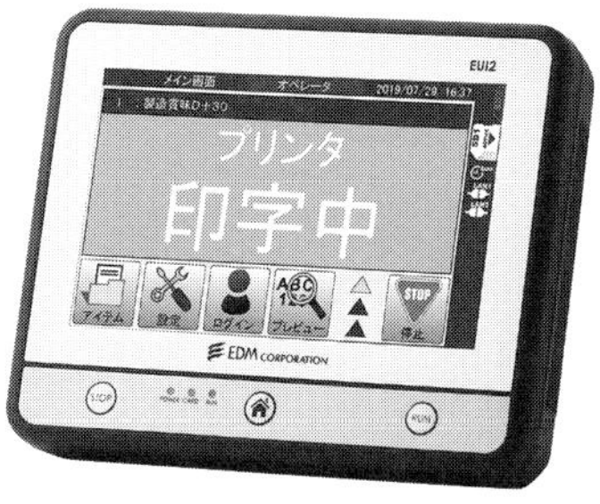


## サーマルプリンタ印字例

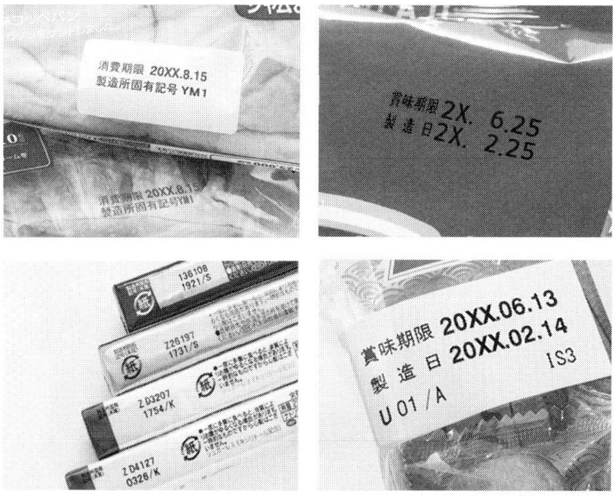


**イーデーエム株式会社**

https://www.edm-net.co.jp/

●本社
〒173-0004　東京都板橋区板橋3-5-2
TEL 03-3964-4005（代）　FAX 03-3962-1252

●東京営業部（埼玉）　TEL 049-290-9095
●大阪営業所（大阪）　TEL 06-6310-7231
●名古屋営業所（愛知）　TEL 0568-73-7115
●九州営業所（福岡）　TEL 092-621-5133
●札幌営業所（北海道）　TEL 011-733-2130
●新潟出張所（新潟）　TEL 025-240-1470
●仙台出張所（宮城）　TEL 022-765-6285
●広島出張所（広島）　TEL 082-297-4746
●テクノセンター（埼玉）　TEL 049-297-7311
●テクノセンター第二工場（埼玉）　TEL 049-299-0883

# 卓上式プリンタ

自動包装ラインシステム上の印字ではなく、空袋やカートンなどの枚葉シート状の製品やパック容器などに対して印字を行うためのプリンタです。多品種少量生産に最適です。
卓上式サーマルプリンタと卓上式ホットプリンタをご用意しております。

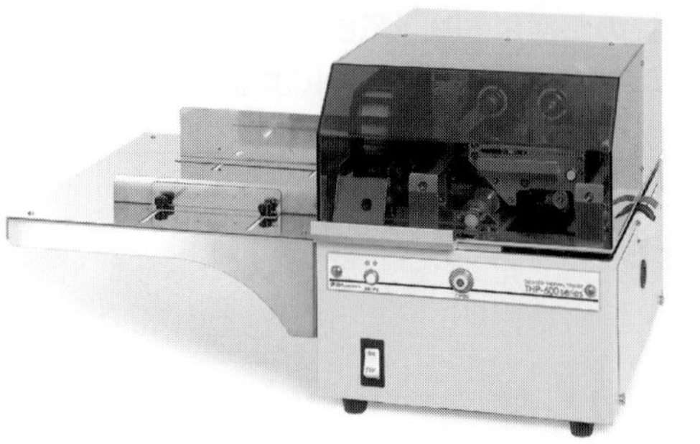

## THP600 シリーズ（卓上式サーマルプリンタ）

使いやすさを徹底追究した卓上式サーマルプリンタです。空袋への鮮明な印字をすばやく簡単に実現します。

- 鮮明でみやすい高品質印字。バーコード・QR コードにも対応。
- 最大印字面積の異なる 2 タイプをご用意（53mm(W)×250mm(L) の 2 インチタイプと 105mm(W)×250mm(L) の 4 インチタイプ）。一括表示などの大面積印字にも対応。
- ローラ挟み込み式による袋の安定搬送で、高い処理能力を実現。
- 表示内容作成から印字までの簡単 3 ステップ。
- 空袋自動供給機接続にも対応（オプション）。

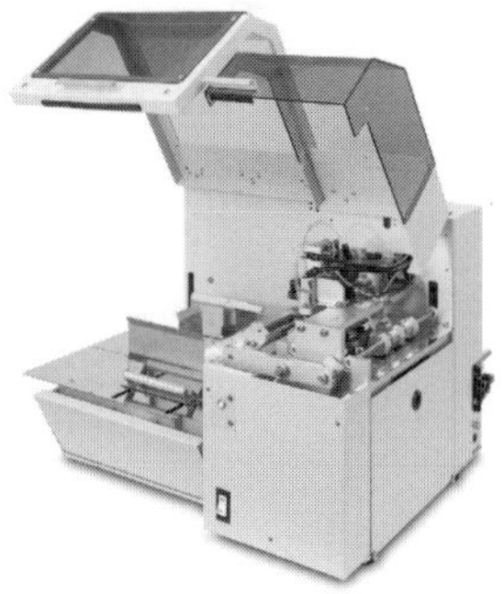

## VF601（THP600 シリーズ専用空袋自動供給機）

オフライン印字作業を自動化する THP600 シリーズ専用の自動供給機です。安定した自動供給でオフライン印字の作業性が飛躍的に向上します。

- 安定供給を徹底追究したバキューム式空袋自動供給機。
- 静電気除去機能、2 枚送り検知など安定性を実現するための機能を標準装備。

## HP241B（卓上式ホットプリンタ）

- 手供給・足踏み動作を基本に使いやすさと安全性を両立。
- 手動式のため、製品充填後の耳打ちにも最適。

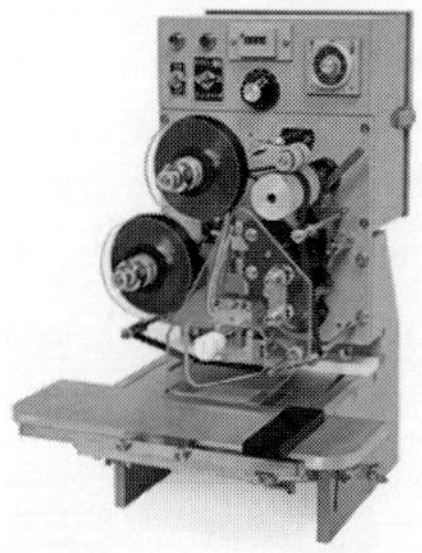

## HP600S（卓上式ホットプリンタ）

- 手供給または自動供給されたシート状の空袋、平折カートンやガゼット袋に対して印字を行うホットプリンタ。

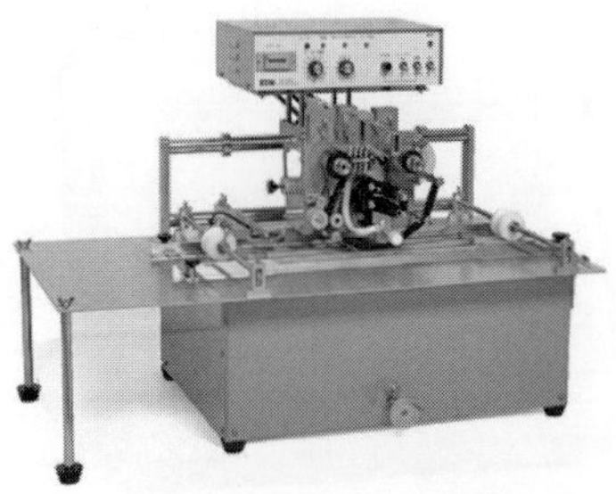


イーデーエム株式会社

https://www.edm-net.co.jp/

●本社
〒173-0004　東京都板橋区板橋3-5-2
TEL 03-3964-4005（代）　FAX 03-3962-1252

| | |
|---|---|
| ●東京営業部（埼玉） | TEL 049-290-9095 |
| ●大阪営業所（大阪） | TEL 06-6310-7231 |
| ●名古屋営業所（愛知） | TEL 0568-73-7115 |
| ●九州営業所（福岡） | TEL 092-621-5133 |
| ●札幌営業所（北海道） | TEL 011-733-2130 |
| ●新潟出張所（新潟） | TEL 025-240-1470 |
| ●仙台出張所（宮城） | TEL 022-765-6285 |
| ●広島出張所（広島） | TEL 082-297-4746 |
| ●テクノセンター（埼玉） | TEL 049-297-7311 |
| ●テクノセンター第二工場（埼玉） | TEL 049-299-0883 |

## ホットロールプリンタ

熱溶融性樹脂インクロールと活字を使用するホットロールプリンタは、ランニングコストを抑え、長時間の連続稼働と高速印字を実現します。

### HR40V（回転式）

- 過酷な稼働状況下でも安定した連続運転が可能。
- 最大 600 ショット / 分の高速印字。
- フルデジタル制御による温度管理・アイテム管理。

### HR500V（多列回転式）

- フルオート速度追従型多列式。
- 小印字ピッチ多列における高速鮮明印字が可能。
- 最大印字範囲は幅方向 500mm、流れ方向 30mm。

### HR300V（多列回転式）

- HR500V のメカニカル構成、制御部はそのままに、最大印字範囲を幅方向 300mm、流れ方向 30mm とした多列回転式ホットロールプリンタ。

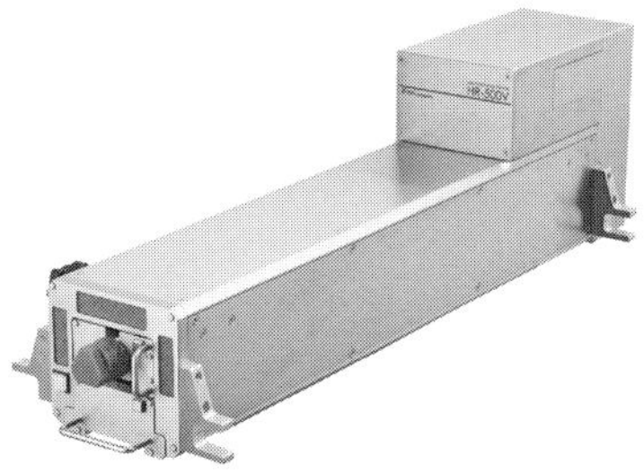

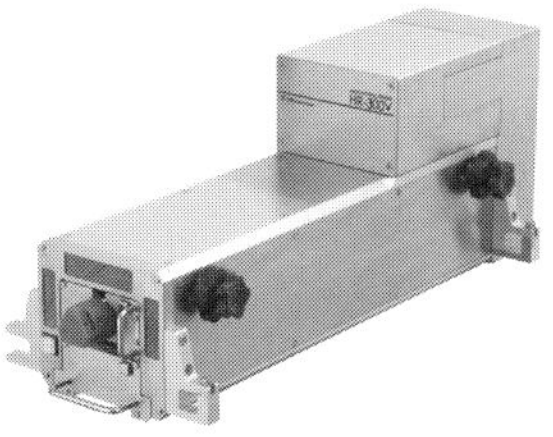

## ホットプリンタ

ホットプリンタは、プリンタテープと金属活字を使用する熱転写式プリンタです。豊富な機種のなかから、用途に応じて選択設定できます。

### HP4802（回転式）

- 最大 250 ショット / 分の高速鮮明印字を可能にした回転式ホットプリンタ。
- 被捺印物の移動速度に完全同調する駆動方式を採用。

### HP2200（間欠式）

- 間欠式ホットプリンタシリーズの最新モデル。
- 従来機を基本設計から見直し、オールインワンボディ、デジタルパラメータ制御、デジタル温調制御など、高品質化・高性能化を実現。

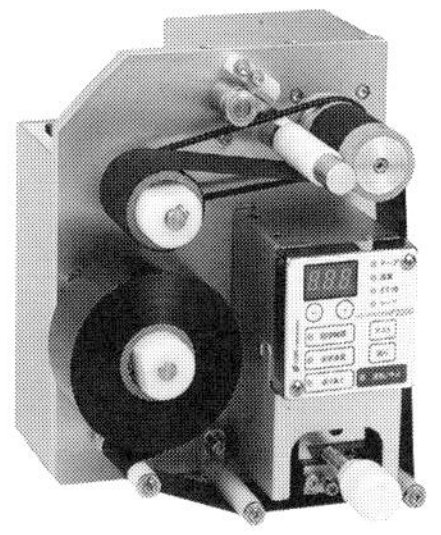

# ラベリングマシン・ラベリングシステム

イーデーエムでは、多様なニーズにお応えできるラベリングマシンをラインナップし、ラベリングに関して永年に渡って培ってきた多くの経験と実績を活かして、各種生産ラインにあわせたラベリングシステムをオーダーメイドでご提案いたします。

## ■ラベリングマシン

### LMUe6000 シリーズ

- スタンダードタイプのラベラー。
- 貼付方式は5タイプをラインナップ。お客様のニーズや貼付対象物に合わせて選択可能。

### LMH6000（高速・高精度モデル）

- 製品移動速度に自動的に追従する自動周速型ラベラー。
- 40m/分の高速貼付にも対応し、貼付位置もミリ単位で設定可能。
- アイテム管理機能搭載。

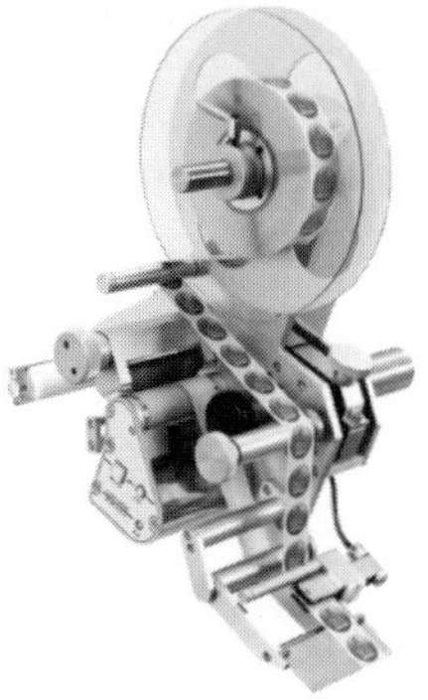

### LMC6000（省スペースモデル）

- 逆ピロー包装機や低床型横ピロー包装機の搭載に最適。
- 省スペースモデルながら、自動周速機能やアイテム管理機能などを搭載した高機能モデル。

## ■ラベリングシステム

### 側面貼用

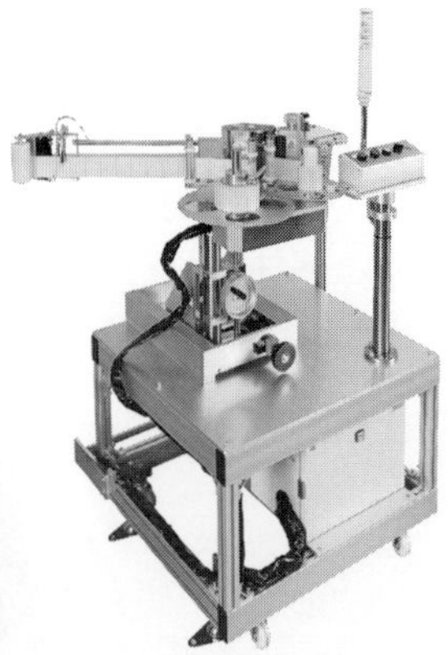

- 製品の側面にラベリングを行う据置タイプのシステム。
- ラベル貼付面に対する上下位置調整や、テーパ角度調整が行えるハンドルユニットの組込も可能。

### 両側面貼用

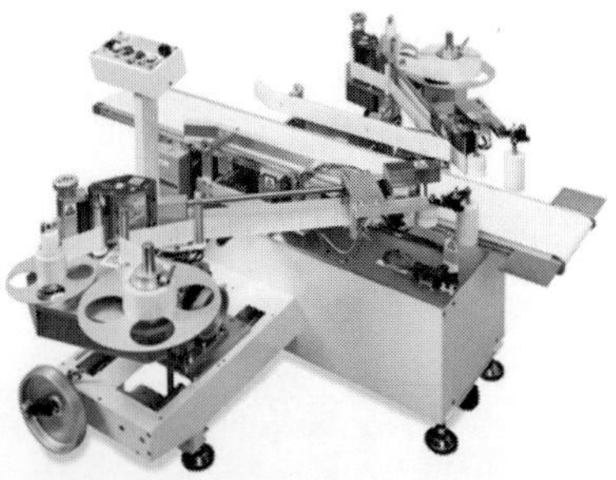

- 製品の両側面にラベリングを行うコンベヤ付システム。
- 貼付対象物や貼付位置の変更が簡単にできるハンドルユニット付。

**イーデーエム株式会社**

https://www.edm-net.co.jp/

●本社
〒173-0004　東京都板橋区板橋3-5-2
TEL 03-3964-4005（代）　FAX 03-3962-1252

| | |
|---|---|
| ●東京営業部（埼玉） | TEL 049-290-9095 |
| ●大阪営業所（大阪） | TEL 06-6310-7231 |
| ●名古屋営業所（愛知） | TEL 0568-73-7115 |
| ●九州営業所（福岡） | TEL 092-621-5133 |
| ●札幌営業所（北海道） | TEL 011-733-2130 |
| ●新潟出張所（新潟） | TEL 025-240-1470 |
| ●仙台出張所（宮城） | TEL 022-765-6285 |
| ●広島出張所（広島） | TEL 082-297-4746 |
| ●テクノセンター（埼玉） | TEL 049-297-7311 |
| ●テクノセンター第二工場（埼玉） | TEL 049-299-0883 |

## 上面貼用

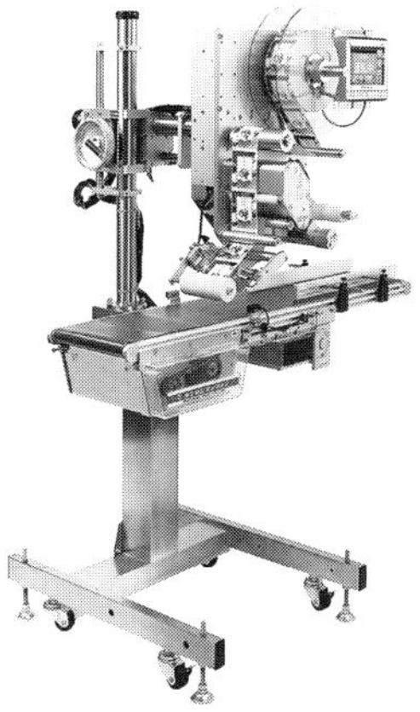

- 製品の上面にラベリングを行うコンベヤ付システム。
- オフラインや生産ライン後工程でのラベリングに最適。

## 下面貼用

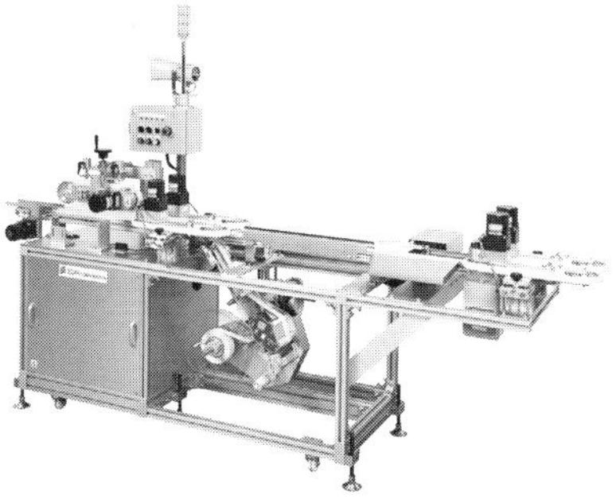

- 製品の下面にラベリングを行うコンベヤ付システム。
- 下面に貼られたラベルを確認するための検査装置の組込も可能。

## 上下面貼用

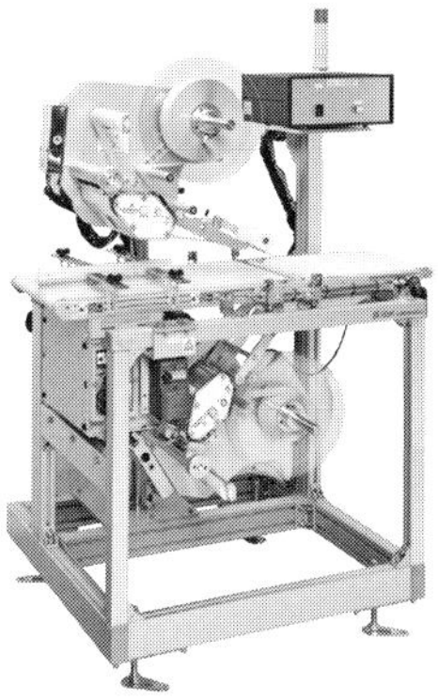

- 製品の上下面にラベリングを行うコンベヤ付システム。
- 貼付対象物や貼付位置の変更が簡単にできるハンドルユニット付。

## 胴巻き貼用

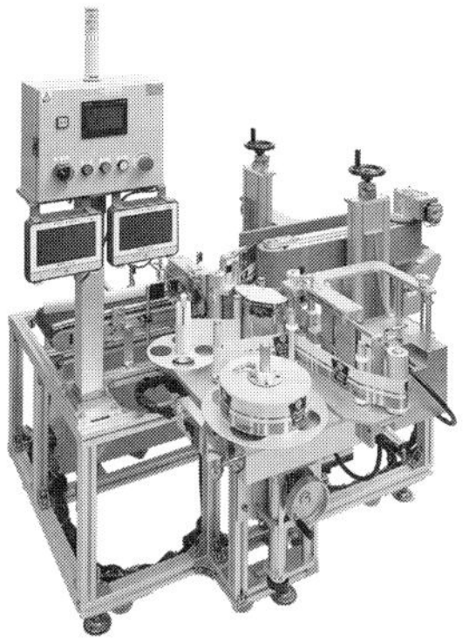

- 円筒容器やテーパ容器の円周上にラベルを巻き付けるコンベヤ付のシステム。
- 貼付ユニットを交換することで角型の瓶・容器にも対応。

## 帯びかけ貼用

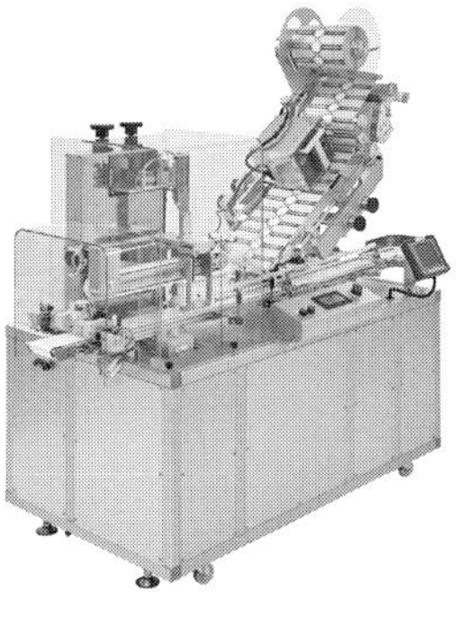

- プリンやゼリーなどの容器の天面、側面に帯びかけ状ラベルを貼付するシステム。
- 帯びかけ状に貼ることで、封かん機能をもたせることが可能。

## 空袋貼用

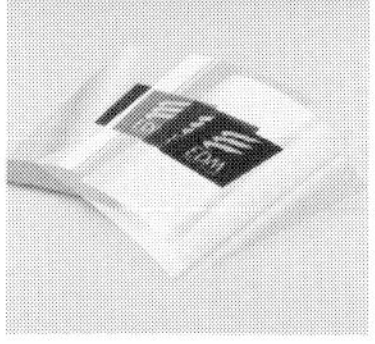

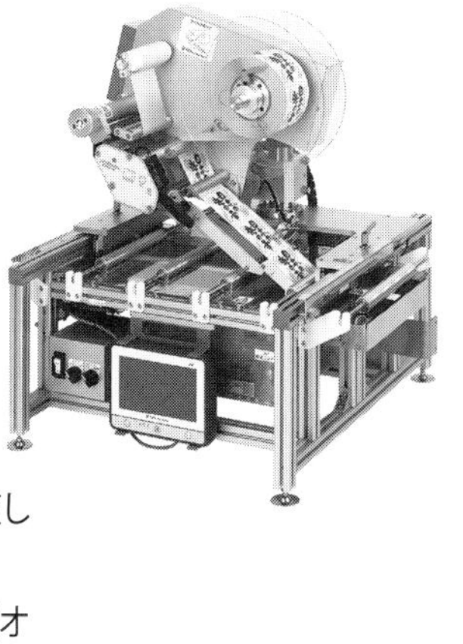

- オフラインでの空袋貼りに適した卓上機。
- 自動供給機接続にも対応。（オプション）

**イーデーエム株式会社**

https://www.edm-net.co.jp/

●本社
〒173-0004　東京都板橋区板橋3-5-2
TEL 03-3964-4005（代）　FAX 03-3962-1252

| | |
|---|---|
| ●東京営業部（埼玉） | TEL 049-290-9095 |
| ●大阪営業所（大阪） | TEL 06-6310-7231 |
| ●名古屋営業所（愛知） | TEL 0568-73-7115 |
| ●九州営業所（福岡） | TEL 092-621-5133 |
| ●札幌営業所（北海道） | TEL 011-733-2130 |
| ●新潟出張所（新潟） | TEL 025-240-1470 |
| ●仙台出張所（宮城） | TEL 022-765-6285 |
| ●広島出張所（広島） | TEL 082-297-4746 |
| ●テクノセンター（埼玉） | TEL 049-297-7311 |
| ●テクノセンター第二工場（埼玉） | TEL 049-299-0883 |

# インクジェットプリンタ

サーモインクジェットプリンタ MDL シリーズは、独自の固形インクと高解像度ヘッドにより段ボールや発泡スチロールなどの外装に対して滲みのない高品質印字を実現します。

## MDL5800

段ボールや発泡スチロールなどの外装印字に最適な大文字用の産業用インクジェットプリンタです。

- **サーモインク**
  有機溶剤を使用しない独自の熱可塑性固形インクを採用。無害で環境にも優しく、優れた扱いやすさも特長。
- **バーコード捺印**
  段ボールへのバーコード印字が可能。高い読取精度での印字を実現。主要バーコードや二次元コードに対応。
- **大面積印字**
  印字高 65mmにより、外装への大文字印字や一括表示印字に最適。印字面は側面および上面に対応。

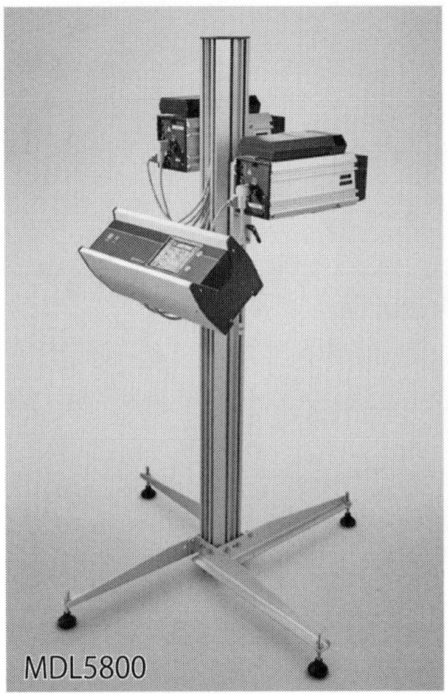
MDL5800

# レーザーマーカー

レーザーマーカーは、消耗資材が発生せず、紙・樹脂・ガラス、PET 素材など幅広い素材に対して、高速・高精細に消えない印字を実現します。イーデーエムでは 2 タイプの $CO_2$ レーザーマーカーをラインナップ。必要なものをトータルシステムでご提案するので安心して導入いただけます。

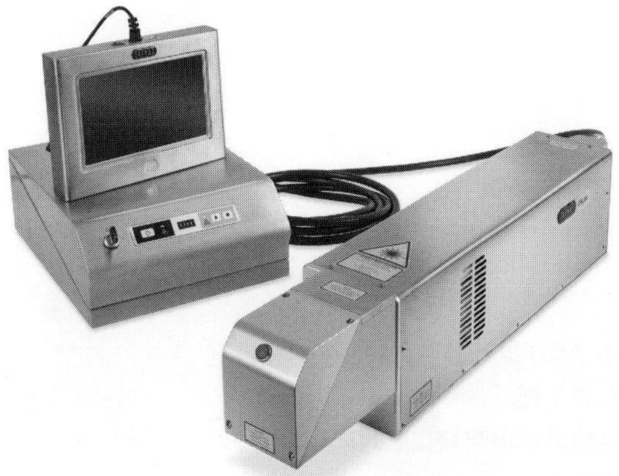

## Linx CSL30

高性能かつ多彩なバリエーションで様々な生産ライン・幅広い素材に対応する標準出力タイプの $CO_2$ レーザーマーカーです。

- 最大印字速度 900m/分、2,000文字 /秒の高速印字。
- 最大印字エリア 439mm×601mm。
- 過酷な環境に対応する高耐久構造・長寿命設計。
- 直感的ユーザインタフェースによる快適な操作性。

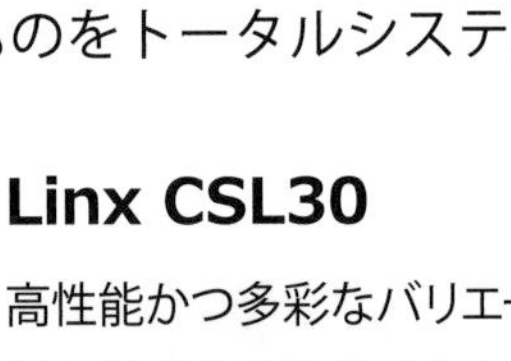


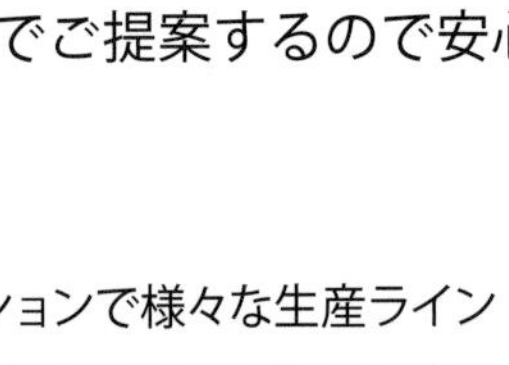



**イーデーエム株式会社**

https://www.edm-net.co.jp/

●本社
〒173-0004　東京都板橋区板橋3-5-2
TEL 03-3964-4005（代）　FAX 03-3962-1252

| | |
|---|---|
| ●東京営業部（埼玉） | TEL 049-290-9095 |
| ●大阪営業所（大阪） | TEL 06-6310-7231 |
| ●名古屋営業所（愛知） | TEL 0568-73-7115 |
| ●九州営業所（福岡） | TEL 092-621-5133 |
| ●札幌営業所（北海道） | TEL 011-733-2130 |
| ●新潟出張所（新潟） | TEL 025-240-1470 |
| ●仙台出張所（宮城） | TEL 022-765-6285 |
| ●広島出張所（広島） | TEL 082-297-4746 |
| ●テクノセンター（埼玉） | TEL 049-297-7311 |
| ●テクノセンター第二工場（埼玉） | TEL 049-299-0883 |

# 日付印字検査機

イーデーエムの印字検査機「PCi シリーズ」は、日付印字を知り尽くした印字機メーカだからこそご提供できる、包装現場での使いやすさにこだわって開発した印字検査機です。スタンダードモデルながら全画像保存機能を標準搭載した「PCi300」、多様な印字検査に対応する「PCi500」をラインナップしています。

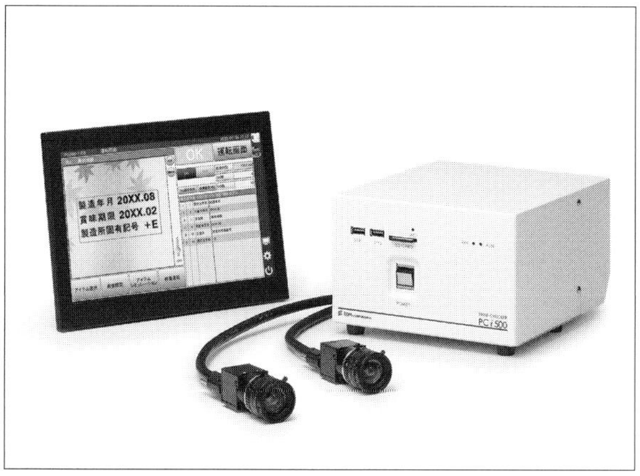

## PCi500（高機能日付印字検査機）

「PCi500」は、優れた印字検査機能と当社サーマルプリンタとの設定の連動機能など包装現場での使いやすさが特長の印字検査機「PCi シリーズ」の最新モデルです。多様な印字に対する検査、生産現場での高い運用性を実現する高機能日付印字検査機です。

- 「カラーカメラ / カラー照明」により、色・柄の背景にも対応
- 検査運転中の「シミュレーション検査」実行が可能
- 「各種バーコード・二次元コード」の照合機能を実装し「照合検査」「読み取り検査」「品位検査」に対応
- 1コントローラで「2カメラまで同時検査」が可能
- 「全画像保存機能」によりUSB接続による検査画像全数保存を実現

# プリンタ資材

プリンタが使われる環境はお客様によってさまざまです。イーデーエムではバリエーション豊かなプリンタ資材（サプライ品）を揃え、あらゆる環境で当社のプリンタがもつ最高の性能を発揮できるよう、お客様に最適なプリンタ資材をセレクトしてお届けいたします。

### サーマルリボン

サーマルプリンタ用熱転写リボン。当社プリンタ用純正リボンをはじめ多機能なリボンを開発・販売しています。

### プリンタテープ

ホットプリンタ用熱転写テープ。高速熱転写性、光沢ある高品位性、接着強度の高い高品質なテープです。

### ホットロール

ホットロールプリンタ用インクロール。常温では固形で扱いやすい熱溶融性インクを含浸しています。

**イーデーエム株式会社**

https://www.edm-net.co.jp/

●本社
〒173-0004　東京都板橋区板橋3-5-2
TEL 03-3964-4005（代）　FAX 03-3962-1252

| | |
|---|---|
| ●東京営業部（埼玉） | TEL 049-290-9095 |
| ●大阪営業所（大阪） | TEL 06-6310-7231 |
| ●名古屋営業所（愛知） | TEL 0568-73-7115 |
| ●九州営業所（福岡） | TEL 092-621-5133 |
| ●札幌営業所（北海道） | TEL 011-733-2130 |
| ●新潟出張所（新潟） | TEL 025-240-1470 |
| ●仙台出張所（宮城） | TEL 022-765-6285 |
| ●広島出張所（広島） | TEL 082-297-4746 |
| ●テクノセンター（埼玉） | TEL 049-297-7311 |
| ●テクノセンター第二工場（埼玉） | TEL 049-299-0883 |

### 高性能オートラベラー
# AL-6000

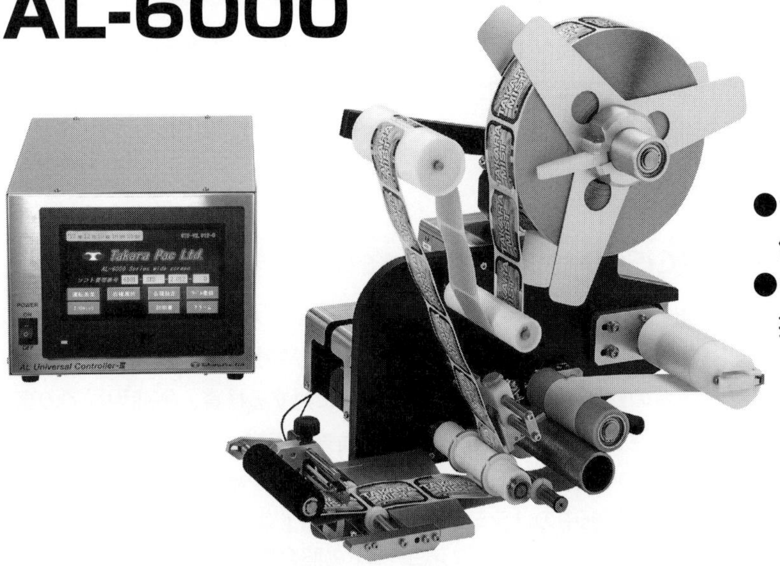


●ラベルフィード速度・ラベル検出感度・ラベル停止位置等を最大99種類登録。
●ラベル歯抜け時に発生する2枚貼りや印字抜けを解決した、高性能ラベリングマシンです。

### 多機能オートラベラー
# BA-6000

●形状の不安定な製品、柔らかい製品、傷つきやすい製品、凹凸のある製品などへ、正確なラベリングを可能にした、多機能ラベリングマシンです。

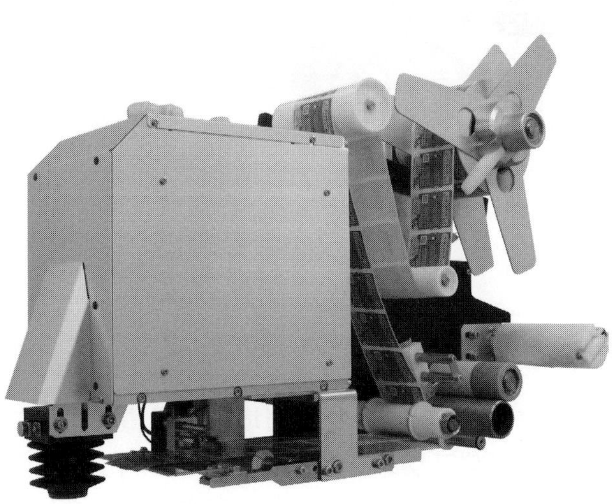

### 卓上ボックスラベラー
# PBL-Ⅲ,PBL-W

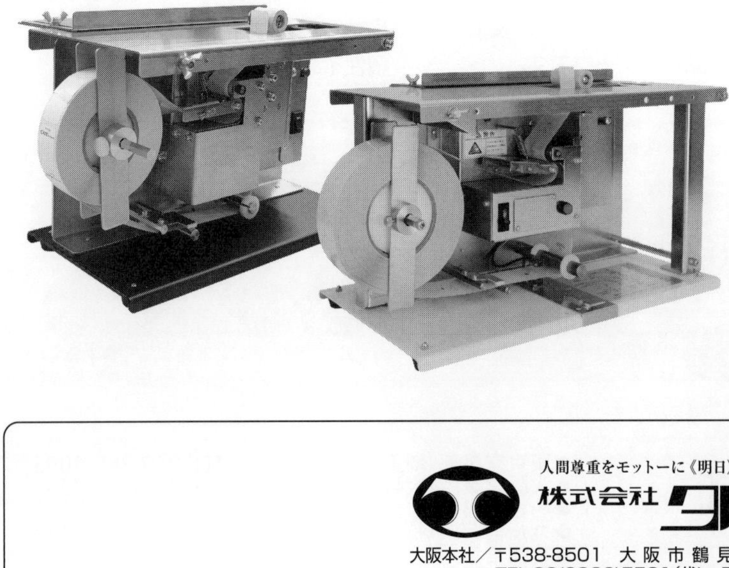

●ラベルのコーナー貼り作業が、手軽に、速く、正確に行えます。
●軽量コンパクトタイプで持ち運びも容易です。
●多品種・少ロットの箱のコーナー貼りに最適です。
●大きな箱対応のWと、細幅対応・各種オプション対応可能なⅢの2機種揃っております。

人間尊重をモットーに《明日》の包装をめざして──。

**株式会社タカラ**

大阪本社／〒538-8501 大阪市鶴見区1－11－8
TEL.06(6939)5521(代) FAX.06(6934)7795
東京本社／〒158-8628 東京都世田谷区用賀4－32－25
TEL.03(3707)5122(代) FAX.03(3707)5146
営業所／名古屋・京都・広島・関東・神戸・北関東・九州
出張所／静岡

## オートボックスＬシーラー
# ABLS-Ⅲ

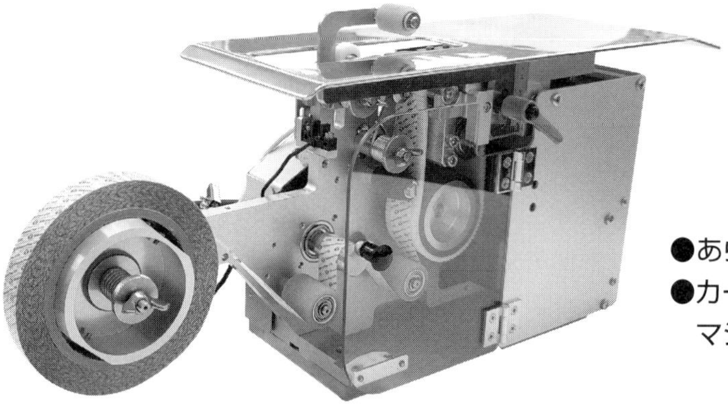

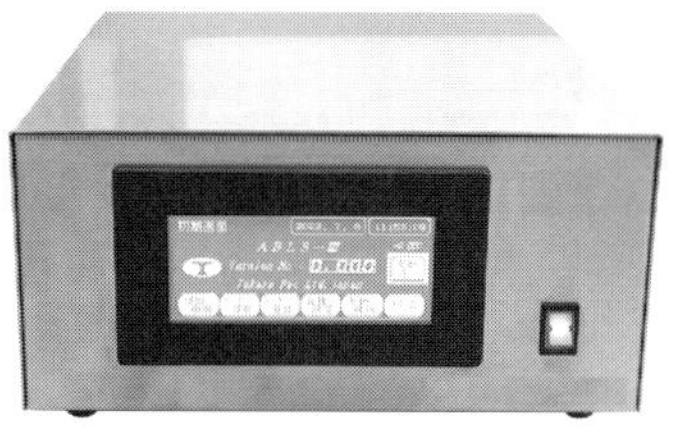

●あらゆる業界の小箱の自動封緘を実現しました。
●カートンフラップ部をL字貼りする高性能テーピングマシンです。

## 卓上ボックスＬシーラー
# Ｌシール・ソフタッチ

●従来のタイプと異なるソフトタッチ方式による電動式L型シール貼り機です。
●医薬品・化粧品・工業用部品・食品等の小箱のテープ貼りが簡単に行えます。

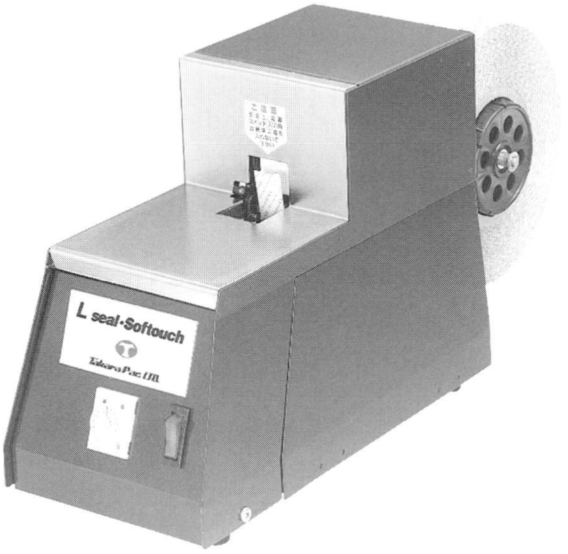


## ラベル剥離機
# セルフラベラー

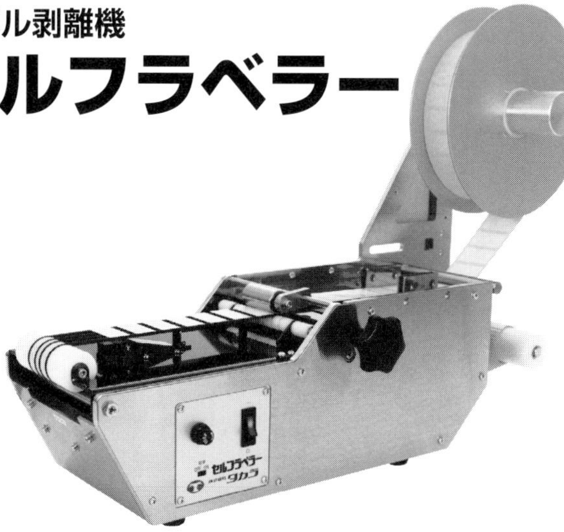


●手作業よりスピードアップがはかれると共に数人で同時に作業できます。
●製造年月日・ロット No. 等印字位置の調整で誤差のない正確な印字ができます。

# 日立産業用IJプリンタ Gravis UX2 Series

## IoTクラウド監視用通信端末標準搭載

### 特長1 クラウド監視サービス FitLive

IoT 対応を図り、セキュアな監視システムを確立したクラウド監視サービス「FitLive」。クラウドを利用した遠隔監視でリアルタイムに稼働状況を把握します。状態監視によりお客さま設備環境の問題を抽出し、安心なサポートをご提供します。

※ FitLiveサービスは同サービスに定める契約約款に基づきます。

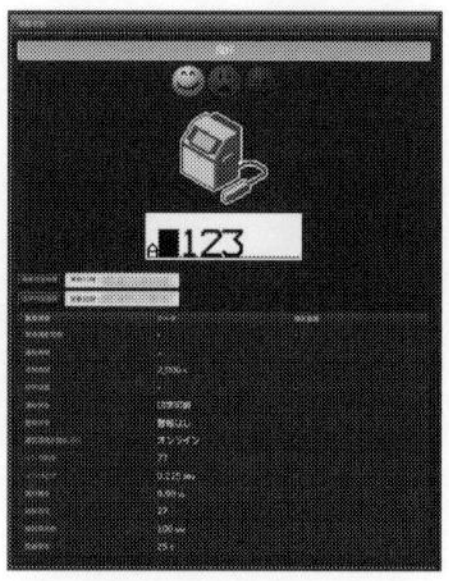

ひと目でわかる状態監視

### 特長2 セーフクリーンステーションだからできる新機能

乾燥エア用のポンプを内蔵しているため、外部エアは不要。洗浄ユニットに印字ヘッドをセットすれば、周りや手を汚すことなく自動で洗浄。自動洗浄なので処理中に別作業が可能。

①ノズル詰まりの簡単復旧作業
②休止時のインク経路詰まりを予防
③汚れの程度に応じて使い分けられる複数の洗浄モード

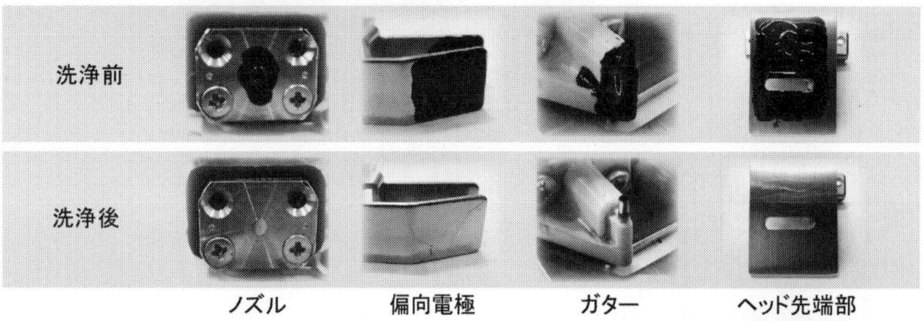


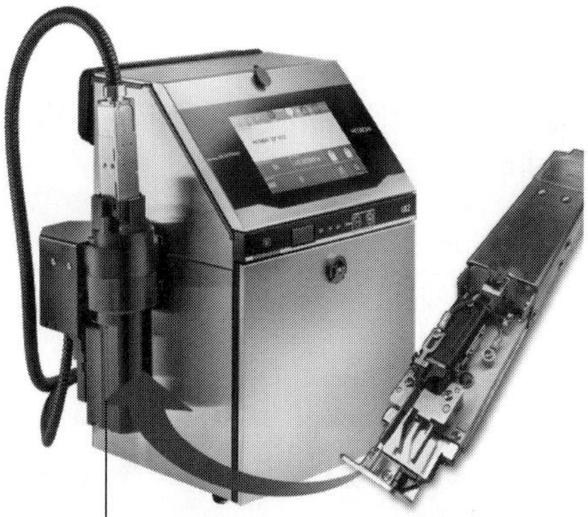

セーフクリーンステーション

### 特長3 新構造"インクガード"で従来機の約3倍の安定稼働を実現

*従来機(UX-D)との比較

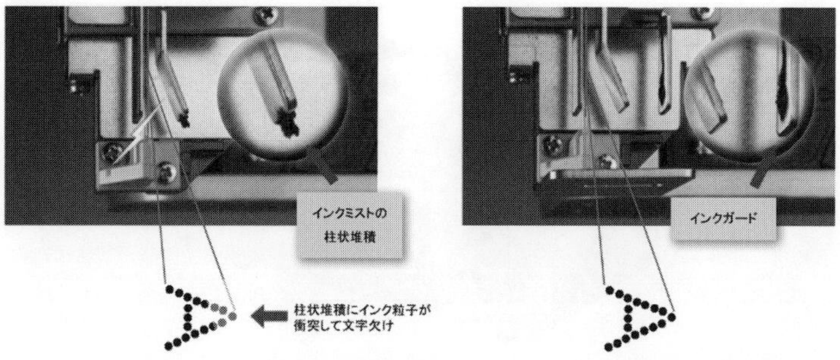


株式会社 日立産機システム
〒101-0021
東京都千代田区外神田一丁目5番1号 住友不動産秋葉原ファーストビル
本社・営業統括本部:(03)6271-7021

詳細はWebへ
https://www.hitachi-ies.co.jp

日立産機 お問い合わせ

## 日立$CO_2$レーザマーカ

# LM-C301 Series

## 多種多様な材質への印字要求を満たす、レーザマーカ誕生！

### 特長1 オールインワンボディ

レーザマーカヘッドにコントローラ（制御部）を内蔵し、ヘッドのみのコンパクトボディを実現。また、レーザヘッドのレンズ取り付け位置の変更により、照射方向の選択が可能。

### 特長2 高効率冷却システム搭載

レーザマーカの心臓部であるレーザ発振器全体にエアーを流すことで効率よく冷却し、レーザ出力の安定性を向上。これにより、印字品質にばらつきのない安定した鮮明な印字を実現。

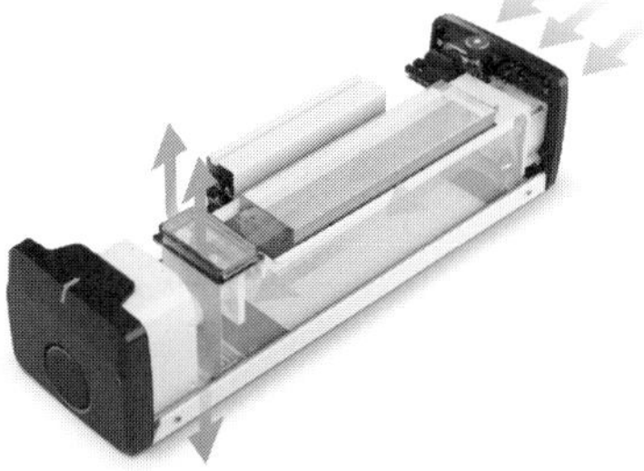

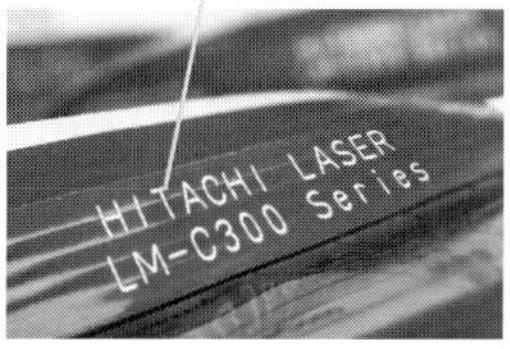

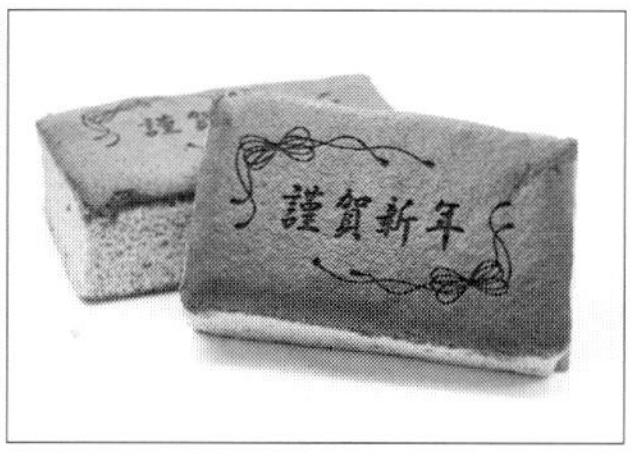


# 日立印字検査装置 *Gravis* MC-20S

日立 IJ プリンタ「Gravis」との連携でトータルマーキングを実現。
日立独自の厳しい照合方式で安心検査。

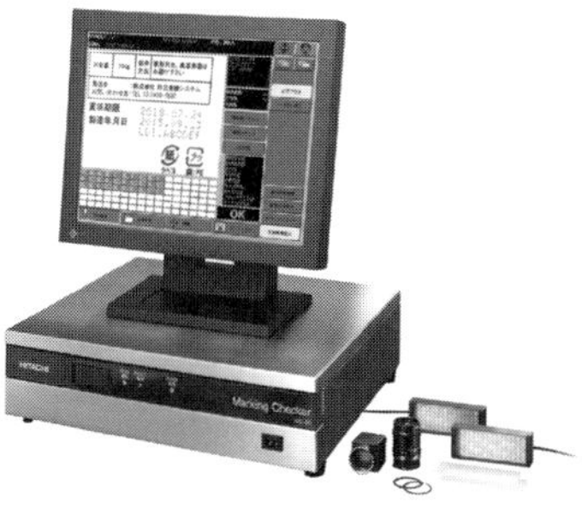

【日立IJPとの連携事例】

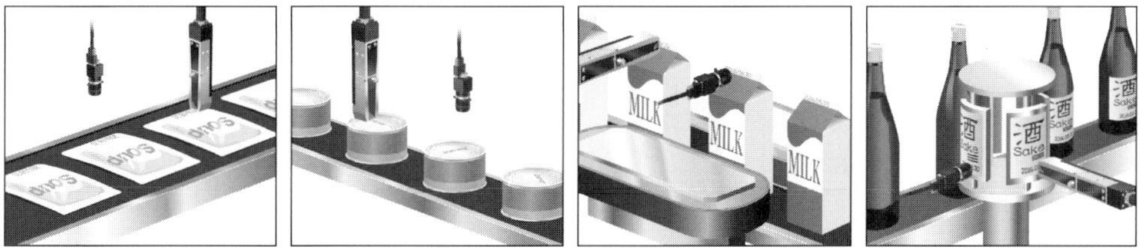



株式会社 日立産機システム
〒101-0021
東京都千代田区外神田一丁目5番1号 住友不動産秋葉原ファーストビル
本社・営業統括本部：(03)6271-7021


詳細はWebへ
https://www.hitachi-ies.co.jp
日立産機 お問い合わせ

産業用インクジェットプリンター

# KGK JET シリーズ

KGK 紀州技研

## 産業用インクジェットプリンター国内シェアNo.1！

開発から製造、販売まで社内一貫体制。
ご要望にいち早くお応えします。

### KGK JET CCS7000 小文字用

**ヘッド洗浄の機会を大幅に減らします。**

気流制御装置【AIR SCUDO®】の効果でヘッド内部が「汚れない」！ヘッド洗浄の手間を削減します。

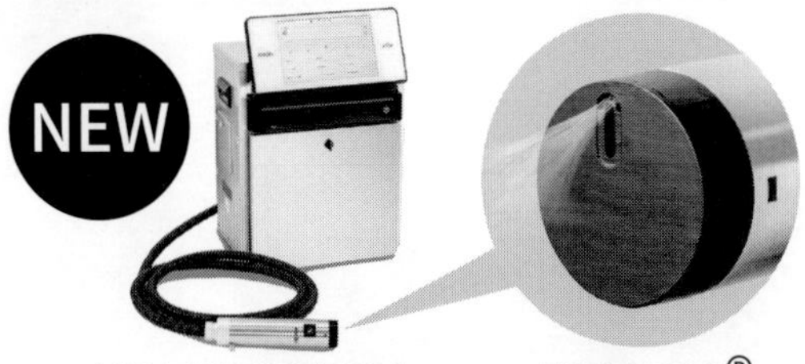


KGK JET CCS7000　AIR SCUDO®

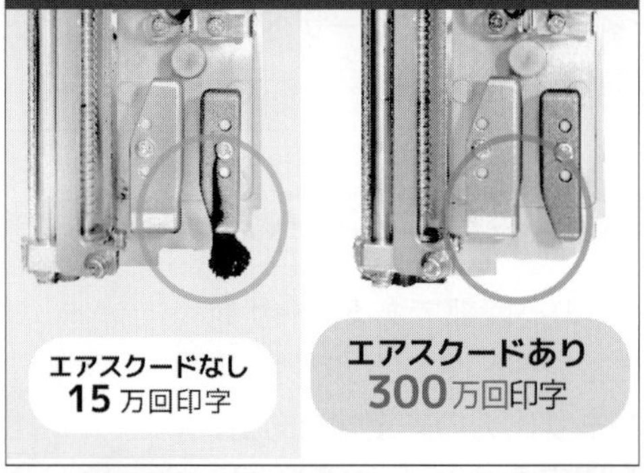


### KGK JET HQ8500 大文字用

**多くのインクジェットプリンターを省スペースで配置**

コントローラー1つで最大4ヘッドを同時制御。
高解像度と低解像度など、ヘッドの組み合わせも自由です。

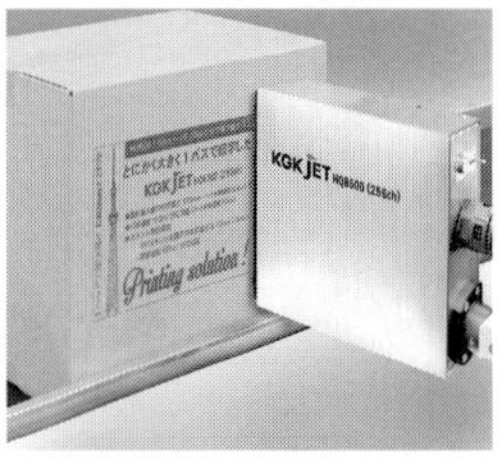

### KGK JET HQ1000 大文字用

**低価格なのに600dpiの高解像度。**

低価格で高品位の印字を実現。各種コードも高精細に印字します。
インクはカートリッジ式で、手を汚さず交換できます。

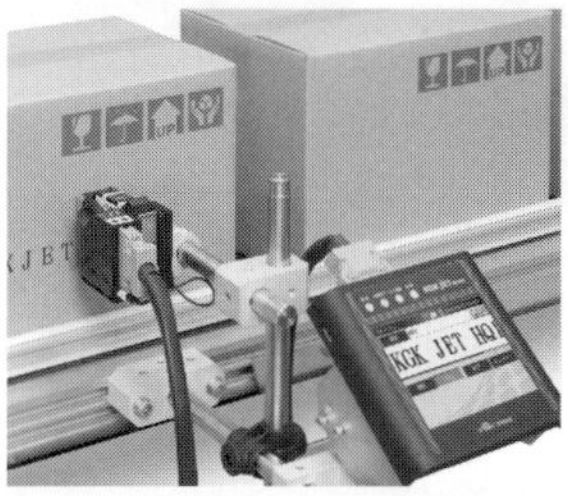

### KGK JET CHECKER PK420 印字検査装置

**印字検査装置でさらなる安心を。**

誤印字、印字位置ずれ、カスレなどを検査。
弊社インクジェットプリンターと連携すると、印字変更の際、検査文字列も自動変更。
ヒューマンエラーを軽減します。

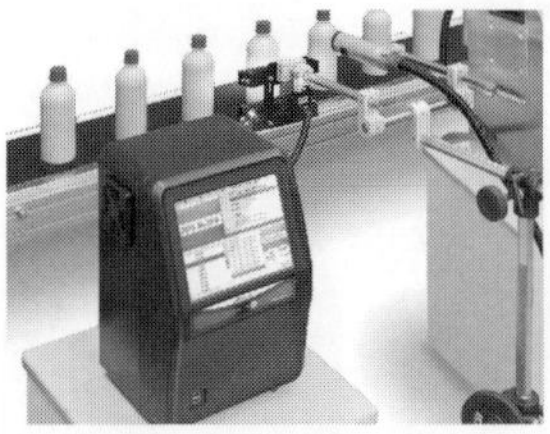

### 各種インク

**自社開発だからこそのインクラインナップ。**

- 可食性インク
- 有機則非該当インク
- 耐アルコールインク
- ステルスインク
- レトルト用インク

他にも様々なご要望にお応えできます！

## 紀州技研工業株式会社　https://www.kishugiken.co.jp/

| | | | | | |
|---|---|---|---|---|---|
| 本社 | ☎073-445-6610 | 高崎営業所 | ☎027-353-3335 | 神戸営業所 | ☎078-787-7477 |
| 札幌営業所 | ☎011-218-8115 | 静岡営業所 | ☎054-284-3526 | 四国営業所 | ☎0896-24-5210 |
| 仙台営業所 | ☎022-307-3006 | 富山営業所 | ☎076-492-7712 | 広島営業所 | ☎082-532-3300 |
| 東京営業所 | ☎03-3624-2111 | 名古屋営業所 | ☎052-704-0505 | 福岡営業所 | ☎092-482-6303 |
| 横浜営業所 | ☎045-478-0696 | 大阪営業所 | ☎06-6330-6651 | 鹿児島営業所 | ☎0995-49-6194 |

ホームページ

# モバイル　インクジェットプリンター

## *jet Stamp family*

**At any time, anywhere, anything.**

何時でも、何処でも、何にでも
簡単ダイレクトプリント

## REINER

**Marking –
flexible, mobile and easy!**

- 日付
- 時間
- ナンバーリング
- バーコード
- QRコード
- テキスト
- ロゴ

REINER 940

*Speed -i- Jet* 798

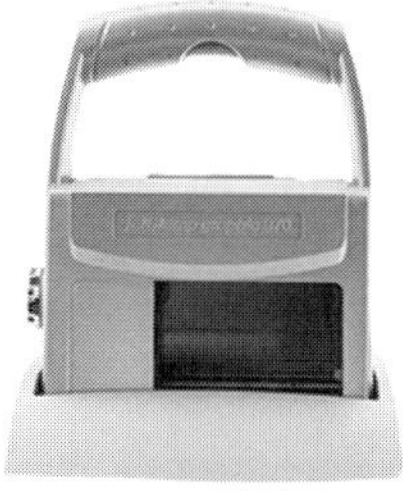

*jet Stamp graphic* 970

*jet Stamp* 990

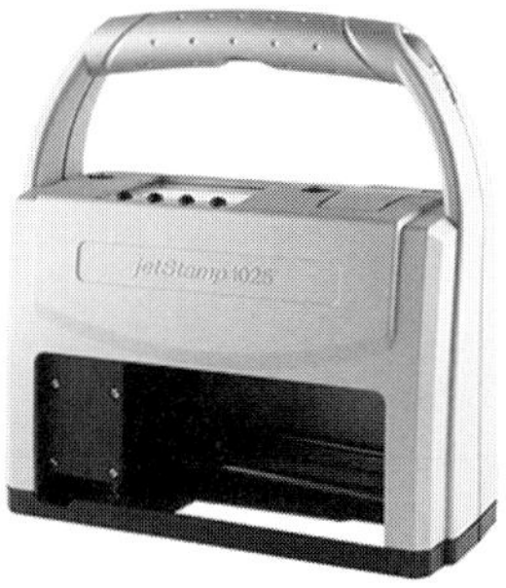

*jet Stamp graphic* 1025

***jet Stamp graphic* 1025** プリントサンプル　原寸

***jet Stamp graphic* 1025**

プリント解像度300dpiのハンディプリンター。
プリント面積は 25 x 85 mm あらゆる情報をレイアウトしプリントする事が出来ます。
インク乾燥防止装置内蔵によりメンテナンスが容易になりました。

***jet Stamp graphic* 970 / 970 MP**
プリントサンプル　原寸

5年保存対応品
製造年月日　賞味期限
2021-06-23　2026-06-22
株式会社　菊池食品 TEL: 048-888-8888

***jet Stamp graphic* 970 / 970 MP**

プリント解像度300dpiのハンディプリンターです。
プリント面積は12.7 x 65 mm あらゆる情報をレイアウトしプリントする事が出来ます。
プリントレイアウト行は4行利用できます。

**REINER 940 / 940 MP**

プリント解像度300dpiの充電式のプリンターです。プリント面積は、12.7 x 140 mm あらゆる情報をプリントする事が出来ます。
ロータリーエンコーダーの利用で、正確なプリントが出来ます。

プリントサンプル　原寸

製　品　名　スピードマーカー 940　製造番号
製造時間 2021-06-23 11:30 00003
1234567890128

新型
***jet Stamp* 990/MP**
プリントサンプル　原寸

LOT. A475839.875B
EXP.DATE: 2018-08

***jet Stamp* 790 / 791 / 792** タイプは、廃盤になりました。

旧機種との相違点
電源関係：充電式常時通電の両方に対応します。
使用インク：インクによる機種の違いが無くなりました。
文字関係：文字スタイルの変更が可能になりました。
データー転送：従来のUSBと新たにBluetoothの使用が可能になりました。

印字できる文字は、英数大文字記号のみの対応になります。　1行20文字2行に印字出来ます。

***Speed-i-Jet* 798**

プリントサイズは1行。　普通紙のみの対応となります。

# 非接触・高品位文字印字、簡単小型・産業用インクジェットプリンター

# HELIOS MINIⅡ

## ヘリオス ミニ Ⅱ

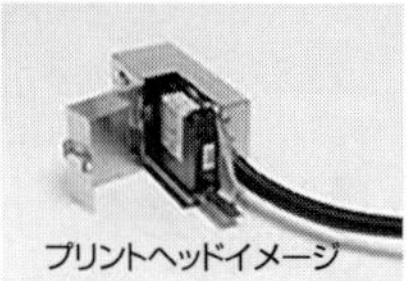

プリントヘッドイメージ

### 設置イメージ

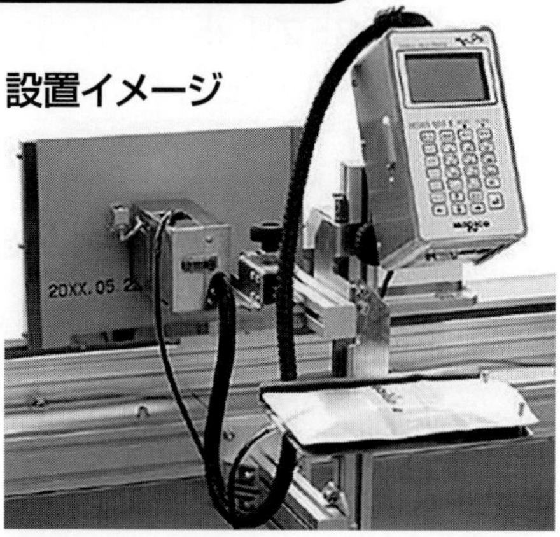

### 特徴

・インク漏れせず作業現場は清潔に保たれます。
・インク詰まりなしで、メンテナンスフリー。
・文字盤から直接入力できる。逆さ文字にも対応。
・オールインワンで、すぐに使える。

### ヘリオス ミニ ＆ ヘリオス ミニⅡ 仕様比較表

| 型式 | HELIOS MINI（旧） | HELIOS MINI Ⅱ |
|---|---|---|
| 噴射方式 | サーマルインクジェット方式 | |
| 印字品位 | 300dpi | |
| 印字行数 | 1行 | 1行及び2行 |
| 文字高さ | 5㎜～13㎜ | 2㎜～13㎜、～22㎜（オプション） |
| 印字スピード | 6～60m/min | |
| 印字濃度 | 1～8まで調整可能 | |
| 印字フォント | 2種（明朝、ゴシック） | |
| ロゴ登録・印字 | ○ | |
| カレンダー | 日付（1種）、期限（1種）、時間 | |
| キャラクター | 数字、アルファベット、記号、カタカナ、漢字 | |
| ナンバリング | 8桁まで | |
| 文字天地逆 | ○ | |
| 登録件数 | 21件 | |
| メッセージ長 | 30文字（カレンダーは特殊記号として1文字で登録します | |
| インク切れ警報 | ○（カウント） | |
| インクタンクオプション | × | インクレベルセンサー付インクタン |
| 外部センサー | ○ | |
| ディスプレイ | 2.5インチLCD | 3.5インチLCD |
| 通信機能 | RS485 | |
| 使用温度範囲 | 10～40℃ | |
| 使用湿度範囲 | 10～80%RH（凍結、結露しないこと） | |
| 電源電圧 | AC100V±5%　50/60Hz | |
| 定格電力 | 最大75W | |
| 各種機能 | | メッセージ毎のパラメータ・日付・期限登録機能 |
| インク種類 | 水性顔料インク 370ml、42ml | ・水性インク 400ml、40ml ・速乾性インク 40ml（オプション） |
| インク消費量 | 300万文字/370ml（明朝体　高さ8㎜、濃度4） | 648万文字/400ml（明朝体　高さ8㎜、濃度2） |
| 色 | 黒 | |

MORICO　株式会社モリコー

| | | | | |
|---|---|---|---|---|
| 本社 | 〒152-0002 | 東京都目黒区目黒本町2－16－14 | TEL.03（3711）5511㈹ | FAX.03（3711）5517 |
| 八王子支店 | 〒192-0154 | 東京都八王子市下恩方町308－5 | TEL.042（651）3311㈹ | FAX.042（651）9393 |
| 大阪営業所 | 〒540-0032 | 大阪市中央区天満橋京町2-6 天満橋八千代ビル別館4F | TEL.06（6910）0015㈹ | FAX.06（6910）0018 |
| 静岡営業所 | 〒410-0811 | 静岡県沼津市中瀬町18番29号 | TEL.055（941）8582㈹ | FAX.055（955）5225 |
| 工場 | 八王子／都留 | | | |

http://www.morico.co.jp　E-mail:info@morico.co.jp

# ラベルプリンターで手軽に自動化!

## Printeer L

## Printeer TR

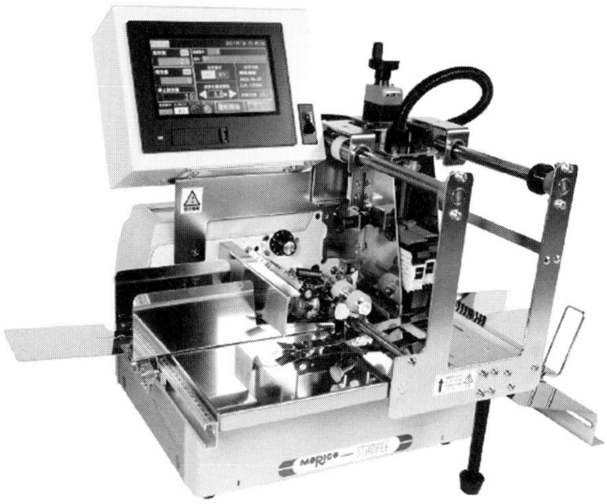

### 特徴

●高速印字で 280 ㎜幅まで対応!
●厚みがあるワンタッチカートン等にも対応出来ます!
●メッセージ作成は印字位置は、シンプル設計で直感的に操作可能!
●高速印字で 270mm 幅まで対応!

●厚みがあるワンタッチカートン等にも対応出来ます!
●メッセージ作成や印字位置は、シンプル設計で直管的に操作可能!
●カートリッジ式インクにて、インク詰まりや印字トラブル発生時には現場でカセット交換ので直ぐに復旧出来ます!

### 仕様

| 型式 | LP-2 | LP-3 |
|---|---|---|
| ワークサイズ | 幅60㎜～270㎜　長さ70㎜～300㎜<br>厚さ0.07㎜～2㎜(ワーク形状による) | 幅60㎜～270㎜　長さ70㎜～300㎜<br>厚さ0.07㎜～2㎜(ワーク形状による) |
| 処理能力 | 約92枚/分　35㎜/min<br>(搬送サイズ100㎜×140㎜)<br>※25～45㎜/min設定可能 | 約92枚/分　35㎜/min<br>(搬送サイズ100㎜×140㎜)<br>※25～45㎜/min設定可能 |
| フィード方式 | 逆転分離機構　下面ベルト搬送 | 逆転分離機構　下面ベルト搬送 |
| 印字方式 | カートリッジ式インクジェット | カートリッジ式インクジェット |
| 印字関連内容 | 1～2行印字<br>文字天地3㎜～12.7㎜ | 1～3行印字　文字天地3㎜～12.7㎜<br>印字方向可変可能 |
| 印字フォント | 2種<br>(数字OCRB・漢字・英字・記号ゴシック/ゴシック) | 2種<br>(数字OCRB・漢字・英字・記号ゴシック/ゴシック) |
| 印字対象物 | ラベル・カートン | ラベル・カートン |
| 本体外形寸法 | 幅428㎜×長さ619㎜×高さ630㎜ | 幅425㎜×長さ500㎜×高さ519㎜ |
| 本体重量 | 約27kg | 約32kg |
| 電源 | AC100V(50Hz/60Hz) | AC100V(50Hz/60Hz) |
| 消費電力 | 300W以下 | 300W以下 |
| 使用環境 | 温度15℃～35℃<br>湿度30%～80%(結露無き事) | 温度15℃～35℃<br>湿度30%～80%(結露無き事) |

MORICO 株式会社モリコー

本社　〒152-0002　東京都目黒区目黒本町2－16－14　TEL.03(3711)5511㈹　FAX.03(3711)5517
八王子支店　〒192-0154　東京都八王子市下恩方町308－5　TEL.042(651)3311㈹　FAX.042(651)9393
大阪営業所　〒540-0032　大阪市中央区天満橋京町2-6 天満橋八千代ビル別館4F　TEL.06(6910)0015㈹　FAX.06(6910)0018
静岡営業所　〒410-0811　静岡県沼津市中瀬町18番29号　TEL.055(941)8582㈹　FAX.055(955)5225
工場　八王子／都留
http://www.morico.co.jp　E-mail:info@morico.co.jp

# モリコースタンピー　DP-2型

## ドライプリンター

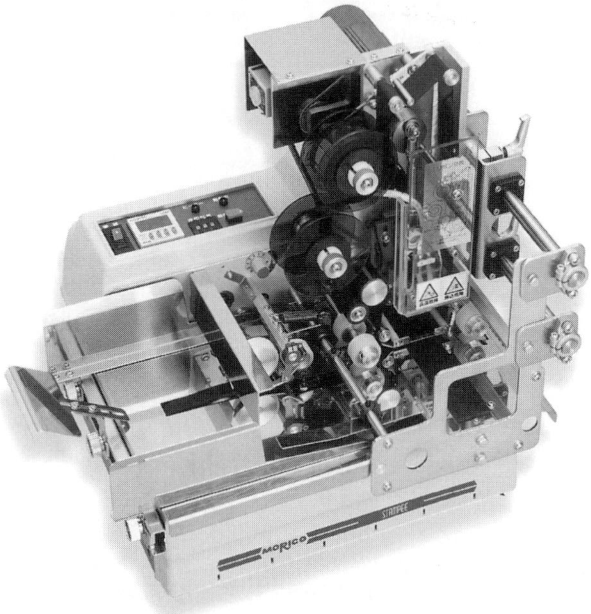

### 特　長

◎一枚一枚間次方式により分離。
◎流れ方向の印字位置は、ロータリー式により入力も簡単。
◎プリセットカウンター機能付。

### 仕　様

| | |
|---|---|
| 電　源 | AC 100V 50/60Hz |
| 押印能力 | 53枚/分(ハガキ:縦) |
| 印字面積 | 6×32(一行用)、12×32(二行用) |
| 箔テープ | ロール式　35mm×200M |
| 機械寸法 | W400×D450×H490(mm) |
| 機械重量 | 35.0kg |

# モリコースタンピー　X-5型

## 卓上型サーマルプリンター

### 特　長

◎卓上スタンピーの高速分離搬送部とサーマルプリンタの高い印字品質を兼ね備えた全く新しいタイプの活字レス印字機です。
◎活字レイアウトが0°、90°、180°、270°の4方向にできます。
◎Windows fontが使用できるので、数字、漢字、カタカナ、アルファベットはもちろん JAN、CODE39、NW7、ITFなどのバーコード印字も可能です。
◎プリセットカウンター機能、合計カウンタ機能付です。
◎搬送間隔遅延機能付です。

### 仕　様

| | |
|---|---|
| ワークサイズ | 幅40㎜～330㎜　長さ100㎜～350㎜　厚さ0.07㎜～1.5㎜ |
| 処理能力 | 約11m/分 |
| リボン | 幅57㎜×250m |
| フィード方式 | 逆転分離機構　下面ベルト搬送 |
| 印字方式 | 熱転写方式 サーマルプリンター |
| 印字解像度 | 300dpi |
| 本体外形寸法 | 幅503㎜×長さ541㎜×高さ460㎜ |
| 本体重量 | 34.7kg |
| 電　源 | AC100V(50Hz/60Hz) |
| 消費電力 | 300W |
| 使用環境 | 温度5℃～40℃　湿度10%～85%(結露無き事) |
| 印字関連内容 | 53.3㎜×190㎜内で自由に印字内容作成　12ドット/㎜<br>登録可能品種30品目(1SDカードあたり) |
| 操作方法 | データ作成はPC、可変情報に関してはキーボードターミナル |


MORICO　株式会社モリコー

| | | | | |
|---|---|---|---|---|
| 本社 | 〒152-0002 | 東京都目黒区目黒本町2－16－14 | TEL.03(3711)5511(代) | FAX.03(3711)5517 |
| 八王子支店 | 〒192-0154 | 東京都八王子市下恩方町308－5 | TEL.042(651)3311(代) | FAX.042(651)9393 |
| 大阪営業所 | 〒540-0032 | 大阪市中央区天満橋京町2-6 天満橋八千代ビル別館4F | TEL.06(6910)0015(代) | FAX.06(6910)0018 |
| 静岡営業所 | 〒410-0811 | 静岡県沼津市中瀬町18番29号 | TEL.055(941)8582(代) | FAX.055(955)5225 |
| 工場 | 八王子／都留 | | | |

http://www.morico.co.jp　E-mail:info@morico.co.jp

多品種・少量生産に最適

## 糊付け用 エキスパートラベラー

ガラス、PET　缶　etc
容器毎による段取り換えが簡単!

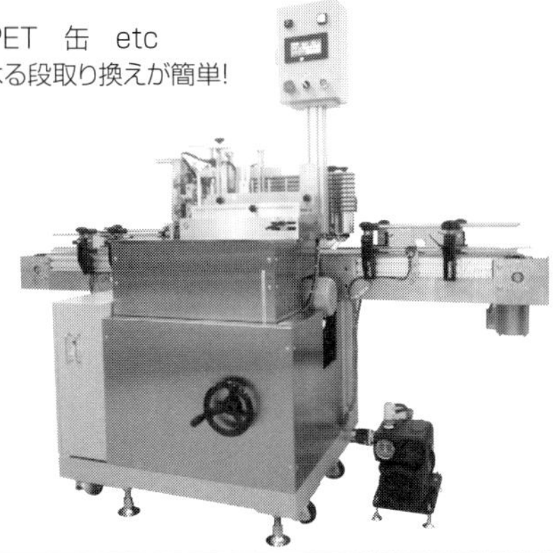

## 最新型自動ラベラー　Model LVRLS

### 生産ラインに直結できる

本ラベラーは生産ライン用に開発されたもので、しかも、段取り換えがほとんど不要な多品種対応機です。

**特　徴**

- ●ラベル貼付時のラベル曲がり調整が可能。
- ●段取り換えに要する時間が非常に短い。
- ●容器･ラベルの種類によるアタッチメントがほとんど不要。
- ●ライン用としては低価格。
- ●取手付PET容器への定位置貼付けが可能。

**仕　様**

- ●適 応 容 器：直胴壜、多角形、PET
- ●適応容器直径：φ40～φ110
- ●最大処理能力：45本／分
- ●消 費 電 力：0.9KW
- ●ラベル長さ：60～350
- ●ラベル高さ：30～150

---

ガラス、PET　缶　etc

## 糊付け用 半自動ラベラー

## 2000台に迫る実績を誇る自信の機械

**特　徴**

- ●超コンパクトサイズ設計。
- ●直胴容器であれば交換部品不要。
- ●ガラス、PET、プラスチック容器、金属缶、紙管、特殊容器に貼付けが可能。

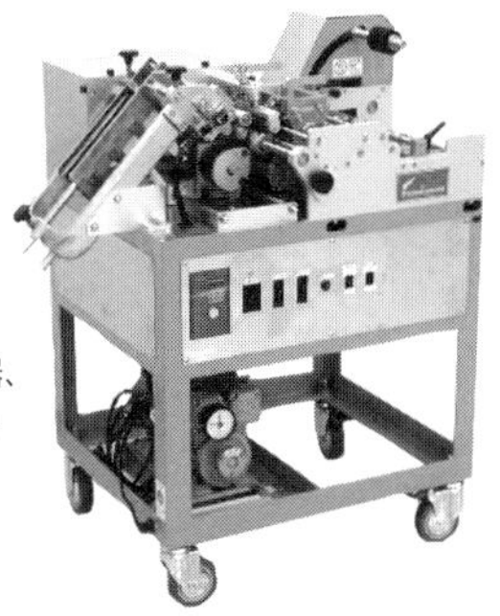

**機　種**

- ●ラベルマン／丸容器の全周、一部分にラベルを貼り付けます。
- ●ラベルマンS／ラベルマンに捺印機能を附加した機械。
- ●ラベルマンBOL／缶用ラベラーでラベルの両端に糊を付けて全周、一部分へ貼り付けます。
- ●ラベルマンUL／角容器の3面にラベル貼付します。
- ●ラベルマンFL扁平容器の1面にラベル貼付します。

**仕　様**

- ●適 応 容 器：直胴壜、多角形、PET
- ●適応容器直径：φ20～φ110
- ●処 理 能 力：20～30本／分
- ●ラベル長さ：40～350
- ●ラベル高さ：25～150

---

ラベル手差し式

## 糊付け用 半自動ラベラー ハリッコエース

必要道具
感覚の
超低価格

**特　徴**

- ●わずらわしい糊付け手作業から解放されます。
- ●多品種、小ロット生産にピッタリした道具です。
- ●美しいラベル貼付けが可能です。
- ●容器を置きラベルを挿入するだけで、自動的にラベルが貼付けられます。
- ●交換部品無しで、PETやその他の丸容器にラベル貼付けが可能です。

**仕　様**

- ●適 応 容 器：直胴壜、多角形、PET
- ●適応容器直径：φ40～φ110
- ●処 理 能 力：15～20本
- ●ラベル長さ：40～350
- ●ラベル高さ：25～150

---

**多品種生産に威力を発揮する機械を提供!!**

TMI INC.
田村機械工業株式会社
TAMURA MACHINE INDUSTRY INC.
http://www.tmii.jp
京都府城陽市平川中道表59-4番地（〒610-0101）
TEL 0774-52-3800　FAX 0774-52-0088

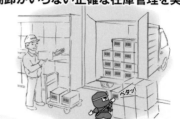

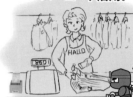

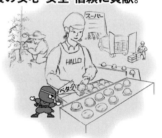

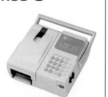

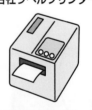

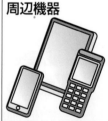

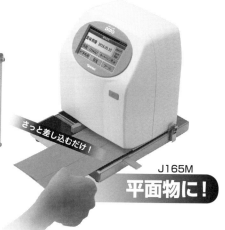

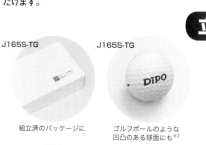

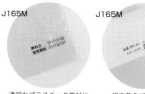

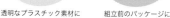

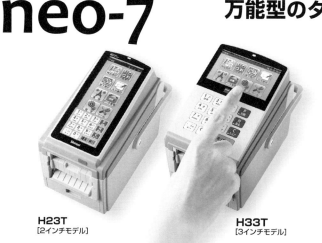

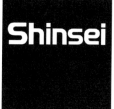

製袋印字機

# シートプリンタ

## 様々な袋に自由に印刷!
## PS-600シリーズ

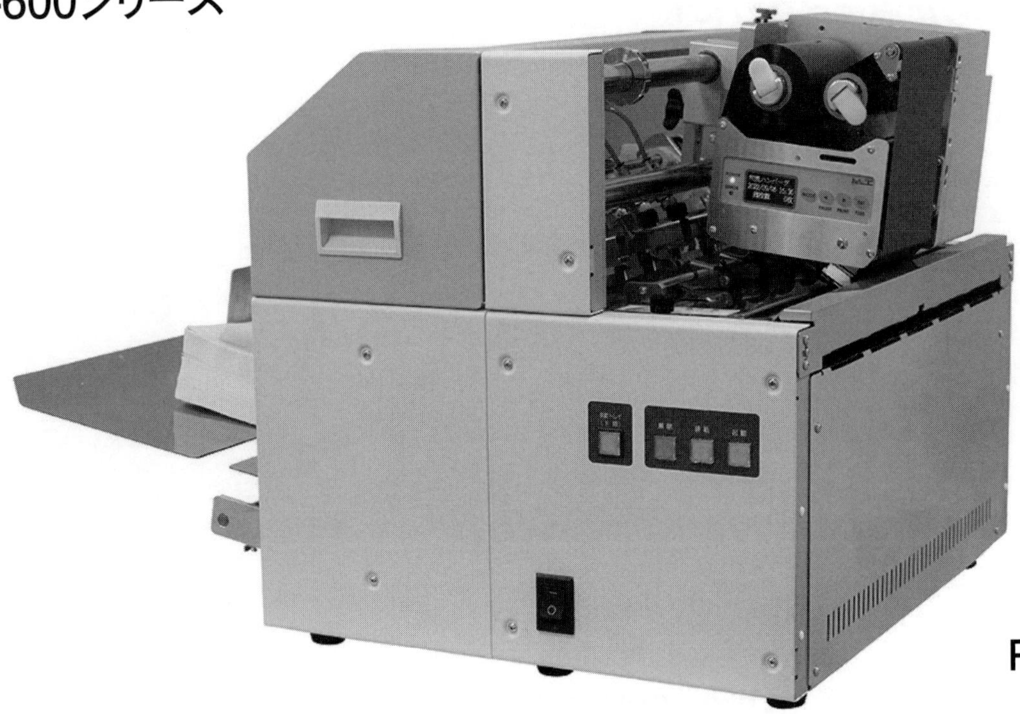

PS-630

### 【シートプリンタPSシリーズ】

様々な袋に、直接サーマルスタンパによる熱転写印字を行うことができます。最小65mmから最大400mm幅の袋を搬送します。

### ●特長

◆少ロットからの製袋印字に対応します。品種ごとの大量在庫の悩みが解消されます。

◆ラベルやラベル貼りにかかるコスト削減と、手貼りによるズレがなくなります。商品価値の向上につながります。

◆文字、バーコード、二次元コード、図形、罫線などにより、商品や部品などの詳細な情報を高品位に印刷できます。


Marking System Technology

**株式会社 エムエスティ**

本　　社　〒610-0101　京都府城陽市平川横道76-1　TEL 0774-53-1110　FAX 0774-53-2153

東京営業所　〒101-0042　東京都千代田区神田東松下町10-2 翔和神田ビル5F　TEL 03-5289-7211　FAX 03-5289-7238

URL http://www.mst-kyoto.co.jp　E-mail mst@mst-kyoto.co.jp

# サーマルスタンパ

包装機に組み込まれ、あらゆる包装フィルムに対応することができるスタンパです。
包装フィルムが停止した時点で印字する間欠式と、フィルムを停めることなく印字する連続式をご用意しております。文字、罫線、図形、バーコード、二次元コード、オートカレンダ、文字置換データ等を高品位に印字できます。

| 印字幅 | 間欠式 | 連続式 |
|---|---|---|
| 32㎜ |  MS-2110シリーズ | 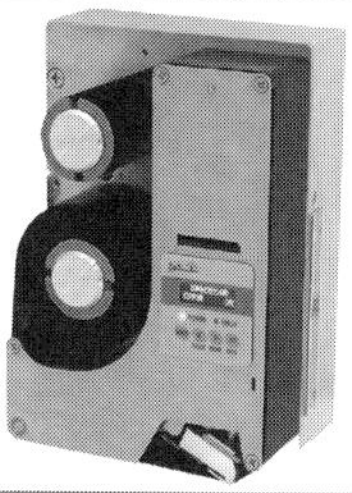 MS-3110シリーズ |
| 53.3㎜ | 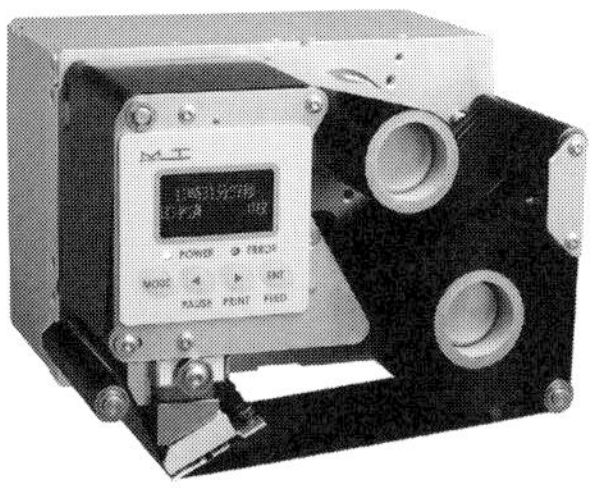 MS-2200シリーズ |  MS-3220シリーズ |
| | 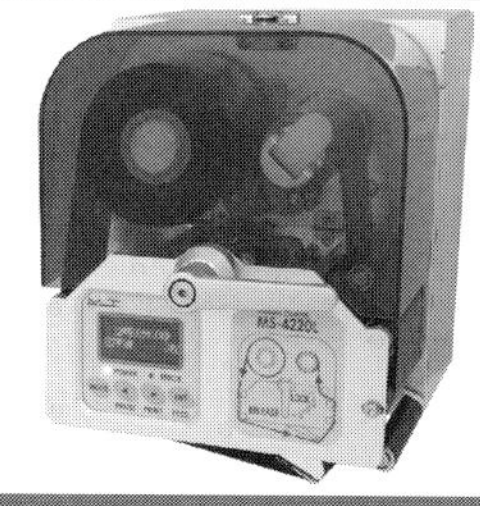 MS-4220シリーズ | 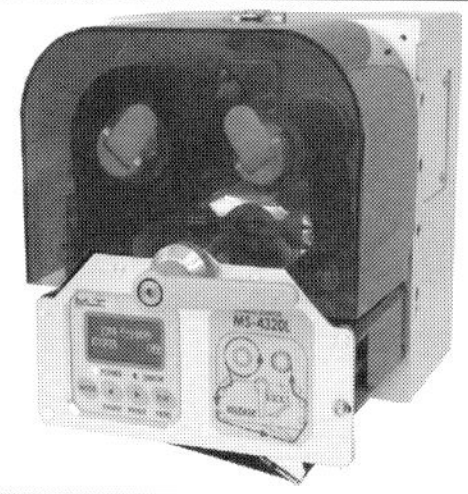 MS-4320シリーズ |
| 106.6㎜ | 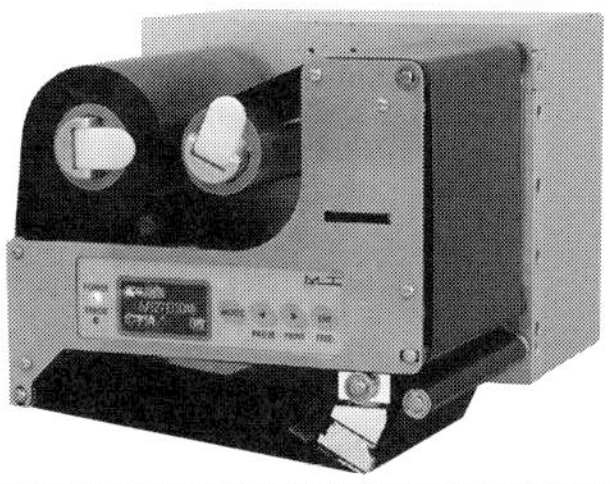 MS-2410シリーズ | 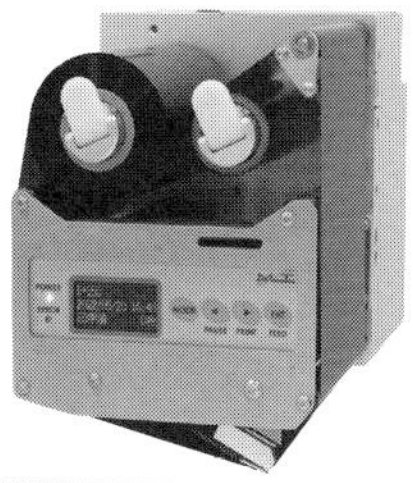 MS-3410シリーズ |

Marking System Technology
株式会社 エムエスティ
本　　社　〒610-0101　京都府城陽市平川横道76-1　TEL 0774-53-1110　FAX 0774-53-2153
東京営業所　〒101-0042　東京都千代田区神田東松下町10-2 翔和神田ビル5F　TEL 03-5289-7211　FAX 03-5289-7238
URL http://www.mst-kyoto.co.jp　E-mail mst@mst-kyoto.co.jp

# インクジェットプリンタ

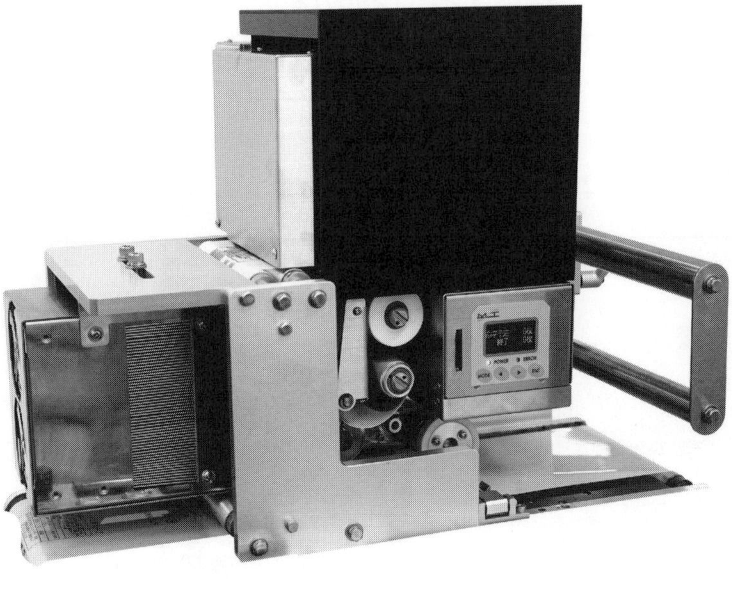

JP-410

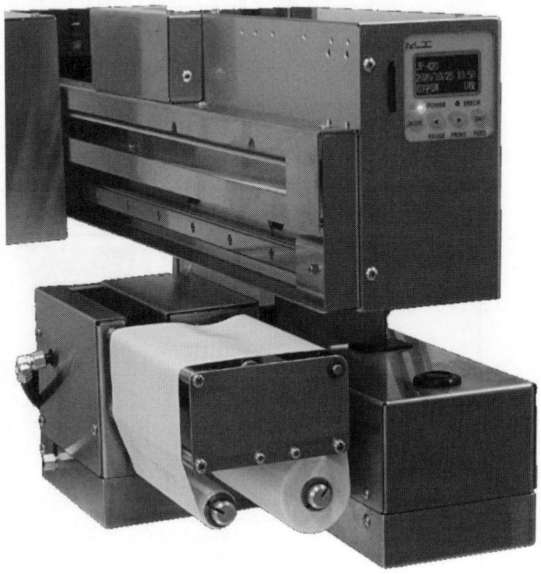

JP-420

■印字速度最大60m/分でサーマルに匹敵する印字品位

■360dpiの高精細ヘッドを搭載し、賞味期限、ロット番号やバーコードなどを一度に印字できます。

■自動クリーニング機能搭載で安定した印字を実現

■使用するUVインクは一度硬化すると耐熱性、耐冷凍性、耐油性、耐アルコール性、耐擦過性、耐剥離性に優れています。

【機種】

●JP-410/36s：印字幅36mm

●JP-410/72s：印字幅72mm

●JP-410/72i：印字幅72mm
最高速度50m/分（解像度360dpi時）

Marking System Technology

**株式会社 エムエスティ**

| | | | | |
|---|---|---|---|---|
| 本　　社 | 〒610-0101 | 京都府城陽市平川横道76-1 | TEL 0774-53-1110 | FAX 0774-53-2153 |
| 東京営業所 | 〒101-0042 | 東京都千代田区神田東松下町10-2 翔和神田ビル5F | TEL 03-5289-7211 | FAX 03-5289-7238 |

**URL http://www.mst-kyoto.co.jp　E-mail mst@mst-kyoto.co.jp**

**新製品**

# ボトルラベラー BL-25

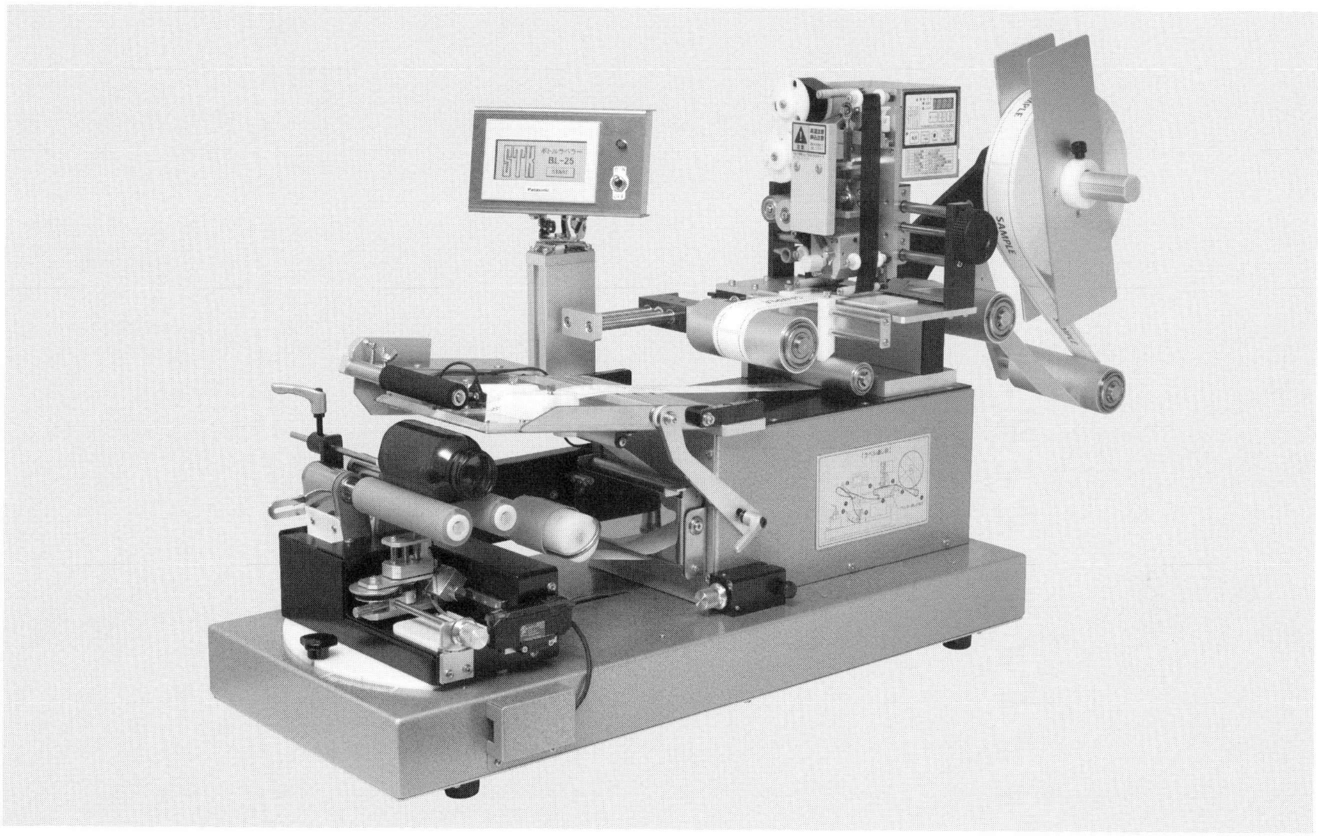


## ボトルラベラー BL-25 4つの特長

■円筒容器Φ8～80㎜の幅広いサイズに対応

■本体は巾355㎜×長972㎜×高560㎜の卓上サイズ

■指定位置貼り、2枚貼り、ホットプリンター等の豊富なオプション

■タッチパネルによる簡単操作

生産性・品質の向上。納入後即戦力、人手不足解消を実現

### 印字（オプション）の位置設定は数値入力のみ New

ラベル先頭から印字位置までの距離を入力するだけで自動でその位置まで印字位置が移動します。

※幅方向はハンドルで手動設定

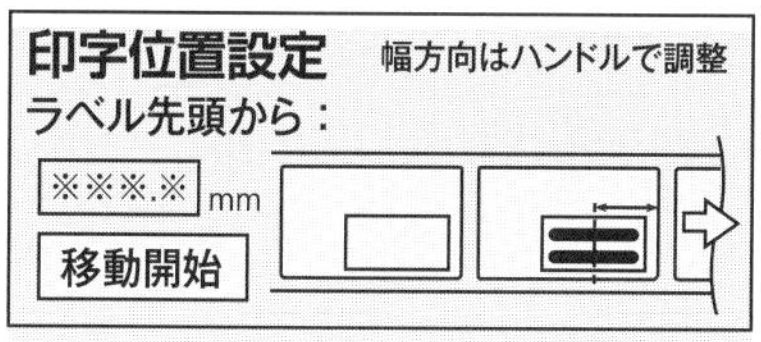


### ホットプリンター オプション INJ-50S

専用の印字リボンで真鍮活字本来の鮮明で美しい印影

**印字抜け防止対策万全**

◎ラベルの長さを自動で計測、ラベル抜けエラー発生時も印字抜けしない安心設計

◎ホットプリンターが異常を検知すると各種エラー番号でお知らせ

◎設定温度に達するまでラベラーをスタートさせない

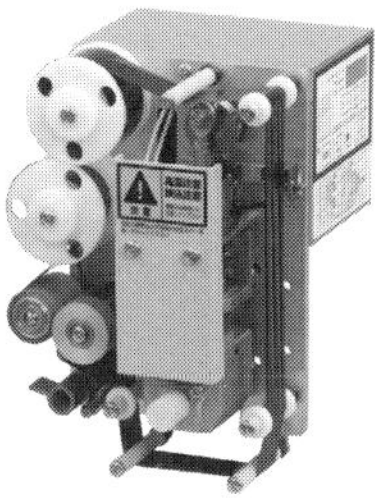

製造発売元

**STKトレーディング株式会社**

〒222-0033 横浜市港北区新横浜2丁目2-8 アーバンセンター新横浜

TEL：045(475)3641 FAX：045(475)3643

URL:https://www.stik.co.jp

# 外装関連機器

バンド・ひも掛機
製函機
封かん機
ケーサー
その他外装機器

## SQ-800（標準型）
（速い・使いやすい・多機能）

高効率ブラシレスDCモーター採用により、当社比20%の省エネルギー化を図りました。耐久性の高い自動梱包機で、当社独自のオイルレス機構により保守点検が容易です。
標準モードは54結束/分、高速モードでは63結束/分に切替えができます。※1 2段引締め(発泡スチロール等の梱包に最適)機能など、様々な制御を搭載しています。※2
※1、※2 ICボックスの設定が必要です

## RQ-8FBZ
（全自動ベルト駆動型）

全自動ライン組込み用の自動梱包機です。
梱包スピードも自動梱包機RQ-8シリーズならではの速さで処理能力を高めます。ベルト幅80mmのセンターベルトにより、小さなワークも確実に搬送します。
上面テーブル跳ね上げ仕様（標準装備）により、機械メンテナンスの作業効率が上がります。

## iQ-400
（半自動標準型）

低電圧DCモーター採用により静音化（60dB）を実現した半自動梱包機です。引締め方法選択機能により、多様な梱包物に対して適した引締めを行うことができます。
引締めの強弱に関わらず、バンドの引戻し速度が変わらないので梱包作業効率が上がります。シンプル構造でメンテンスがしやすい梱包機です。

## OB-360N
（卓上型帯掛機）

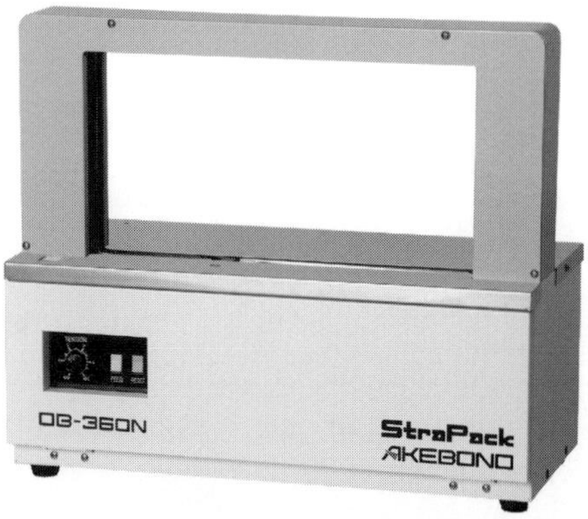


しなやかな引締め力で商品に帯掛けをします。1台でクラフトテープとフィルムテープを使い分けることができます。商品の大きさに合わせてオプションでアーチサイズをワイドサイズに変更でき、また特注でシステムラインに組み込むこともできます。


省力化とトータルコストダウンに貢献する
**ストラパック株式会社**

ホームページ／URL http://www.strapack.co.jp/

本　社／〒104-0061 東京都中央区銀座8-16-6 銀座ストラパックビル
TEL03-6278-1801 FAX03-6278-1800
工　場／横浜・アメリカ・タイ・中国

| | | | |
|---|---|---|---|
| 札幌支店 | TEL.011-241-6335 | 高崎支店 | TEL.027-370-2181 |
| 旭川ＳＳＰ | TEL.0166-34-9597 | 新潟ＳＳＰ | TEL.025-384-8601 |
| 仙台支店 | TEL.022-232-7459 | 名古屋支店 | TEL.052-769-0251 |
| 盛岡ＳＳＰ | TEL.019-601-9531 | 北陸ＳＳＰ | TEL.076-292-6027 |
| 郡山営業所 | TEL.024-938-7210 | 大阪支店 | TEL.06-6473-7241 |
| 東京支店 | TEL.03-3965-6181 | 岡山営業所 | TEL.086-244-4112 |
| 筑波ＳＳＰ | TEL.0299-46-4551 | 高松支店 | TEL.0877-48-2114 |
| 横浜支店 | TEL.045-475-7260 | 広島支店 | TEL.082-282-3011 |
| 甲府ＳＳＰ | TEL.055-232-6405 | 福岡支店 | TEL.092-921-3400 |
| 静岡営業所 | TEL.054-628-1315 | 鹿児島営業所 | TEL.099-228-7611 |
| | | 沖縄ＳＳＰ | TEL.098-879-4515 |

## ケーサー
（自動供給箱詰め装置）

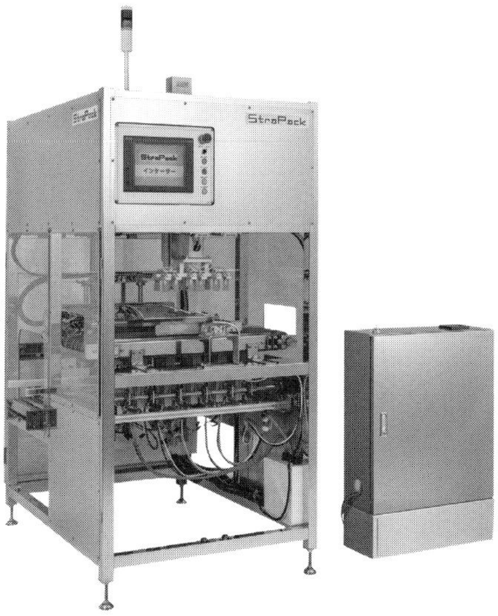

製品の整列･集積、箱詰めを自動で行う自動供給箱詰め装置（ケーサー）です。お客様の製品の形状･重量･箱詰め形態に応じて、最適なチャッキング方法や集積方法を選定･採用し、設置場所に合わせたレイアウトを行います。生産性向上に大きく貢献します。

## PW-1521Ri
（パレットストレッチ包装機）

出荷商品にストレッチフィルムを巻き、荷崩れを軽減したり商品を雨水やほこりからガードします。ストレッチフィルムを最大4倍まで伸ばす延伸機能付きなので、資材のランニングコストにつながります。
フィルム昇降スピードとターンテーブル回転スピードは調節可能です。

## AF-5NS
（全自動粘着テープ製函機）

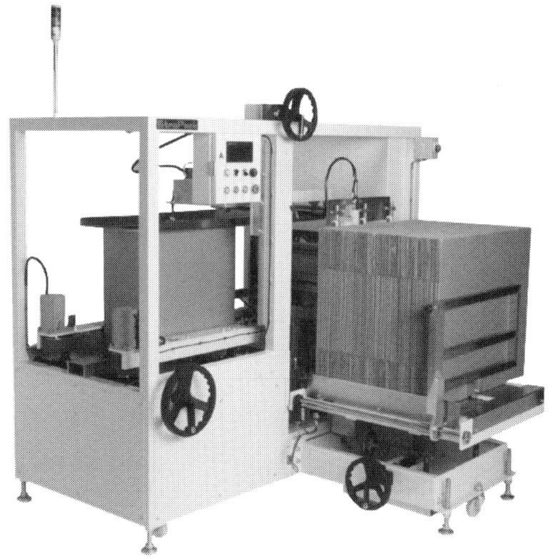

マガジン部分には最大60枚（シングル）の段ボールがストック可能。最大で12ケース/分（720ケース/時）の製函能力で作業性を大幅に向上させます。
設置スペースは2メートル四方を下回る省スペース設計となります。

## T-402
（全自動ロットランダム型封函機）

ダンボールの進入を感知すると、上部4面フラップを自動的に折込みテープ貼りします。
無人ラインでの連続使用を想定した豊富なオプションや特注仕様があり、多種多様なカスタマイズニーズに対応します。

# TOM自動紐掛機

## Y25 型

製造業

単位mm

| 高サ | 横幅 | 奥行 | 重量(kg) | 使用モータ(W) | ルーズテーブル奥行 | 最小結束範囲 |
|---|---|---|---|---|---|---|
| 1,190 | 620 | 910 | 120 | 単100V 250<br>三200V 200 | 250 | 50×50 |

## Y36 型

出版社・製本業
ダイレクトメール業
リネンサプライ業

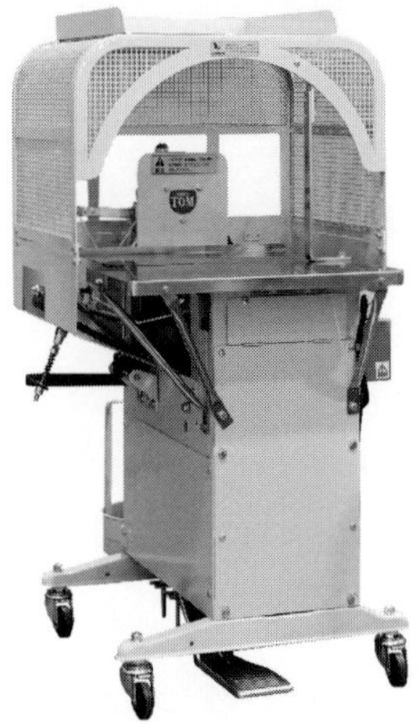

単位mm

| 高サ | 横幅 | 奥行 | 重量(kg) | 使用モータ(W) | ルーズテーブル奥行 | 最小結束範囲 |
|---|---|---|---|---|---|---|
| 1,270 | 650 | 910 | 125 | 単100V 250<br>三200V 200 | 250 | 50×50 |

## Y45 型

官公庁
金融機関
製本紙工業

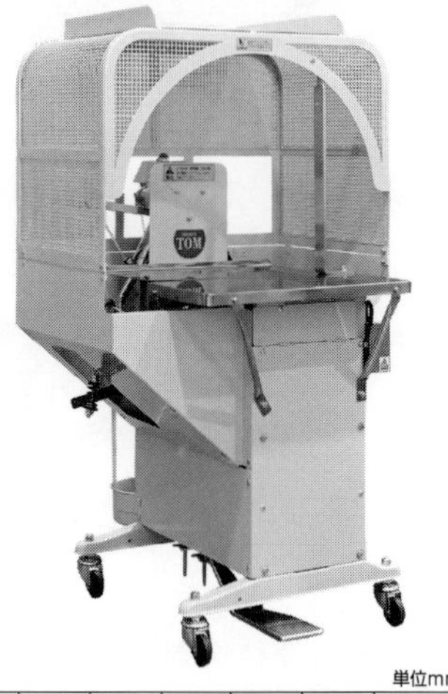

単位mm

| 高サ | 横幅 | 奥行 | 重量(kg) | 使用モータ(W) | ルーズテーブル奥行 | 最小結束範囲 |
|---|---|---|---|---|---|---|
| 1,380 | 770 | 910 | 135 | 単100V 250<br>三200V 200 | 250 | 50×50 |

## Y60 型

百貨店・スーパー
商店
各種生産工場

単位mm

| 高サ | 横幅 | 奥行 | 重量(kg) | 使用モータ(W) | ルーズテーブル奥行 | 最小結束範囲 |
|---|---|---|---|---|---|---|
| 1,600 | 1,060 | 980 | 165 | 単100V 300<br>三200V 400 | 250 | 100×100 |

## Y80 型

紙器段ボール業
百貨店・スーパー
各種製造業

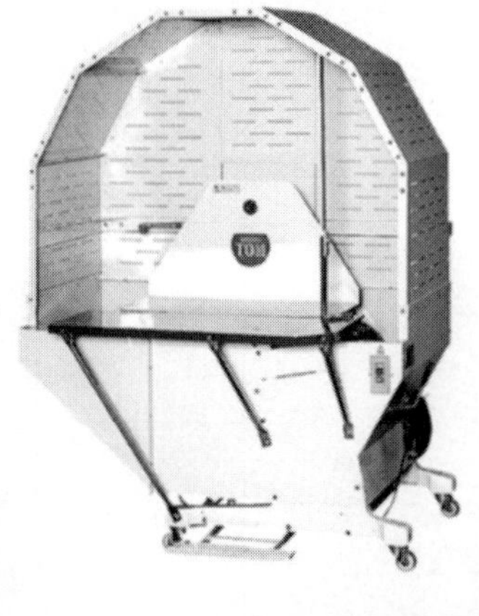

単位mm

| 高サ | 横幅 | 奥行 | 重量(kg) | 使用モータ(W) | ルーズテーブル奥行 | 最小結束範囲 |
|---|---|---|---|---|---|---|
| 1,680 | 1,350 | 1,270 | 230 | 単100V 400<br>三200V 400 | 340 | 200×200 |

## Y100型

紙器段ボール業
各種生産工場

単位mm

| 高サ | 横幅 | 奥行 | 重量(kg) | 使用モータ(W) | ルーズテーブル奥行 | 最小結束範囲 |
|---|---|---|---|---|---|---|
| 1,850 | 1,590 | 1,270 | 255 | 単100V 400<br>三200V 400 | 340 | 200×200 |

※単：単相式・三：三相式


山田機械工業株式會社

本社・工場　〒285-0802　千葉県佐倉市大作2丁目3番地1　TEL.043-498-2711（代表）
東部営業部　〒285-0802　千葉県佐倉市大作2丁目3番地1　TEL.043-498-1000（代表）
西部営業部　〒669-1339　兵庫県三田市テクノパーク5番1　TEL.079-560-0885（代表）
名古屋営業所　〒454-0849　名古屋市中川区小塚町59番地　TEL.052-361-2101（代表）
URL：https://www.tom-yamada.co.jp/　E-mail：sales@tom-yamada.co.jp


この製品は、ビューローベリタスより認証・登録された品質マネジメントシステムISO9001に適合している工場の管理下で製造されました。

ISO 9001 BUREAU VERITAS Certification

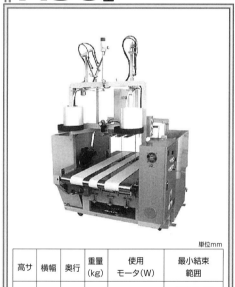

# TOM自動紐掛機

## YNS25型 花卉生産業者

カッター付

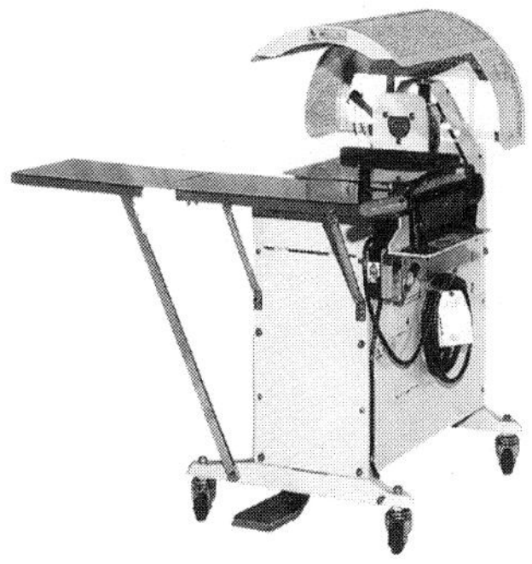

単位mm

| 高サ | 横幅 | 奥行 | 重量(kg) | 使用モータ(W) | ルーズテーブル奥行 | 最小結束範囲 |
|---|---|---|---|---|---|---|
| 1,140 | 775 (1,110) | 1,260 | 120 | 単100V 250 | 340 | 10×10 |

## Y10A型 和・洋菓子 食品業

ジャバラ折結束機構もあります Y10C型

菓子結束用

単位mm

| 高サ | 横幅 | 奥行 | 重量(kg) | 使用モータ(W) |
|---|---|---|---|---|
| 1,250 | 600 | 820 | 120 | 単100V 250<br>三200V 200 |

Y10A型結束見本

### 自動紐掛機のオプション機構

1. ルーズテーブル完全固定式・半固定式
2. テーブルストッパー各種
3. プレス機構各種
4. 紐ケース(大巻用6kg)(2個置き)
5. フットスイッチ式起動(電気式含む)
6. 紙載せ台
7. 結び目位置変更装置

その他ご要望をお聞かせ下さい。

## MPY 20型 30型 リネンサプライ業 長物用結束機 パイプ製造業

貫通型

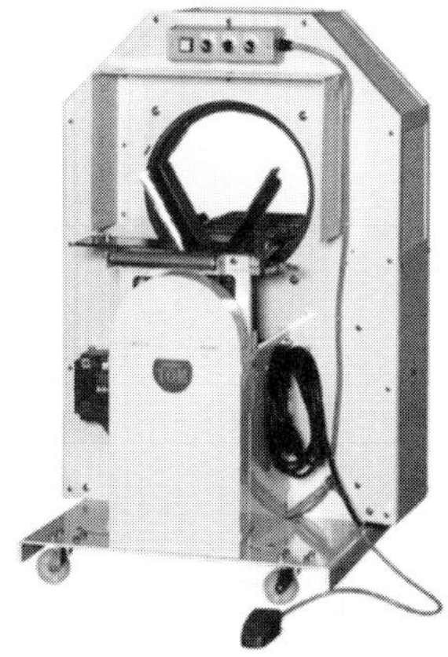

| | 高サ | 横幅 | 奥行 | 重量(kg) | 使用モータ(W) | 最小結束範囲 |
|---|---|---|---|---|---|---|
| MPY20型 | 1,216 | 815 | 770 | 185 | 三200V ドラム 400 結束機 200 | 35×35 |
| MPY30型 | 1,340 | 940 | 770 | 215 | | 50×50 |

## YF型 ドーナツ状物用 線材業

単位mm

| 高サ | 横幅 | 奥行 | 重量(kg) | 使用モータ(W) |
|---|---|---|---|---|
| 1,250 | 800 | 850 | 120 | 単100V 250<br>三200V 200 |

## AS9型 リネンサプライ業

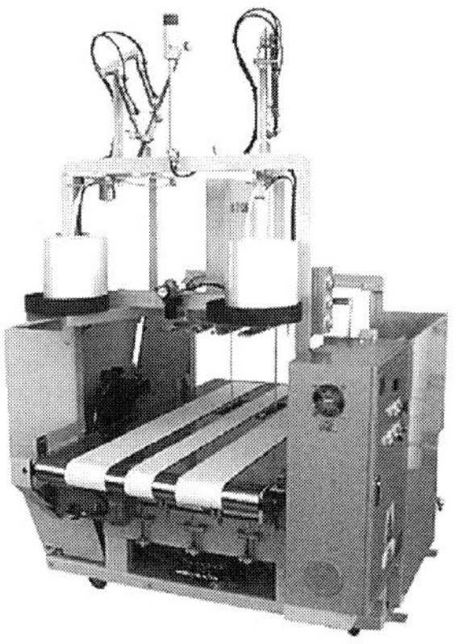

単位mm

| 高サ | 横幅 | 奥行 | 重量(kg) | 使用モータ(W) | 最小結束範囲 |
|---|---|---|---|---|---|
| 2,070 | 1,910 | 1,512 | 600 | 三200V 400 | 仕様によって異なります |


山田機械工業株式會社

本社・工場 〒285-0802 千葉県佐倉市大作2丁目3番地1 TEL.043-498-2711(代表)
東部営業部 〒285-0802 千葉県佐倉市大作2丁目3番地1 TEL.043-498-1000(代表)
西部営業部 〒669-1339 兵庫県三田市テクノパーク5番1 TEL.079-560-0885(代表)
名古屋営業所 〒454-0849 名古屋市中川区小塚町59番地 TEL.052-361-2101(代表)

URL : https://www.tom-yamada.co.jp/ E-mail : sales@tom-yamada.co.jp

この製品は、ビューローベリタスより認証・登録された品質マネジメントシステムISO9001に適合している工場の管理下で製造されました。

ISO 9001 BUREAU VERITAS Certification

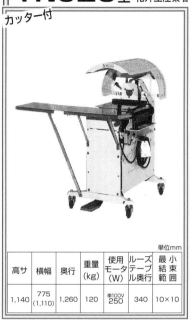

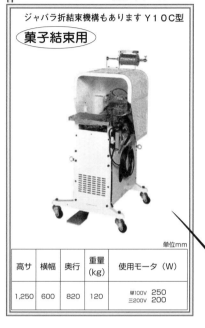

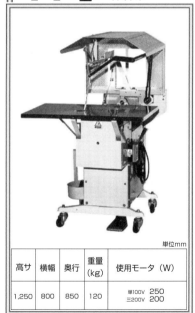

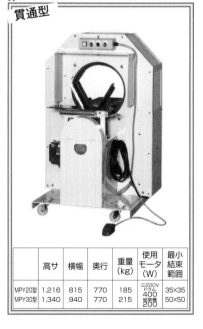

# TOM水平結束装置

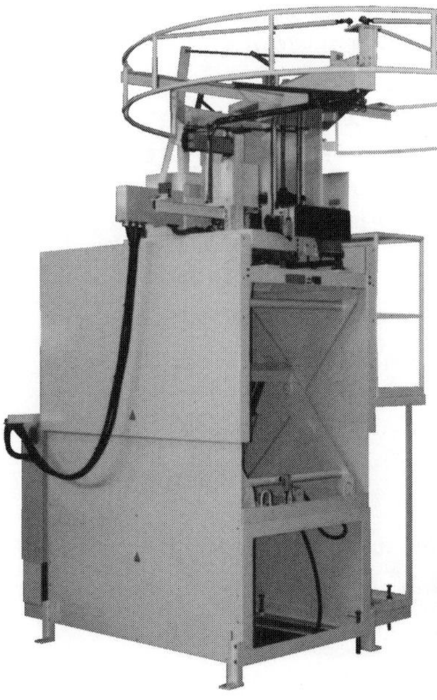

**特徴　－YVA130型－**

パレットに積まれたワークの上方部1～2ヵ所を鉢巻状に水平結束して荷くずれを防止します。

プラスチック製コンテナ・段ボール箱・ビールケース・ガロン缶詰などのワークに合わせた様々な仕様の納入実績がございます。

エコ環境問題により、ストレッチフィルム包装機から結束機へ更新したいと云うお問い合わせが増えています。

- ●結束範囲：幅500～1300×長さ500～1300ｍｍ
- ●ワーク重量：1段あたり10kg以上（軽いワークの際は別途ご相談）
- ●処理能力（結束1サイクル）（搬入搬出時間は含まず）

①リフターありタイプ　最大時間70秒
（1段結束、結束機前後260mm移動、
リフター上下1000mm移動の場合）
②リフターなしタイプ　最大時間15秒
（1段結束、結束機前後260mm移動の場合）

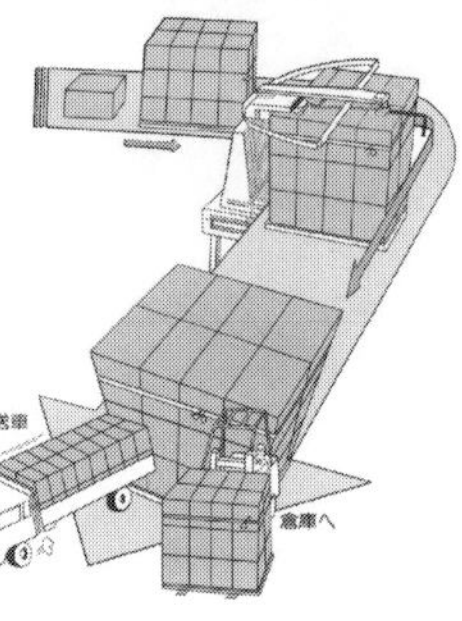


# TOMストレッチフィルム包装機

**特徴　－OAH15型－**

- ●糊や熱を使用しないで結束できます。
- ●段ボール箱、アルミサッシ等に至るまであらゆる物をタフにソフトに結束します。
- ●特にアルミサッシのような滑りやすいものでも、結束した後に積み上げても、横ズレなどしません。
- ●結束巻き数を3回巻～10回巻まで選定できます。（オプション機構）
- ●フィルムの交換は、ワンタッチで取り替えられます。
- ●カッターが内蔵式のため安全です。
- ●OAH型はフィルム装着機構が機内にあり、自動ライン化も容易です。

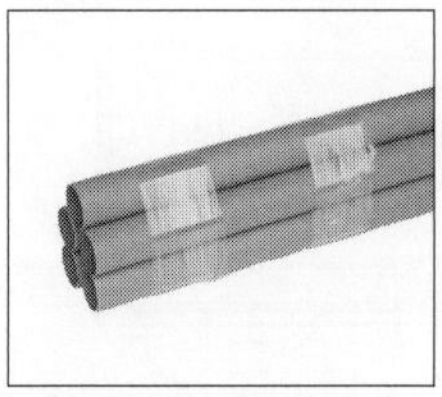

**山田機械工業株式會社**

本社・工場　〒285-0802　千葉県佐倉市大作2丁目3番地1　TEL.043-498-2711(代表)
東部営業部　〒285-0802　千葉県佐倉市大作2丁目3番地1　TEL.043-498-1000(代表)
西部営業部　〒669-1339　兵庫県三田市テクノパーク5番1　TEL.079-560-0885(代表)
名古屋営業所　〒454-0849　名古屋市中川区小塚町59番地　TEL.052-361-2101(代表)
URL : https://www.tom-yamada.co.jp/　E-mail : sales@tom-yamada.co.jp

この製品は、ビューローベリタスより認証・登録された品質マネジメントシステムISO9001に適合している工場の管理下で製造されました。

ISO 9001 BUREAU VERITAS Certification

# TOMクラフトエアーキャップ包装機

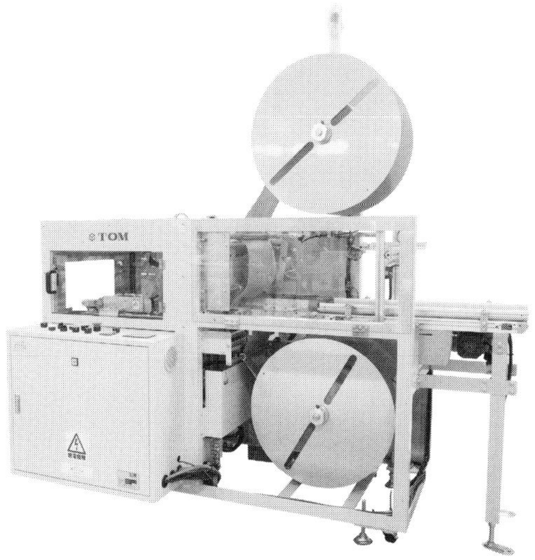

## 特徴　－OWA型－

本機は、ＣＤ・ＤＶＤや書籍・雑誌あるいは小物・アクセサリー等を発送する為、商品をやさしく守る気泡入り緩衝材の外側をクラフト紙でラミネートし中身が見えない様にしたクラフトエアーキャップで包み、ヒーターにて溶着して袋状にする機械です。

仕様は、お客様のニーズに応じて異なり、自動ラインに組込し、オートラベラーと連動も可能です。

●ワーク寸法：（OWA21型の場合）
　幅145～210×流れ寸法102～212×高さ5～24ｍｍ

●包材幅：（OWA21型の場合）300mm

●処理能力：ＭＡＸ13個/分

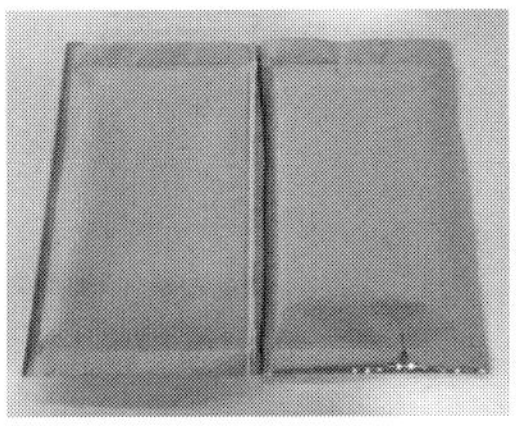

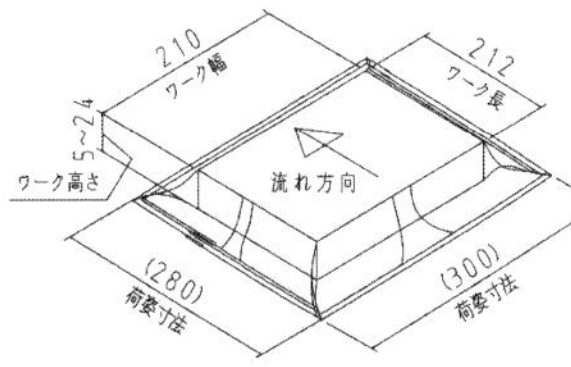


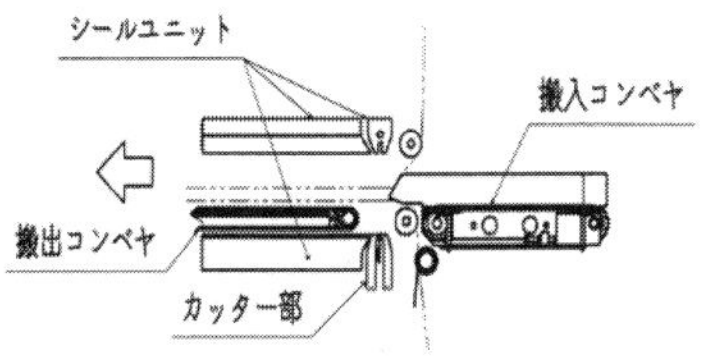


# TOM書籍自動包装機クラフトパッカー

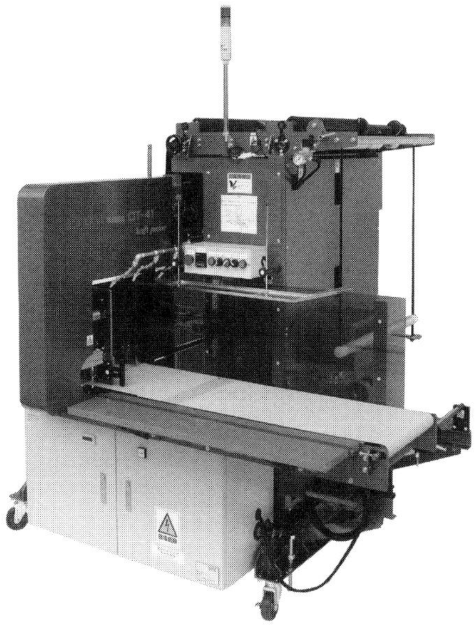

## 特徴　－OT41型－

本機はクラフトロール紙で上製本・並製本の書籍束を自動的に側面貼合わせにて帯封包装する機械です。包装形態は帯掛け及び耳出しです。（但し完全包装については手作業となります。）

●B6版～B4版の上製本・並製本に適しており、作業能率の向上に貢献します。
　クラフトロール紙を使用する為、ノリシロ面積が一定し、人件費と約3割の包装紙が節約されます。
　側面接着で帯封をしていますから、均一且つ十分な包装強度を保っています。

●包装後クラフト紙上面に「書名」「整理番号」等が自動的に謄写スタンプされますから管理・出荷の面において便利です。

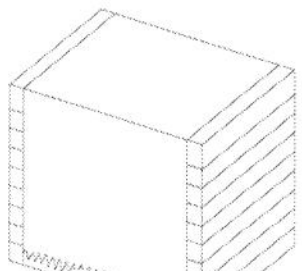

帯掛け

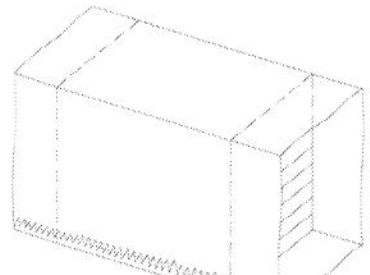

耳出し

**山田機械工業株式會社**

本社・工場　〒285-0802　千葉県佐倉市大作2丁目3番地1　TEL.043-498-2711（代表）
東部営業部　〒285-0802　千葉県佐倉市大作2丁目3番地1　TEL.043-498-1000（代表）
西部営業部　〒669-1339　兵庫県三田市テクノパーク5番1　TEL.079-560-0885（代表）
名古屋営業所　〒454-0849　名古屋市中川区小塚町59番地　TEL.052-361-2101（代表）
URL : https://www.tom-yamada.co.jp/　E-mail : sales@tom-yamada.co.jp

この製品は、ビューローベリタスより認証・登録された品質マネジメントシステムISO9001に適合している工場の管理下で製造されました。

ISO 9001 BUREAU VERITAS Certification

ポリ製袋装着機　　ポリ袋口封機

# シブヤ精機のポリサータ、ポリクローザ

## 完全自動化で作業効率大幅アップ!

ケース内に内袋を自動セット

## ポリサータ

**高さは従来機より低い 2.6 mを実現**
※対象ケースにより変わります

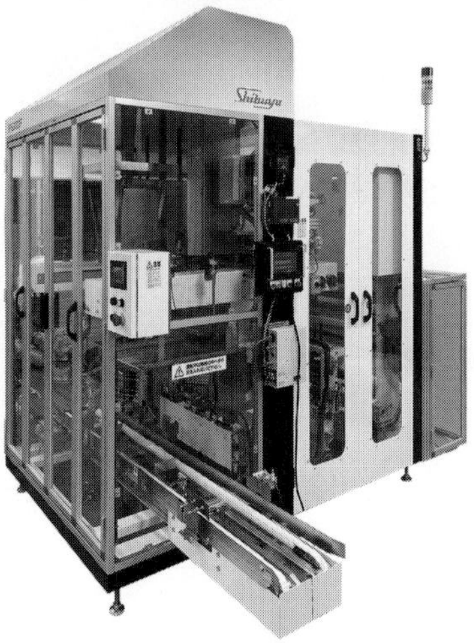

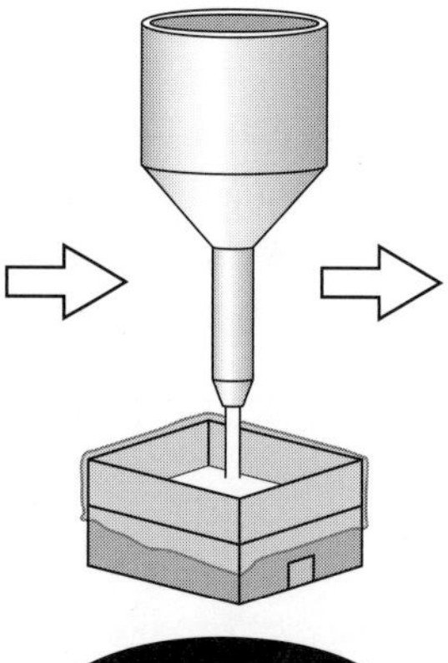

製品充填

内袋を脱気し、開口部をシーリング

## ポリクローザ

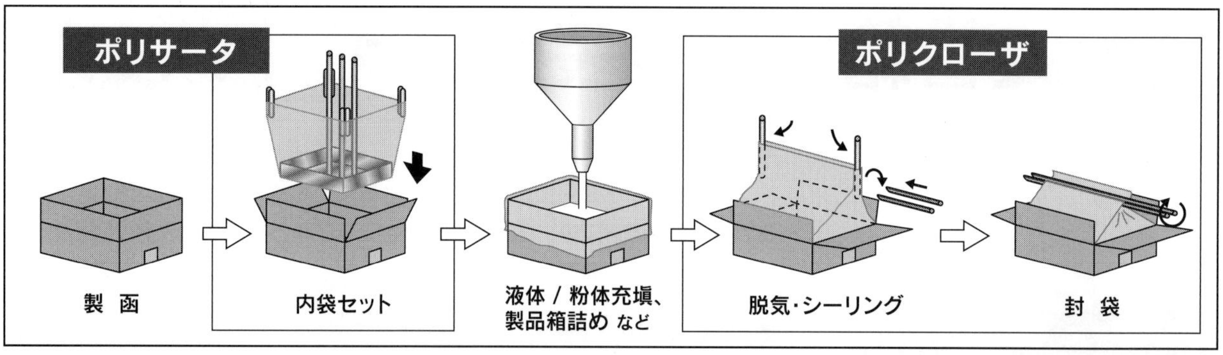


### ■ ポリサータ仕様

| 型式 | | IPS1000、IPS3000 | IPS8150N |
|---|---|---|---|
| 処理能力 | | Max.600ケース/時 | Max.800ケース/時 |
| フィルム | 種類 | フラットチューブ/ガゼットチューブ | |
| | 材質 | LDPE,HDPE,アルミ蒸着PET,アルミ蒸着PE,不織布など | |
| | 厚さ | 20～100μm | 25～50μm |
| | 巻径 | 標準　φ300mm以下 | |
| ケース寸法 | | お客様のご要望に基づき検討の上、ご提案いたします。 | |

### ■ ポリクローザ仕様

| 型式 | | IPC8300TM | IPC8360M |
|---|---|---|---|
| 処理能力 | | Max.300ケース/時 | Max.300ケース/時 |
| 口封方式 | | 折込み(メカ式) | 脱気＆巻込み ※ |
| フィルム | 厚さ | 25～50μm | 20～100μm |
| ケース寸法 | | お客様のご要望に基づき検討の上、ご提案いたします。 | |

※ヒートシール機構をオプションとして選択できます。
● 処理能力は、ケース寸法によって変わります。
● 予告なしに仕様を変更する場合があります。

世界のトップを走る技術のシブヤ
Shibuya

シブヤグループ
シブヤ精機株式会社
松山本社 〒791-8042 松山市南吉田町2200 TEL089-971-4029
FA東日本営業部 〒161-0031 東京都新宿区西落合1-20-14 TEL03-3950-2408
FA西日本営業部 〒541-0043 大阪市中央区高麗橋4-4-6 TEL06-6202-1300
澁谷工業㈱ 〒920-8681 金沢市大豆田本町 TEL076-262-1202
シブヤパッケージングシステム㈱ 〒920-0172 金沢市河原市町2 TEL076-256-5500
www.shibuya-sss.co.jp/

# シブヤ精機のロボット包装システム

## 多様な技術で新しい省力化システムをご提案

■ ロボット式ケーサ（袋物）

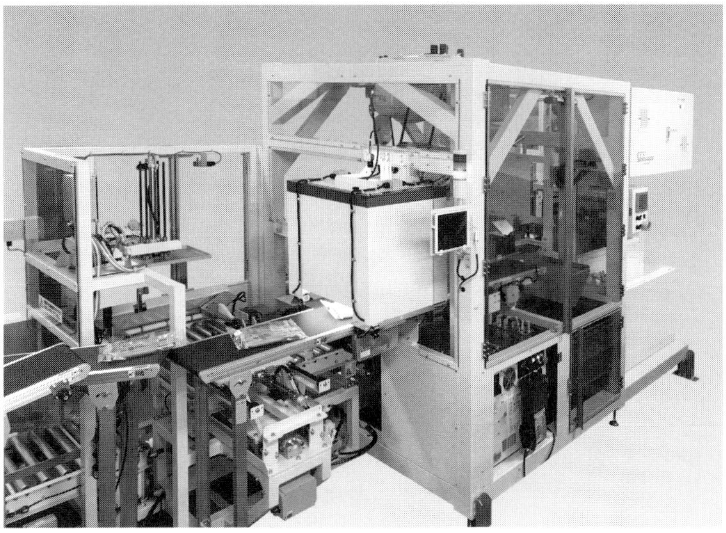

■ 小袋整列・組合せロボット

■ ロボット式ケーサ（びん用）

■ ロボット式パレタイザ

世界のトップを走る技術のシブヤ

Shibuya

シブヤグループ

**シブヤ精機株式会社**

| | | | |
|---|---|---|---|
| 松山本社 | 〒791-8042 | 松山市南吉田町2200 | TEL089-971-4029 |
| FA東日本営業部 | 〒161-0031 | 東京都新宿区西落合1-20-14 | TEL03-3950-2408 |
| FA西日本営業部 | 〒541-0043 | 大阪市中央区高麗橋4-4-6 | TEL06-6202-1300 |
| 澁谷工業㈱ | 〒920-8681 | 金沢市大豆田本町 | TEL076-262-1202 |
| シブヤパッケージングシステム㈱ | 〒920-0172 | 金沢市河原市町2 | TEL076-256-5500 |

www.shibuya-sss.co.jp/

# シブヤ精機の住宅建材組立・検査・梱包システム

## 多品種少量、邸名別生産に対応したフレキシブルラインをご提案

■ 走行ロボット式ボードピッキング・ユニット組付け装置

■ ボード形状・寸法検査装置

■ ボード反転装置

■ アルミサッシ・ドア・窓枠・階段・巾木・
フローリング・金属サイディング梱包装置

■ 端面キャップ梱包装置

世界のトップを走る技術のシブヤ

Shibuya

シブヤグループ

**シブヤ精機株式会社**

| | | | |
|---|---|---|---|
| 松山本社 | 〒791-8042 | 松山市南吉田町2200 | TEL089-971-4029 |
| FA東日本営業部 | 〒161-0031 | 東京都新宿区西落合1-20-14 | TEL03-3950-2408 |
| FA西日本営業部 | 〒541-0043 | 大阪市中央区高麗橋4-4-6 | TEL06-6202-1300 |
| 澁谷工業㈱ | 〒920-8681 | 金沢市大豆田本町 | TEL076-262-1202 |
| シブヤパッケージングシステム㈱ | 〒920-0172 | 金沢市河原市町2 | TEL076-256-5500 |

www.shibuya-sss.co.jp/

# シブヤ精機のFAシステム

## さまざまな分野で活躍する信頼のFAシステム

シブヤ精機のFA(ファクトリーオートメーション)システムは、さまざまな分野の省力化・省人化を実現する優れた生産設備をご提供いたします。高い品質と万全のアフターサービスで、多様なユーザーニーズにお応えします。

| システム | 適用ワーク |
|---|---|
| 長尺製品包装・梱包・積付 | PVC＆PEパイプ、雨樋、木材、ネットフェンス、鋼管、銅管、アルミ管 |
| パネル・板物組付包装・梱包・積付・搬送 | 金属サイディング、ドア、金属パネル、窓枠、フローリング材、階段材、浴室壁材、樹脂板、住宅用外壁材、収納庫、事務家具 |
| リターナブル樹脂ケース洗浄・乾燥 | 折り畳み式樹脂ケース、樹脂コンテナ、パレット |
| ポリ袋挿入＆クロージング | ダンボール箱、樹脂ケース、魚箱、缶、プラドラム |
| 巻物製品包装積付 | テープ、ロールフィルム、シャッター、カーペット、不織布、ビニールクロス |
| 製函・封函・ケーシング | パウチ製品、缶、瓶、テープ、化成品、工業部品、カップ麺、果物、野菜、冷凍食品、冷凍魚、カップゼリー、ビール、紙パック、ペットボトル |
| 射出成型品・小型金属部品箱詰 | 射出成型品全般、ボルト・ナット |
| 家電製品等包装 | 冷蔵庫、エアコン、洗濯機、テレビ、電気部品、ガスコンロ |
| チーズ・ボビン搬送包装・ケーシング | 糸巻きボビン、電線ボビン |
| 重量物・ロール品搬送 | 壁紙ロール、再生ロール紙、ロールフィルム、パルプ |
| 画像処理 | 石膏ボード外観検査、木材品質検査、果実品質検査、各種画像システム、古紙モールド検査 |
| コンピュータ管理 | 生産管理コンピュータシステム |

●最適なシステムをコンピュータ管理を含めて開発いたします。●お客様のご要望によりオーダーメードでの設計も承ります。

### 非破壊で製品内部を検査

## 透過型画像検査装置

外観からは判別できない製品の中身の有無や、シール部の噛み込みなどを判別する装置です。微弱軟X線や近赤外光など検査対象にあわせて最適化された特殊照明と独自の画像処理技術で、高精度な検査を実現します。製品の包装工程における異常のリアルタイム検出と品質の安定化に効果を発揮します。

【販売：シブヤパッケージングシステム㈱】

●アルミ蒸着品の噛み込み検査

### ■ 検査事例

●クッキーの中身の種類判別

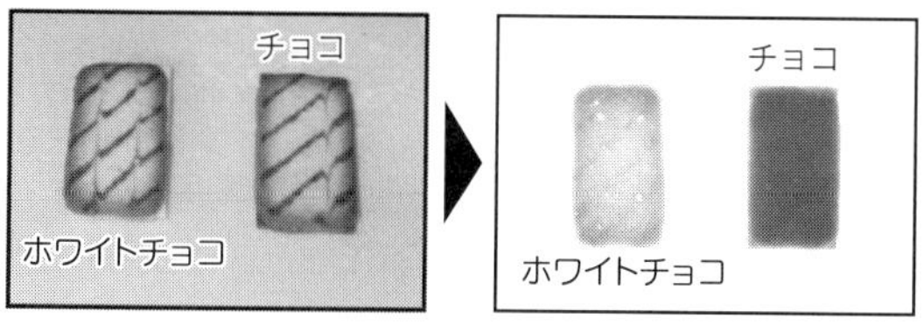


【その他の検査事例】
- どら焼きの餡の有無
- 貝の中身の砂の有無
- 液中の固形物の種類判別 など

世界のトップを走る技術のシブヤ

Shibuya

シブヤグループ

シブヤ精機株式会社

松山本社 〒791-8042 松山市南吉田町2200 TEL089-971-4029
FA東日本営業部 〒161-0031 東京都新宿区西落合1-20-14 TEL03-3950-2408
FA西日本営業部 〒541-0043 大阪市中央区高麗橋4-4-6 TEL06-6202-1300
澁谷工業㈱ 〒920-8681 金沢市大豆田本町 TEL076-262-1202
シブヤパッケージングシステム㈱ 〒920-0172 金沢市河原市町2 TEL076-256-5500

www.shibuya-sss.co.jp/

# リトルフォーマー CFC-10T型

## 狭い場所にスッキリ収まる省スペース設計

■従来タイプに比べコンパクトで狭い場所でも設置が可能
■マガジン部はフラットで低く、段ボールケース供給が容易にでき強制搬送により最後の1枚まで処理が可能
■ケース送りはインバータ制御により確実なテープ貼りが可能
■テープ起こし新機構によりテープ交換が容易
■段ボールケース（A,B,ABフルート）を問わず自社独自の機構で安定した製函が可能

### 安全対策

●機械全面に安全カバーを採用

### システムアップ

●プリセット型替機構(自動サイズチェンジ)
●シート自動供給機付
●ケースストック量（100～250枚）
●テープ貼不良検知
●サーボ駆動方式（～22ケース/分）

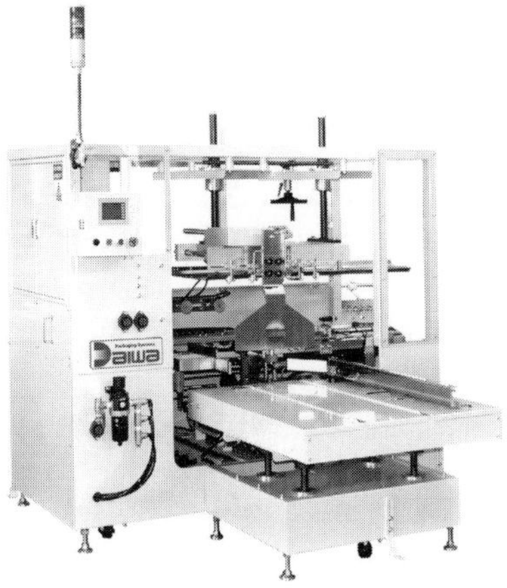

| | |
|---|---|
| 能力 | ～10ケース/分 |
| シール方法 | ホットメルト･粘着テープ |
| ケースサイズ | L 250～500<br>W 180～400<br>H 100～350 |
| 電源 | 3相 200V 50／60Hz 0.5kW |
| エアー源 | 0.5MPa 300N ﾘｯﾄﾙ／分 |
| サイズチェンジ | ハンドル調整型 |
| ケースストック量 | 70枚（シングルケース） |

※上記ケースサイズは標準寸法のため、範囲外でもお気軽に御相談下さい。

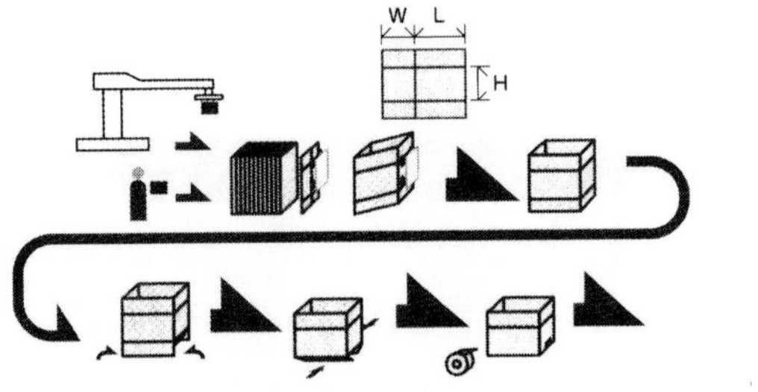


# 高速横型製函機 CFHS-60G型

## 毎分60ケースの高速で安定した製函を実現

■超高速対応型としてメカニカル駆動方式を採用
■全自動のため無人で段ボールケースの製函が可能
■処理能力が高くサイズ切替も容易
■段ボールケースの補給が簡単

### 安全対策

●機械全面に安全カバーを採用

### システムアップ

●シート自動供給機（DPL－R60）との接続で長時間連続運転が可能
●シート自動ヒモ切り装置との接続でシートの供給作業時間の短縮が可能
●オートサイズチェンジ機構の採用でサイズチェンジの時間短縮が可能

| | |
|---|---|
| 能力 | ～60ケース／分 |
| シール方法 | ホットメルト･粘着テープ |
| ケースサイズ | L 300～400<br>W 180～250<br>H 220～330 |
| 電源 | 3相 200V 50／60Hz 8.0kW |
| エアー源 | 0.5MPa 300Nﾘｯﾄﾙ／分 |
| サイズチェンジ | ハンドル調整型 |
| ケースストック量 | 100枚（シングルケース） |

※ケースサイズは弊社標準寸法のため、範囲外でもお気軽に御相談下さい。

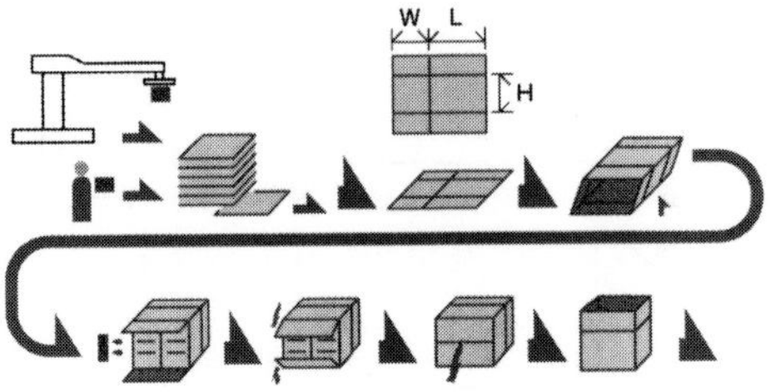


# 高速型ランダム封函機 CSR-24T型

## サイズチェンジから封函処理まで複数の動作をサーボモータ制御

■多種多様なケースサイズを一括処理 インテリジェンス封函機
■低速向けから多様なラインナップ
■ケース高さ判定のため、バーコード読取式とケース高さ実測式を採用

| | |
|---|---|
| 能　　力 | ～24ケース/分 |
| シール方法 | ホットメルト･粘着テープ |
| ケースサイズ | L 290～520<br>W 200～310<br>H 170～360 |
| 電　　源 | 3相 200V 50／60Hz 4.0kW |
| エ ア ー 源 | 0.5MPa 300Nﾘｯﾄﾙ／分 |

※ケースサイズは弊社標準寸法のため、範囲外でもお気軽に御相談下さい。

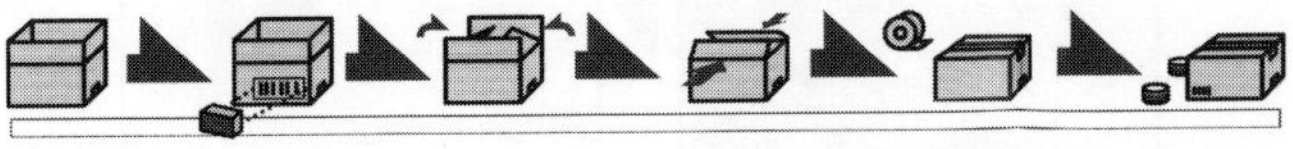

Packaging Systems daiwa
大和エンジニアリング株式会社
URL https://www.daiwa-eng.com
E-mail daiwainfo@daiwa-eng.com

本　　社　〒791-3131 愛媛県伊予郡松前町北川原２０３４
Tel.089-984-4432 Fax.089-984-4877
東京営業所　〒104-0031 東京都中央区京橋2丁目12番11号 杉山ビル5階
Tel.03-6264-4762 Fax.03-6264-4763
名古屋営業所　〒452-0901 愛知県清須市阿原池之表3番地1 アクティブ池之表A号
Tel.052-325-7202 Fax.052-325-7203
大阪営業所　〒532-0011 大阪府大阪市淀川区西中島3-18-9 日大ビル604号
Tel.06-6770-9288 Fax.06-6770-9289

# 高速型ラップラウンドケーサー RV-S30型

## 多様な製品をしっかりと集積・移載

- ■間欠モーションタイプのケーサー
- ■自社独自の製品振り分け、集積装置の採用で安定した集積が可能
- ■製品供給は、左右どちらでも選べレイアウトが容易
- ■自社独自の製品移載装置の採用で安定した製品供給が可能

### 安全対策

●機械全面に安全カバーを採用

### システムアップ

●シート供給機（DPL−M40R）
との接続で長時間の連続運転が可能
●プリセット型替機構
（自動サイズチェンジ）

| | |
|---|---|
| 能 力 | ～30ケース／分 |
| シール方法 | ホットメルト･粘着テープ |
| ケースサイズ | L 150～350<br>W 250～500<br>H 100～250 |
| 電 源 | 3相 200V 50／60Hz 16kW |
| エアー源 | 0.5MPa 800N リッ/トル／分 |
| サイズチェンジ | ハンドル調整型 |
| ケースストック量 | 約100枚 |

※上記ケースサイズは標準寸法のため、範囲外でもお気軽に御相談下さい。

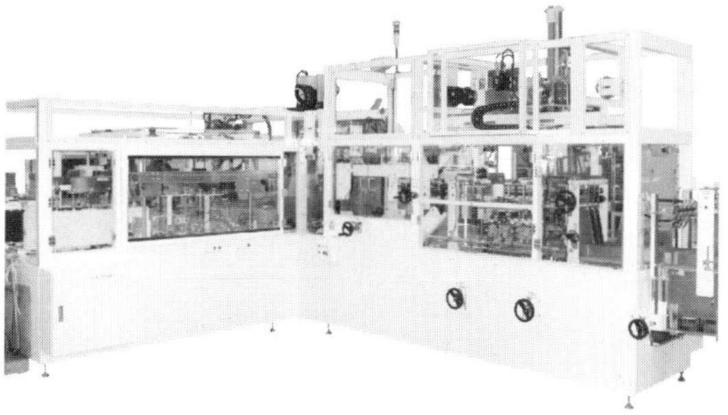

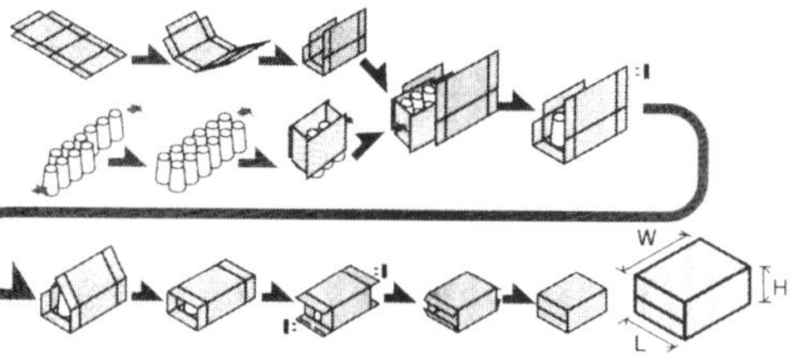


# セットアップケーサー SCT-10型

## 当社オリジナルの全自動製函機･封函機とケーサーをシステム化

- ■製函から箱詰め･封函まで、多種多様な製品にトータルで対応
- ■2軸サーボモータ制御にて、高速化･安定化を実現
- ■ピロー包装品のサイズ･形状に最適な集積ピッチ収縮機構を採用
- ■ボトルや乾麺を始め、様々な製品で対応可能

### 安全対策

●機械全面に安全カバーを採用

### システムアップ

●シート自動供給機付
●ケースストック量(150、200枚)
●プリセット型替機構
（自動サイズチェンジ）

| | |
|---|---|
| 能 力 | 10ケース／分 ※製品入れ数等に依ります |
| シール方法 | ホットメルト･粘着テープ |
| ケースサイズ | L 250～500<br>W 180～400<br>H 100～350 |
| 電 源 | 3相 200V 50／60Hz 4.0kW |
| エアー源 | 0.5MPa 800N リッ/トル／分 |
| サイズチェンジ | ハンドル調整型 |

※上記ケースサイズは標準寸法のため、範囲外でもお気軽に御相談下さい。

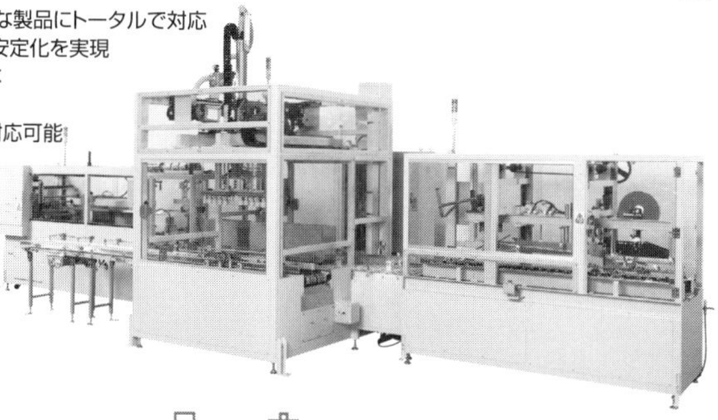

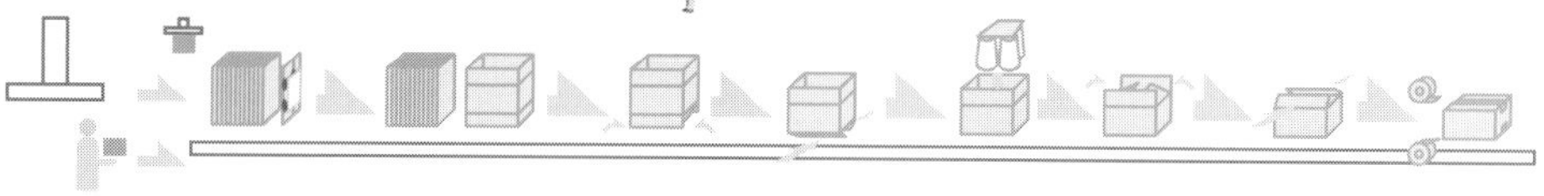

# ロボットケーサー（産業用ロボット）

## 6軸多関節ロボットの採用にてボトル集積を無くしたシンプル構造で正確な箱詰めを実現

- ■単列にて搬送されてくるボトルを列単位で箱詰めするロボットケーサーです。ボトル集積が難しいとされる楕円ボトルにも対応可能。
- ■3～4本整列させたボトルをロボットにて取出し、傾斜をつけたケースに列単位で挿入していきます。取出し本数と挿入回数で品種ごとに入数の調整が可能です。

| | |
|---|---|
| 能 力 | ～50本／分(MAX) |
| ケースサイズ | L 250～500<br>W 180～400<br>H 150～350 |
| 電 源 | 3相 200V 50／60Hz |
| エアー源 | 0.5MPa 600N リッ/トル／分 |

※上記ケースサイズは標準寸法のため、範囲外でもお気軽に御相談下さい。

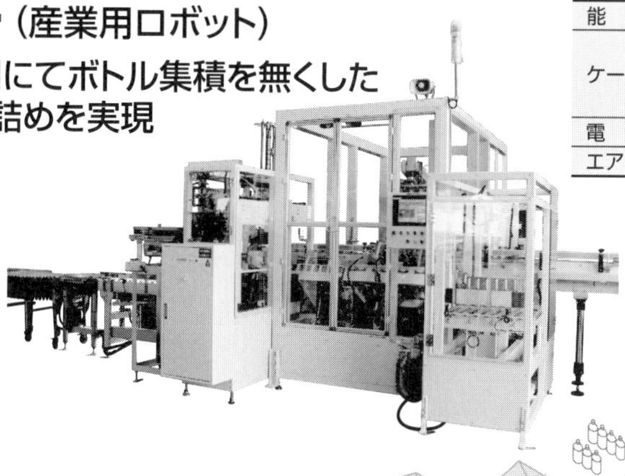

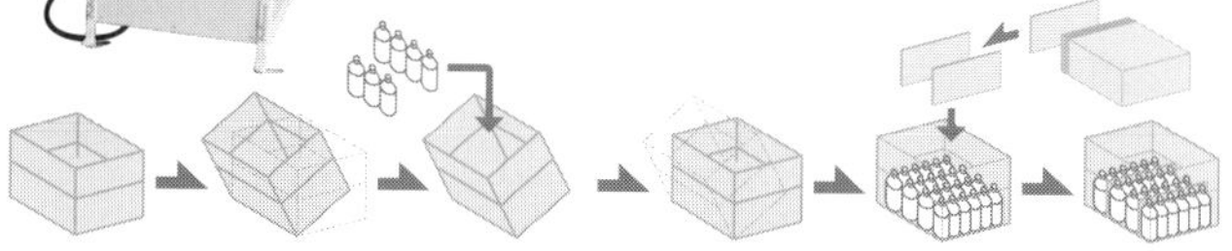

Packaging Systems
daiwa
大和エンジニアリング株式会社
URL https://www.daiwa-eng.com
E-mail daiwainfo@daiwa-eng.com

本 社 〒791-3131 愛媛県伊予郡松前町北川原２０３４
Tel.089-984-4432 Fax.089-984-4877
東京営業所 〒104-0031 東京都中央区京橋2丁目12番11号 杉山ビル5階
Tel.03-6264-4762 Fax.03-6264-4763
名古屋営業所 〒452-0901 愛知県清須市阿原池之表3番地1 アクティブ池之表A号
Tel.052-325-7202 Fax.052-325-7203
大阪営業所 〒532-0011 大阪府大阪市淀川区西中島3-18-9 日大ビル604号
Tel.06-6770-9288 Fax.06-6770-9289

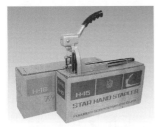

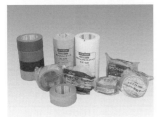

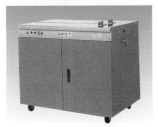

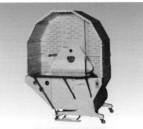

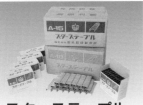

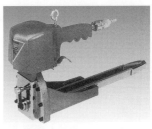

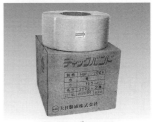

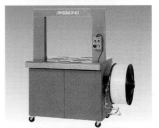

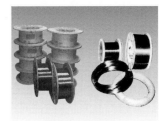

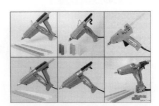

# その他関連機器

コンベア及び搬送機器
荷役・運搬機器
自動倉庫（ラック含む）
その他物流機器
食品加工機関連
チェッカー及び検査機
その他関連機器

# 生活に安全性を求める検査機器総合メーカー

ニッカ電測ではお客様のご要望にお答えするべく、検査製品、設置環境に合わせた機器をご提供致します

## 金属検出機 DenoA

METAL DETECTOR

typeNA

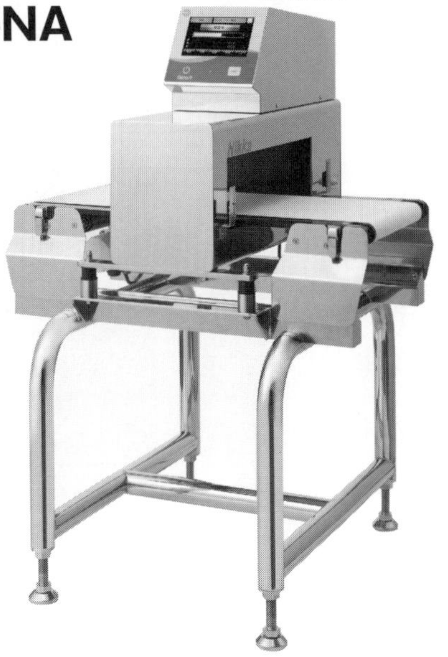

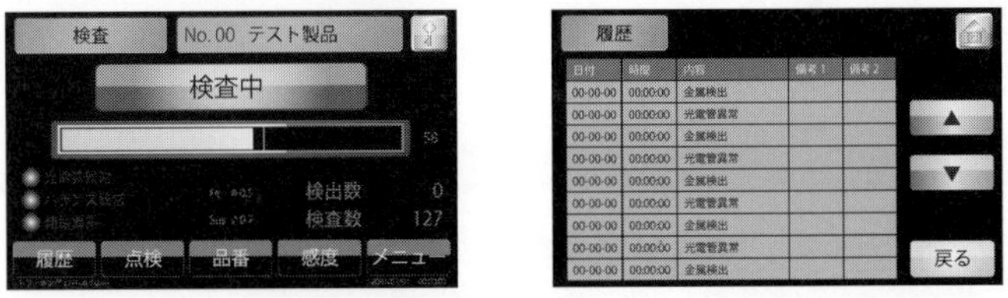

- タッチパネル採用で操作性が向上、カラー液晶画面により動作状態、検出時表示もよりクリアに!
- 異周波検査により検査対象にフィットする感度設定が可能!
- 特に高感度検査が困難な塩分、水分の含有量が高い製品の対製品感度が大幅に向上!（当社比）
- 検出、操作、異常履歴が、トータル10万件保存可能!
- USB メモリー接続で外部機器でのデータ管理も可能!

（オプション）

- コンベアベルトとベルト受けが工具レスで取り外し可能!
（機種によって、採用できない場合がございます）

## 微小金属検出機　NTシリーズ

NT3A【NEW】

| | |
|---|---|
| 製品の影響が無い | 被検査体の影響はなく、カタログ掲載感度がそのまま実用感度となります（アルミ包材でも変わりません）。又、製品毎の感度設定や設定切替の必要もないので、生産現場のオペレーションや管理、集計の簡素化が可能です。 |
| SUS針金 φ0.05×1㎜が検出 | 金属検出機に比べ、針金状金属の進入方向による検出精度の差がなくSUS針金Φ0.05×1㎜の検出が可能です。Fe針金についてはより微小なサイズまで検出ができます。実際に混入する可能性の高い針金状や板状金属の検出にNTシリーズは圧倒的な検知能力を発揮します。 |
| 省エネ機種 | 管球交換やラインセンサー交換が発生するX線異物検査装置と異なり、ランニングコストは従来の金属検出機と同程度の省エネ機です。 |


**ニッカ電測株式会社**

http://www.nikka-densok.co.jp

| | | | |
|---|---|---|---|
| 本社工場 | 〒351-1155 | 埼玉県川越市下赤坂710 | TEL049-266-7311／FAX049-266-5810 |
| 大阪支店 | 〒535-0003 | 大阪市旭区中宮4-10-28 | TEL06-6955-6761／FAX06-6955-6896 |
| 九州支店 | 〒812-0871 | 福岡市博多区東雲町3-4-28 | TEL092-584-2791／FAX092-584-2794 |
| 名古屋支店 | 〒460-0024 | 名古屋市中区正木1-16-25 | TEL052-322-1517／FAX052-322-1880 |
| 北海道支店 | 〒003-0832 | 北海道札幌市白石区北郷3条1-6-23 | TEL011-873-0771／FAX011-887-0878 |
| 仙台営業所 | 〒983-0013 | 宮城県仙台市宮城野区中野二丁目4番地の6 オフィスオバタ103 | TEL022-254-8758／FAX022-254-8763 |
| 静岡営業所 | 〒422-8058 | 静岡県静岡市駿河区中原795-1 マンションミタケ103 | TEL054-260-6962／FAX054-260-7972 |
| 広島サービスセンター | 〒729-0474 | 広島県三原市沼田西町惣定901-1 | TEL0848-60-9013／FAX0848-66-3447 |
| 新潟サービスセンター | 〒950-2002 | 新潟県新潟市西区青山6-15-18 | TEL025-379-8138／FAX025-379-8156 |

## 重量選別機 DenolWay CHECKWEIGHER®
## NW1-C2040W

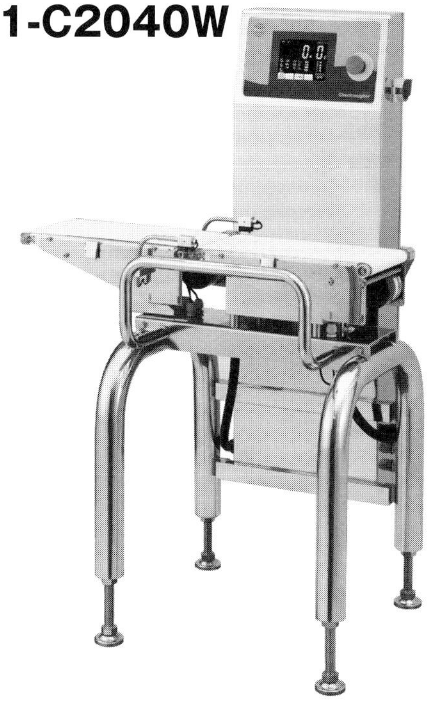

- デジタル処理により、振動耐性と計量精度が UP !
- ゴミが溜まりにくい、フレーム構造で、サニタリー性が大幅に向上!
- 検査履歴、選別履歴等の動作データの外部記録メディアによる抽出機能、プリンターの追加が可能!(オプション)

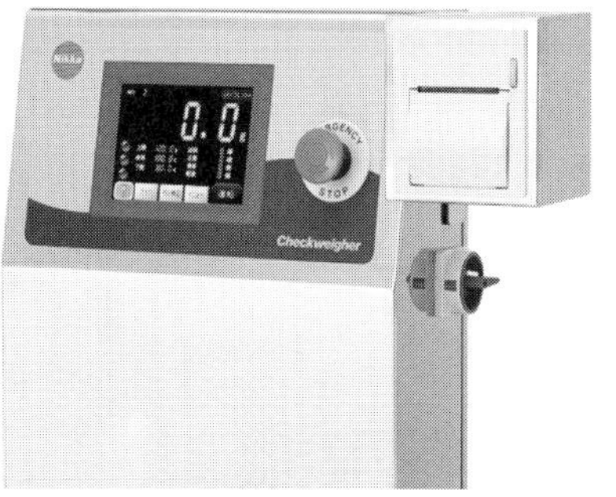


- 金属検出機との一体型もご用意しております!

## ピンホール検査機
## PIF-121

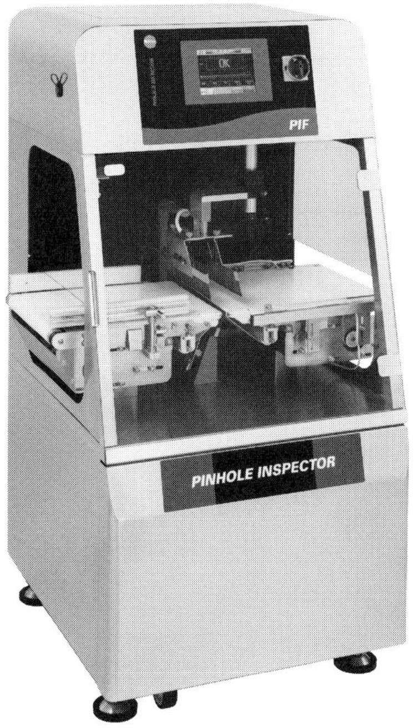


**高電圧方式**

**密閉包装用ピンホール検査機　PIF-100シリーズ**

絶縁製の密閉包装材に発生したピンホール、クラック、シール不良の有無を生産ライン上で自動的に検出し選別します。カップゼリー、パウチ等の各製品に合わせた機種を用意しております。

**高電圧方式(HVLD)のメリット**

・非破壊検査が可能
・新検知回路採用により大幅な性能UP
・効率的で高い信頼性
・ミクロン以下の微小検知
・高速検査
【オプション】データロガー対応


**ニッカ電測株式会社**

http://www.nikka-densok.co.jp

| | | | |
|---|---|---|---|
| 本社工場 | 〒351-1155 | 埼玉県川越市下赤坂710 | TEL049-266-7311／FAX049-266-5810 |
| 大阪支店 | 〒535-0003 | 大阪市旭区中宮4-10-28 | TEL06-6955-6761／FAX06-6955-6896 |
| 九州支店 | 〒812-0871 | 福岡市博多区東雲町3-4-28 | TEL092-584-2791／FAX092-584-2794 |
| 名古屋支店 | 〒460-0024 | 名古屋市中区正木1-16-25 | TEL052-322-1517／FAX052-322-1880 |
| 北海道支店 | 〒003-0832 | 北海道札幌市白石区北郷3条1-6-23 | TEL011-873-0771／FAX011-887-0878 |
| 仙台営業所 | 〒983-0013 | 宮城県仙台市宮城野区中野二丁目4番地の6 オフィスオバタ103 | TEL022-254-8758／FAX022-254-8763 |
| 静岡営業所 | 〒422-8058 | 静岡県静岡市駿河区中原795-1 マンションミタケ103 | TEL054-260-6962／FAX054-260-7972 |
| 広島サービスセンター | 〒729-0474 | 広島県三原市沼田西町惣定901-1 | TEL0848-60-9013／FAX0848-66-3447 |
| 新潟サービスセンター | 〒950-2002 | 新潟県新潟市西区青山6-15-18 | TEL025-379-8138／FAX025-379-8156 |

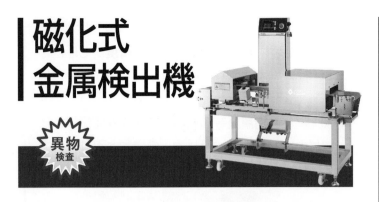

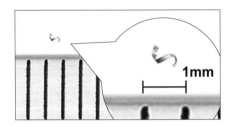

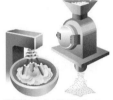

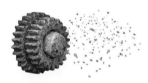

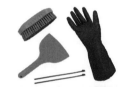

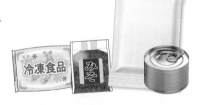

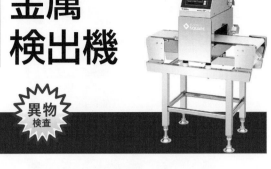

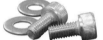

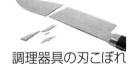

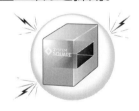

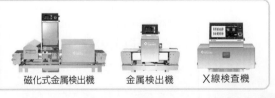

# X線検査機
# かみこみX線検査機

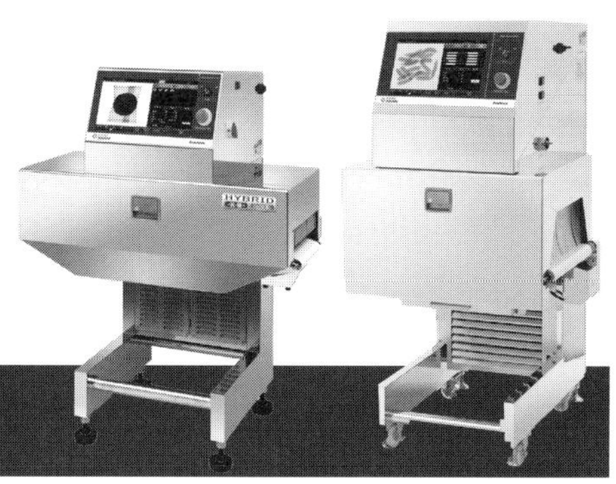

## さまざまな材質の異物を検出。

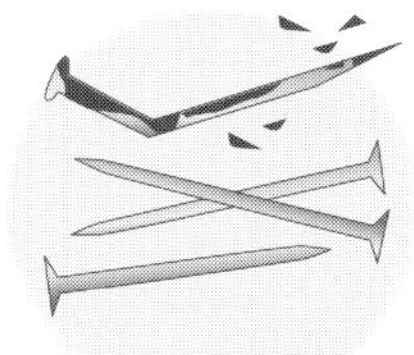
鉄・ステンレス

ガラス

骨・貝殻など

石片

硬質ゴム
(パッキンなど)

樹脂

## 異物検査以外の検査も同時にできます。

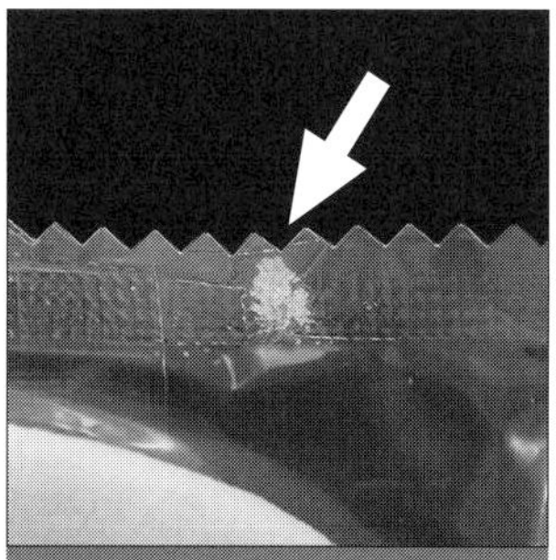
かみこみ検査

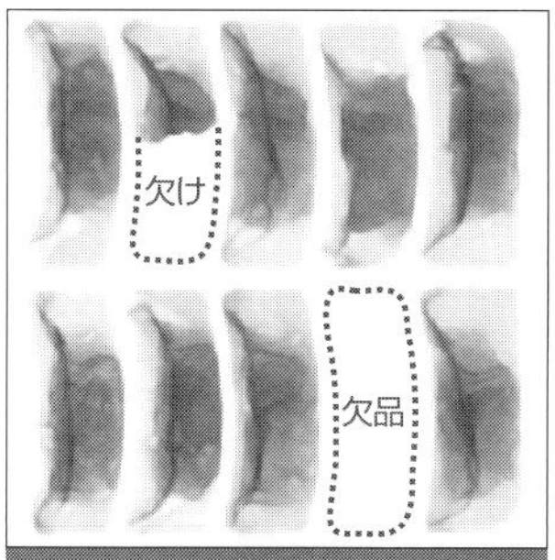

形状検査(割れ・欠け・欠品)

個数検査

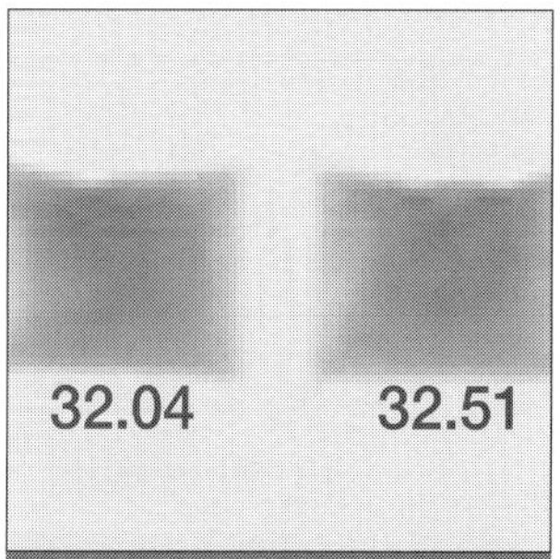

重量検査(相対質量)

## かみこみX線検査機の高速搬送仕様

最大500個/minで
異物・形状・かみこみの
同時検査が可能。

※検査品、使用環境により
異なります。

### AI(人工知能)検査オプション対応

これまで不可能だった“人の目で見た判断と同等の自動検査”を実現。現場の課題解決を支援します。

**省人化を強力にサポート/フードロスの低減/歩留まり向上**

詳細はHPをご覧ください。資料請求、無料サンプルテストは下記までお問い合わせください。

SYSTEM SQUARE 株式会社 システムスクエア HP/https://www.system-square.com/

本社・工場 〒940-2121 新潟県長岡市喜多町金輪157 TEL:0258-47-1377(代) FAX:0258-47-0161

営業所
札幌 011-299-2551 岩手 0195-78-8150 仙台 022-304-3031 新潟 0258-47-1677
関東 048-789-7517 静岡 054-293-7130 富山 076-464-5699 名古屋 052-746-8131
関西 06-6423-9133 広島 082-831-7401 四国 089-948-4717 福岡 092-915-9120
鹿児島 099-298-9603

WEBサイト

# プロブルーフレックス メルター

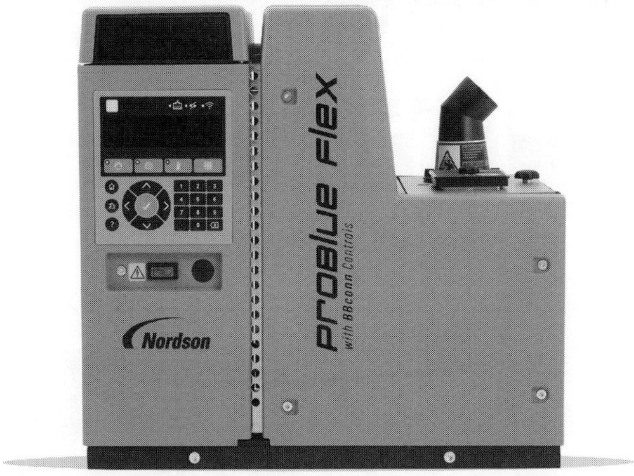


プロブルーフレックス（ProBlue Flex with BBconn Controls）は業界標準機として操作性と安全性をより高めて、どなたにでも安心安全にお使いいただけるメルターです。また将来的なスマートファクトリー化に対しても柔軟に対応が可能なホットメルトシステムです。

## プロブルーフレックスの特長

・各種規格に対応した通信機能で、将来的なスマートファクトリー化に貢献
・スマートメルト機能の搭載によって、接着剤の炭化劣化を削減
・マニホールド保護パネルの標準装備で、安全性がさらに向上
・日本語表示が可能なOLEDディスプレイにより、快適な操作性を実現
・用途に応じてタンクレスタイプとタンクタイプのメルター選択が可能
・従来機種であるプロブルーシリーズメルターと設置必要スペースが同一で、簡単に置き換えが可能
・豊富なアップグレードキットが導入後の拡張性をサポート

ホットメルト機器の
通信機能特設サイト

## ワンランク上のオプション機能

### タンクレステクノロジー

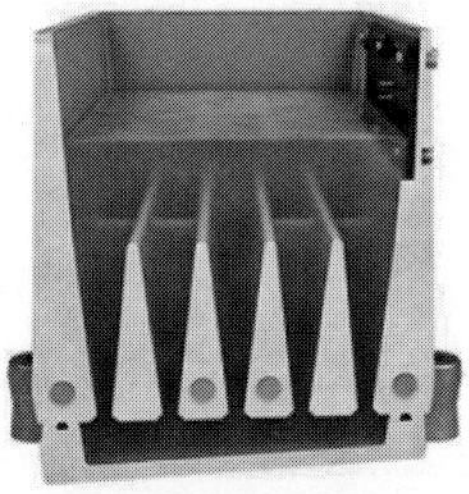

※画像はイメージです

必要な量だけを加熱溶融するタンクレス構造は、接着剤の炭化劣化を抑え、劣化物によるノズル詰まりや時間経過による接着剤の色変化を防ぎます。また接着剤は自動供給されるため、安全な環境を提供しながら作業者の負担を軽減します。

### 流量モニタリング

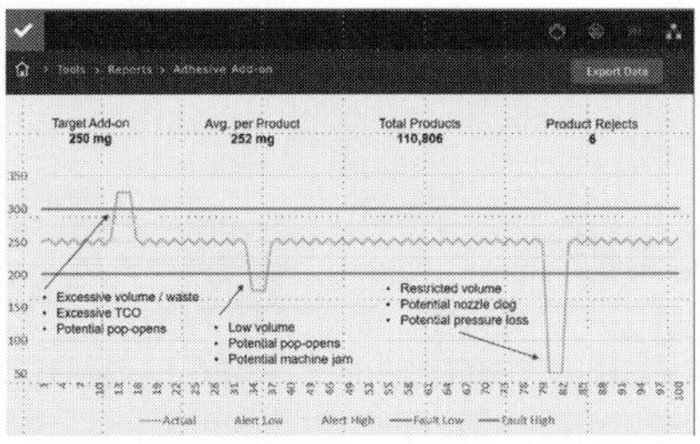


接着剤使用量を自動で測定し、あらかじめ設定した上限値や下限値を超えるとアラートでお知らせをする流量のモニタリングが可能です。この機能によって安定した高精度塗布と稼働データの収集を実現します。

### メルター通信機能

2023年4月より通信機能が標準搭載になりました。

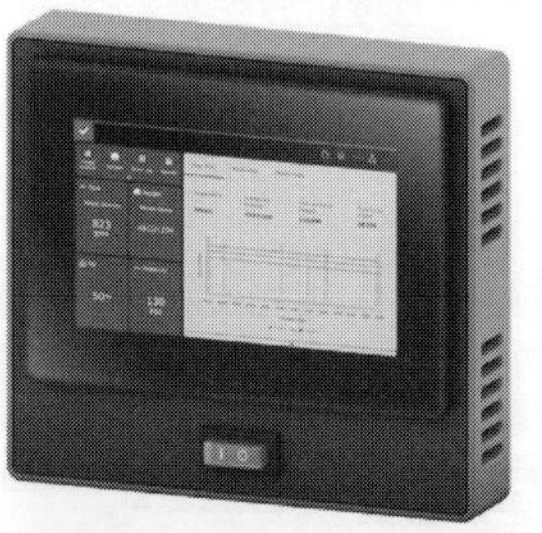

メルター通信機能で包装機からのメルター操作・稼働データ収集が可能となります。稼働条件をレシピ化すれば不慮のミスの削減にもつながり、さらに工場間でデータシェアを行えば将来のスマートファクトリー化の実現にも貢献します。

**ノードソン株式会社**

〒140-0012　東京都品川区勝島1-5-21　東神ビルディング8階
TEL.(03)5762-2710　FAX.(03)5762-2717
●セールスオフィス　札幌／仙台／岩槻／東京／静岡／名古屋／大阪／広島／福岡／高松
https://www.nordson.com/ja-jp

## ゴミ除去用　クリーナーローラー

**従来のクリーナーローラーに比べ帯電防止性やブリードレス性を付与した材質を開発いたしました。各種基材や生産工程に合わせた優れた効果を発揮するクリーナーローラーを豊富に取り揃えております。**

### 明色帯電防止ブリードレスタイプ

**ECクリーナー SH・S・SL**（粘着力 大・中・小）

ECクリーナーは、導電性カーボンブラックを使用しない、新しい帯電防止付与技術により開発された明色系帯電防止機能を有する、ゴミ・塵埃除去用粘着ゴムローラーです。

### 明色帯電防止ブリードレスタイプ（樹脂製）

**ECダストレル M**（粘着力 大）
**ECダストレル L**（粘着力 小）

可塑剤・硫黄・カーボンブラック・帯電防止剤・粘着剤を一切使用しない優れた表面強度と明色帯電防止機能を有するゴミ除去用明色帯電防止粘着ローラーです。

### 連続クリーニングについて

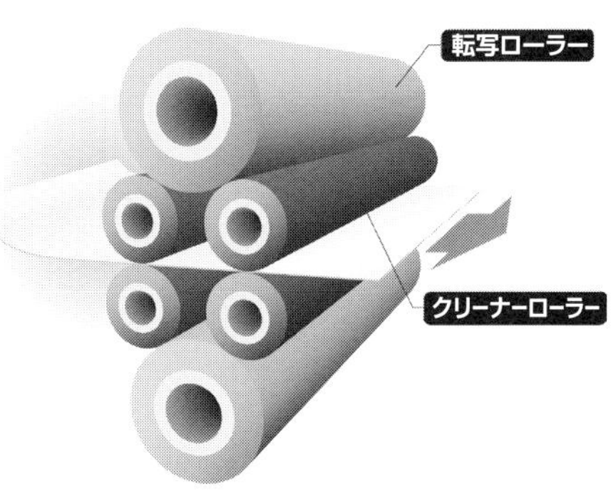
転写ローラー
クリーナーローラー

連続クリーナーローラーとは、各種フィルム及び基板等の表面に付着したゴミ・ホコリをクリーナーローラーで除去し、クリーナーローラーに付着したゴミ・ホコリを転写ローラへ移行させる機構です。
現在ご使用のクリーナー装置のクリーナーローラーやクリーナー装置の新規設備についてもお気軽に弊社営業スタッフにご相談下さい。

## 高機能フィルム用巻取りコア　e-コア

**フィルム段差の吸収でロスを低減**

**高機能フィルム用巻取りコア**
**e-コアシリーズ**

**e-コアK**
低硬度・低歪み設計でクッション効果抜群！

**e-コアR**
GFRP、ABS、PVC、PP、PS等、各種プラコアにライニング可能！

**e-コアRTS**
e-コアRをテープレス仕様に！

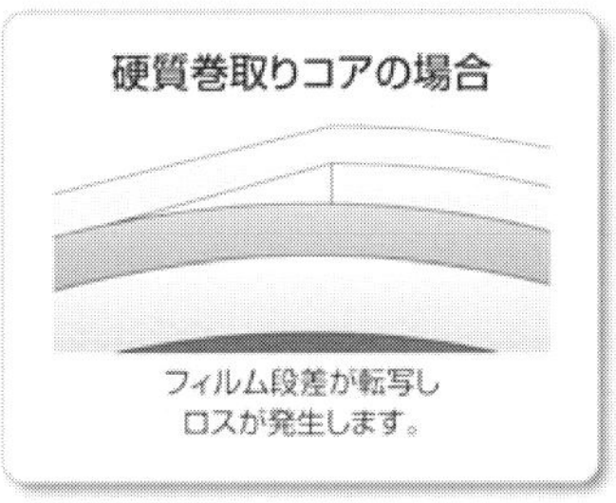
硬質巻取りコアの場合
フィルム段差が転写し
ロスが発生します。

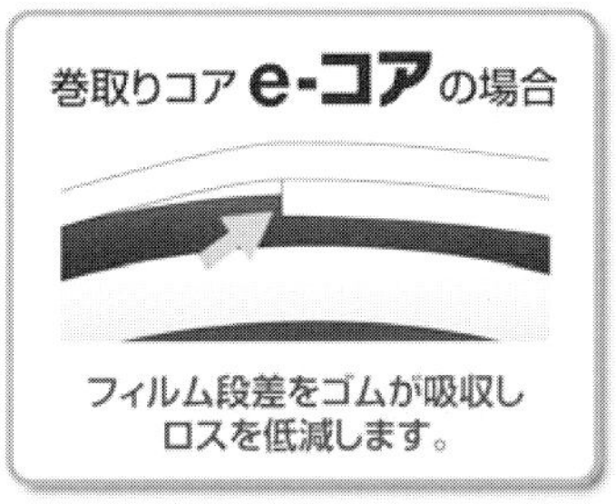
巻取りコア e-コア の場合
フィルム段差をゴムが吸収し
ロスを低減します。

**株式会社 加貫ローラ製作所**　http://www.katsura-roller.co.jp
〒544-0005 大阪市生野区中川5-3-13　TEL.06-6751-1121　FAX.06-6754-4400

# プラスチック加工関連機器

フィルム・シート成型・加工機
容器成型機
各種印刷機
製袋機
加工周辺機器

# BH-60DLLSC

4サーボ フィルム送り駆動に3サーボ ヒーター上下駆動に1サーボ

〈スタンドパック・チャックシール装置付〉高速三方シール自動製袋機

※コンベアーはオプションです。

「トタニ」ブランドを代表する名機、BHシリーズ。衛生面を考慮して、機械カバーは全てステンレスカバーを標準化。
駆動部の足周り部品も従来より強化しております。細部にわたり使いやすさ・扱いやすさを追求しました。
従来よりご好評頂いております、インラインコーナーカット装置+1度切りリアルタイム・2度切りサーボドライブによるシャー制御装置、変形袋用トムソン押切装置など多彩なオプション装置もご用意しております。

## シャー制御システム(対応機種:BH·CT·FDシリーズ)

### 袋の「バリ」をなくして、商品価値をアップ!

袋の四隅(コーナー)を丸める「コーナーカット加工」や袋の開封口をつくる「ノッチ加工」などの加工を制御す るシステム。特にコーナーカット加工の場合にありがちな、尖った部分(バリといいます)ができるのを防ぎ、スムースで美しい袋形状をつくり、商品価値を高めるシステムになっています。

機械下流の断裁刃の真上から、高精度のCCDカメラがカットの形状を監視し、コンピュータで画像を解析。印刷のズレなどで規定のカット位置が変化してもコンピュータが位置を自動で修正し、ACサーボモータによる正確なフィルム位置制御と合わせて正確にカット加工をおこないます。
独自の「ダブルカット方式」と「シングルカット方式」の二種類のカッティング方法を選択できますので、製袋条件によりカッティングの方法を選択していただけます。
「ダブルカット方式」でコーナーカットをおこなうことで袋の角が美しいアール形状となり、不要なでっぱりやバリができないため「PL対策」にも有利な、商品価値の高い袋がつくれます。また、「コーナーカット加工」や「ノッチ加工」だけではなく、さまざまな形のカット加工のニーズにも対応が可能です。

# FD-35V

3サーボ フィルム送り駆動に2サーボ ヒーター上下駆動に1サーボ

## 高速センタープレスシール自動製袋機

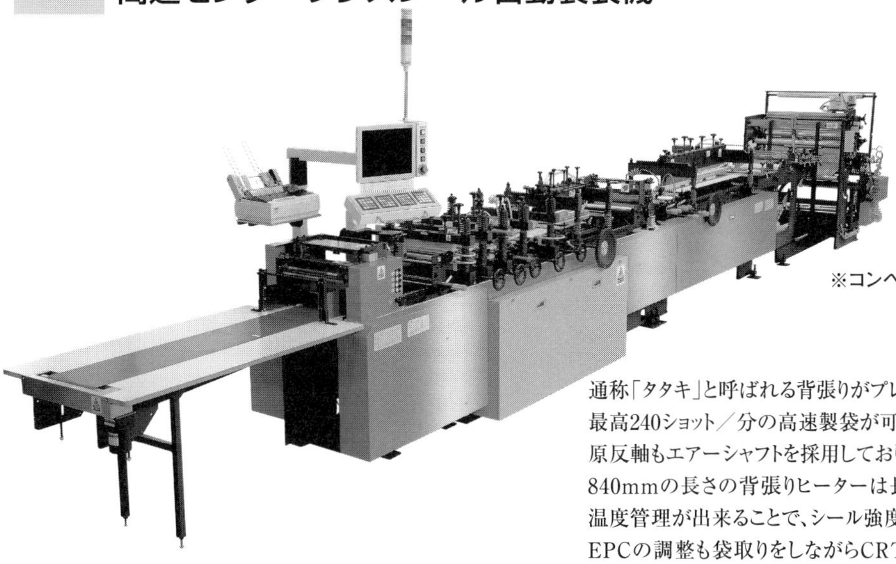

※コンベアーはオプションです。

通称「タタキ」と呼ばれる背張りがプレスシールのセンターシール機。
最高240ショット／分の高速製袋が可能です。
原反軸もエアーシャフトを採用しており、フィルムのセット替えが楽になっています。
840mmの長さの背張りヒーターは長尺送りにも対応しており、更に2ヵ所で個別に温度管理が出来ることで、シール強度・仕上がりの美しさが向上しています。
EPCの調整も袋取りをしながらCRT上でOK!移動量もCRT表示なので、袋取りと原反部の往復は不要です。更に整列コンベアを設置すれば袋揃えもほとんど不要です。

# HK-65V

3サーボ フィルム送り駆動に1サーボ ヒーター上下駆動に1サーボ キャッチング駆動に1サーボ

## 高速サイドウェルド自動製袋機

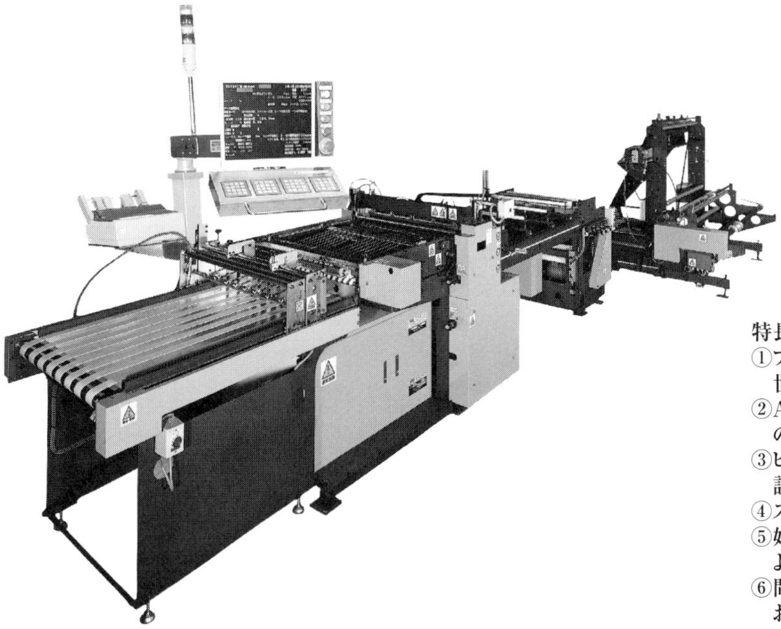

※製袋能力はフィルムの種類、厚みによって異なります。

特長
①フィルム送り駆動にACサーボを搭載、間欠送りの製袋機では世界最高の500ショットを達成しました。
②ACサーボ搭載のキャッチング装置により、高速製袋でも抜群の袋揃えを提供します。
③ヒーター上下駆動に搭載したACサーボにより、シール時間の設定が自由にできます。
④スタッカー速度及びダンサー繰出速度調整は自動。
⑤始動時のヒーター下降、停止時の上昇は自動なので熱刃によるあぶりの心配はありません。
⑥間欠ホットメルトをはじめ、多数のオプション装置をご用意しております。

# 創意。

それはお客様の満足のために。

“塗る”“貼る”“切る”のテクノロジーが新しい価値をお届けします。

# 技術革新。

**それはお客様の発展のために。**

「価値・生産性・環境の創造」と
「ロス・コストの削減」で未来に貢献します。

## お客様ニーズにあったオーダーメイドの機能で対応

### クリーンコーター Model-C/DL-130-AF

クリーン度が要求される製品の加工を目的としたコーター＆ラミネーター。各種プラスチックフィルムと金属箔に対応用途に応じ、様々な塗工方法にて対応可能。

| 主仕様 | |
|---|---|
| 基　材 | 各種プラスチックフィルム、金属箔 |
| ロール幅 | 1,300mm |
| 機械速度 | Max200m/min |
| 塗工方式 | Dグラビア、特殊グラビア、S字コート、ダイコート |
| 乾燥部 | フローティングドライヤー |
| 駆動部 | ACベクトルモーターセクショナル制御 |

### 3ヘッド多目的コーター Model-3HC-DL-160

工業用途の各種プラスチックフィルム、金属箔の加工に対応。コーティング、ドライラミネート加工が可能多種類の製品を一台で。

| 主仕様 | |
|---|---|
| 基　材 | 各種プラスチックフィルム、金属箔 |
| ロール幅 | 1,600mm |
| 機械速度 | Max200m/min |
| 塗工方式 | Dグラビア、特殊グラビア、S字コート、ダイコート |
| 乾燥部 | フローティングドライヤー、ロールサポートドライヤー |
| 駆動部 | ACベクトルモーターセクショナル制御 |

### ノンソルベントシリコンコーター Model-NS/SOC-175-400

クラフト紙、グラシン紙等紙ベース基材のシリコンコーティングに対応無溶剤シリコンの塗工、乾燥焼付を高速加工

| 主仕様 | |
|---|---|
| 基　材 | クラフト紙、グラシン紙、上質紙 |
| ロール幅 | 1,750mm |
| 機械速度 | Max400m/min |
| 塗工方式 | ロールトランスファー |
| 乾燥部 | ロールサポートドライヤー |
| 駆動部 | ACベクトルモーターセクショナル制御 |

**営業品目** コーティングマシン、ラミネーター、グラビア印刷機、紙管製造機、スリッター、産業機械全般。

岡崎機械工業株式會社

本社工場　〒566−0046　大阪府摂津市別府2丁目22番6号　TEL.(06)6349−5566㈹　FAX.(06)6340−7570
東京営業所　〒103−0001　東京都中央区日本橋小伝馬町3番10号　TEL.(03)5640−5566㈹　FAX.(03)5640−1682
http://www.okazaki-machine.com/

## ドライラミネーター
## Model-DL-130TA-AF

薬品包材や軟包装材等、幅広い分野に。
塗工液は溶剤系、水性系共に対応可能。

| 主仕様 | |
|---|---|
| 基材 | 各種プラスチックフィルム、金属箔 |
| ロール幅 | 1,300mm |
| 機械速度 | Max200m/min |
| 塗工方式 | Dグラビア、特殊グラビア |
| 乾燥部 | フローティングドライヤー |
| 駆動部 | ACベクトルモーターセクショナル制御 |

## ノンソルベントラミネーター
## Model-NS-130T

環境にやさしいといわれるノンソルベント塗工液を使用。
そのため、残ソルの心配なし。

| 主仕様 | |
|---|---|
| 基材 | 各種プラスチックフィルム |
| ロール幅 | 1,300mm |
| 機械速度 | Max250m/min |
| 塗工方式 | ロールコート |
| 駆動部 | ACベクトルモーターセクショナル制御 |

## グラビア印刷&ドライラミネーター
## Model-OG-7B/DL-120

グラビア印刷とドライラミネート工程を連続一工程に集約
一工程の減少によるロス、設置スペースの縮小にも貢献

| 主仕様 | |
|---|---|
| 基材 | 各種プラスチックフィルム、金属箔 |
| ロール幅 | 1,200mm |
| 機械速度 | Max250m/min |
| 印刷色数 | 7色+ドライラミ塗工 |
| 乾燥部 | フローティングドライヤー |
| 駆動部 | ACベクトルモーターセクショナル制御 |

※弊社工場にテスト機を常設しております。
塗工方式として、ダイレクトグラビアコート・特殊グラビアコート・S字ドクターコート・ダイコート・ロールコート(NSラミ用)等、薄塗りから厚塗りまでの多目的塗工及びラミネート加工が可能なテスト機です。新商品の開発や高付加価値商品の開発にお役に立てればと考えております。
ご利用の際は営業部までご連絡下さい。

**営業品目** コーティングマシン、ラミネーター、グラビア印刷機、紙管製造機、スリッター、産業機械全般。

# 岡崎機械工業株式會社

本社工場　〒566−0046　大阪府摂津市別府2丁目22番6号　TEL.(06)6349−5566(代)　FAX.(06)6340−7570
東京営業所　〒103−0001　東京都中央区日本橋小伝馬町3番10号　TEL.(03)5640−5566(代)　FAX.(03)5640−1682
http://www.okazaki-machine.com/

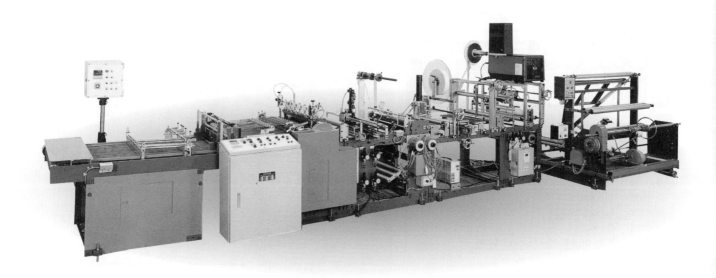

# 紙器・段ボール関連機器

段ボール成型・加工機
紙器成型機・加工機
各種印刷機
加工周辺機器
その他関連機器

# 自動セット型二面継グルアー

## Two Piece Case GLUER

〈3ラインナップ〉オートセット式フラッグシップモデル **NCTG型**

小ロット
多品種対応

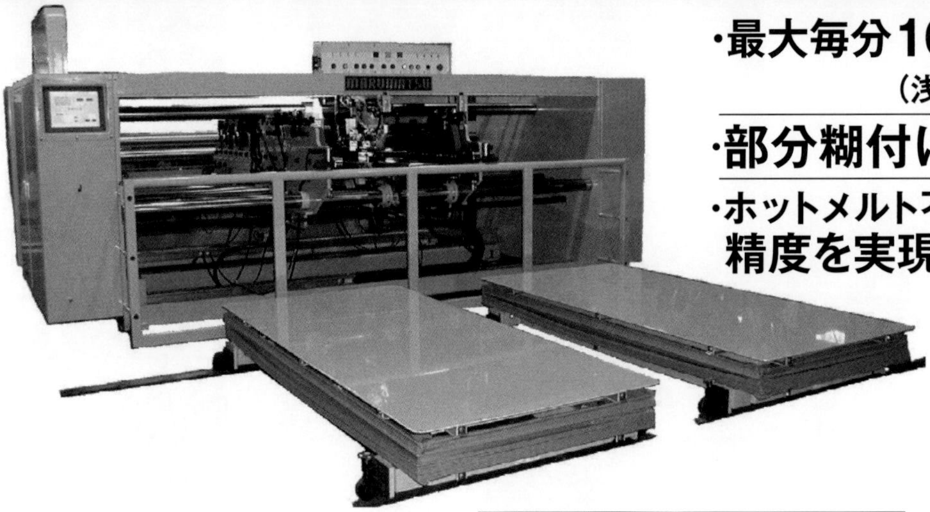


写真のモデルはNCTG-3000型。
リフター安全カバーはオプションです。

- **最大毎分10ケース通紙可能!**
  (浅い2Pケース、2名給紙時)
- **部分糊付け、糊代外貼もOK!**
- **ホットメルト不使用でも安定した精度を実現!**

セミグルモード搭載で、1PケースももちろんOK!

ガンタイプの糊付けなので、日々のメンテナンスが簡単!

製造実績:1500~4000型

新機能

既設機への追加搭載も可能

## レーザ変位測定式糊不良検知装置

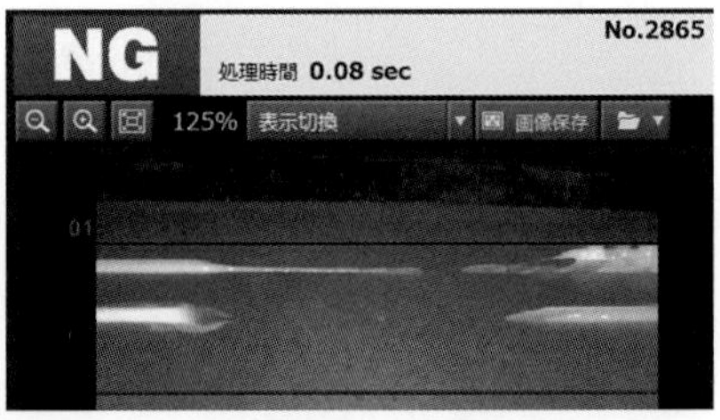


# 新型アームステッチャー

## Arm Stitcher Model MSS/MDS/MTS

一般段ボール用及び
強化段ボール(3A)用の2タイプ

アーム長製造実績:750mm~2000mm

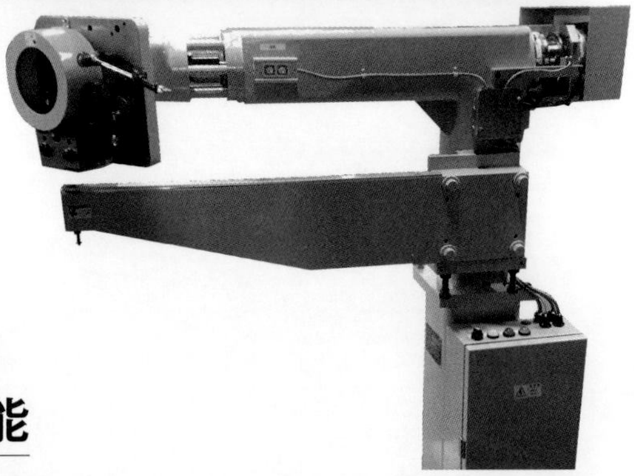

〈特徴〉

- □電磁クラッチ採用で**静音**
- □ハンマー及び切刃類の基本部品は**原則即納可**
- □ハンマー等、**二面継ステッチャーと共用可能**

段ボール加工機械の製造・販売

**株式會社 丸松製作所**

〒578-0948 大阪府東大阪市菱屋東2丁目16番3号
TEL 06-6782-5201(代表) FAX 06-6782-5203
E-mail info@marumatsu.co.jp URL http://www.marumatsu.co.jp

この機械は誰にでも使えます。シートをコルゲータ方向に給紙して、スタートボタンを押すだけ。一回通しでスロット（溝）の切り込み、スコアー（横罫）、クリーズ（縦罫）と下図の様な色々な形状のケースがつくれる多目性の有る機械です。

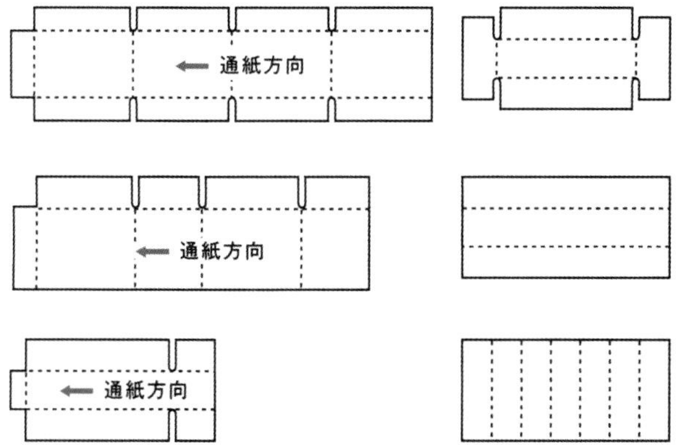


①多種類･小ロット生産に最適
②ピッ、ポッ、パッと3つのキーでセットアップ完了
③エンコーダ方式の寸法検出
④次ぎの作業準備中にセットアップ完了
⑤セットアップに工具は不要
⑥オーバーラン･バックストップ方式の寸法設定

株式会社 高橋製作所　〒578-0983　大阪府東大阪市吉田下島14-25
TEL（0729）61-9975㈹　FAX（0729）63-7568
E-mail mfg-tkhs@guitar.ocn.ne.jp　URL http://www.mfg-takahashi.com

# ●オートセットスリッター

## セット時間最速

### ■特 長

- ●スリッター最小間隔75mm（70mm）
- ●刃物、罫線は全て半割りで取り外し可能
- ●罫線2軸振り分けにより罫線間隔最小0mmから可能
- ●軸径　8尺=120mm　7尺、6尺=115mm
- ●メンテナンス時フレーム2分割可能
- ●タッチパネル操作による刃物、罫線の全自動位置決め（平均20秒）
- ●簡易寸法記憶件数900件
- ●メインモーター1.5kw（インバータ無断変速）

# 段ボール製函機 ●マルチ・スロッター

## 一工程で全ての加工が完結

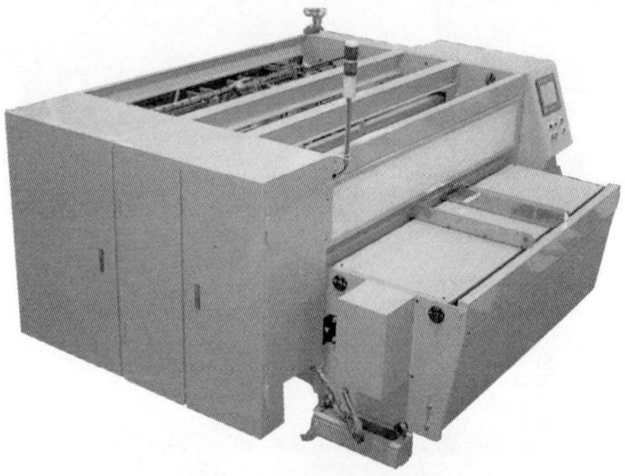

MS-1600・1900

### ■特 長

- ●シャーリング・分切・縦横罫線・Zーツール・断裁・各機構をコンパクトにまとめた、まさにオールインワン・コンパクト!!
- ●インターフェイス上の仮想加工指図書に製品寸法をタッチパネルでダイレクトに入力!!
- ●煩雑な入力作業もさらに簡素化!!
- ●位置決めには弊社全自動断裁機で定評の高速チェーン駆動採用!!
- ●セットアップ所要時間平均約30秒!!（製品メモリー可能）

品種選択画面

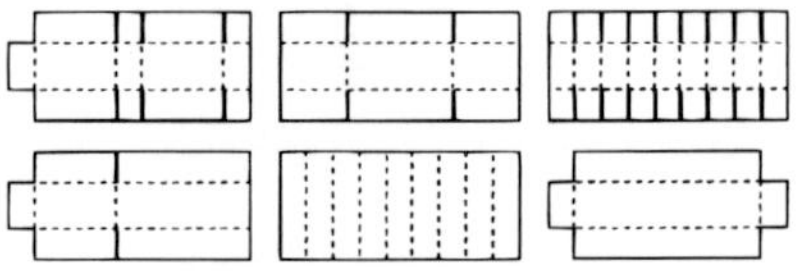

# 自動段ボールスリッター ●パットエース

## 面倒なセットが自動で簡単 小ロットにも強い

PA-1500SK

### ■特 長

**●誰でも生産ができる**
自動給紙で安定した生産可能

**●後処理が楽**
製品を設定枚数で積上げてくれる

**●刃物寿命**
2枚刃式で刃物寿命が約4年と長い

### ■主要スペック

| | |
|---|---|
| 電気容量 | 3相200V100A |
| 最大通紙幅 | 1500㎜ |
| 切断幅最小 | 50㎜ |
| 最大積上げ高さ | 400㎜ |
| セット時間 | 約20秒 |
| 最高給紙速度 | 120枚/分 |
| 給紙方法 | サクションベルト式 |
| 積上げ方法 | テーブル下降式 |
| 寸法記憶点数 | 400点 |


# 株式会社 林 鉄 工 所

〒538-0044　本社工場　大阪市鶴見区放出東2-20-12

TEL 06-6961-4597　FAX 06-6961-7260

http://www.eonet.ne.jp/~hayashiironworks/

# 日報ビジネスの包装専門メディア

週刊
## 包装タイムス
THE HOSO TIMES

・ブランケット判
・本文８頁（通常）
　＋特集・企画頁
・毎週月曜日発行

### 創刊50周年、わが国唯一の総合包装専門紙
包装産業各分野の最新情報を迅速かつ的確に報道。
独特の切り口で業界トレンドを取り上げる特集企画も好評。

**年間購読料：23,900円＋税（送料込）**

## 食品包装
MONTHLY FOOD PACKAGING JAPAN

・B5判　・本文72～100頁
・毎月１日発行

### 需要家ニーズと包装人の提案をつなぐ専門誌
食品・飲料ブランドオーナーの商品開発や包装戦略から、注目・期待の包装新製品、海外の包装展示会レポート、原点から考える包装技術の解説まで、今を生きる包装人に必要な情報を広範かつ柔軟に網羅。パッケージデザインの最新トレンドを伝えるカラーページも充実！

**年間購読料：19,100円＋税（送料込）**

## 月刊カートン・ボックス
carton & box

・B5判　・本文76～120頁
・毎月１日発行

### "箱創り"を応援するビジネスマガジン
紙器・段ボール箱を中心とした"箱"に携わる全ての人と企業に向けた専門誌。
製造・設計・デザイン・印刷・営業など現場を元気にする情報が満載。

**年間購読料：16,200円＋税（送料込）**

●雑誌の試し読みが出来ます。
●パッケージングニュース発信中！
●http://www.nippo.co.jp/

日報ビジネス　検索

# ＝広告索引＝

（五十音順）




**2024包装関連機器カタログ集**

2023年9月29日発行
定価　本体1,300円+税

編集・発行　㈱クリエイト日報（出版部）
東　　京　〒101-0061　東京都千代田区神田三崎町3－1－5
TEL 03（3262）3465／FAX 03（3263）2560
大　　阪　〒541-0054　大阪市中央区南本町1－5－11
TEL 06（6262）2401／FAX 06（6262）2407

URL　https://www.nippo.co.jp/

印刷　株式会社アート・ワタナベ
TEL 03（5692）6500

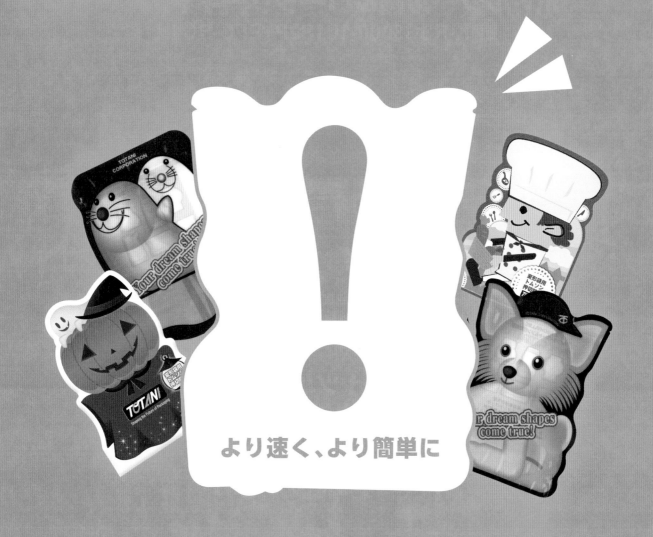

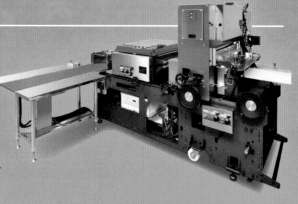

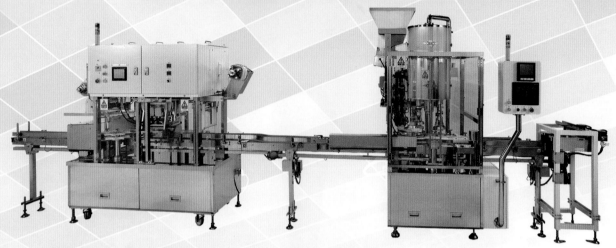

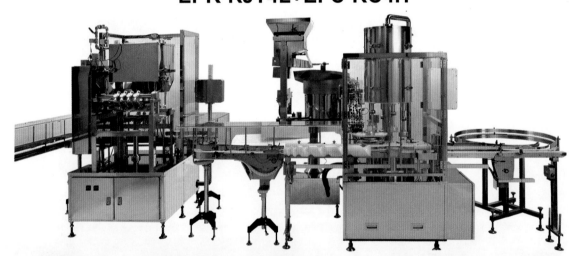